# イラストで学ぶ

無事帰る

# リスクアセスメント 改訂版

中野 洋一 [著]

労働新聞社

# はじめに

　労働災害は、皆さまが就業するあらゆる場所で発生する危険性があります。労働災害の防止は、人が関わる限り「未来永劫安全対策」を講ずべき問題であると言えます。

　本書の初版は甚大な被害をもたらした東日本大震災の直後（2011.4.1）から、安全の実務誌『安全スタッフ』に連載した記事〔＊1〕を精選し、「製造業現場等におけるイラストで学ぶリスクアセスメント第1集」を2016年11月出版。その後、多数の安全スタッフの方々の賛同を頂いたので、改訂版は、保全（維持管理）作業でも使用している足場関係を含めて、全産業向けの記事と「多数のコラム・マメ知識」を取り入れて、「全面改訂版」として出版しました。

　日本は未だに「災害ゼロ（disaster-zero）〔＊2〕」を目標に掲げ「危険ゼロ（risk-zero）を目標〔＊3〕」にしている企業は限定（安全文化に温度差がある）されています。この格差是正のため「リスクアセスメント（以下、RA）の必要性」を筆者は強く感じています。

　今回の増刷は、全産業（公益性機関・研究所含む）の事業場の安全管理者・安全スタッフのために、「足場・クレーン関係・電気設備等（全8章・85節）・column ①～⑩」とし、「災害事例127」を基に

　リスク評価を行い、「リスク低減措置の具体的な対策案」をリアルなイラストで示し、できるだけ判りやすく解説したものです。本書を参考に各事業場の実情に合わせバージョンアップさせて、「安全な状態を確保（safety）し、適正な作業方法」で作業を行い、「安心して働ける職場づくり」のお役に立てば

　幸いです。なお、2019年2月施行の安衛法改正で、「安全帯は墜落制止用器具」に名称が改められました。

　本書は安全スタッフの方々の実務書なので、各章の始まりで「墜落制止用器具（以下、安全帯）」とし、本文中では「安全帯」とします。安全帯を使用すべき場所では、全て「ハーネス型安全帯・ハーネス型」とします。

> 　今回の2022年6月の増刷出版では、次の4つの校正等を行いました。
> 　（1）2022年5月末に公表された「労働災害統計」に見直し。
> 　（2）略字の「（以下「○○」という）」⇒「（以下、○○）」と簡略。
> 　（3）〔Column ⑩「災害時は電気なしで7日間」を乗り切る！〕を追記。
> 　（4）本文中に「マメ知識は35」あるので、索引でColumnの下に抽出。

〔＊1〕「安全スタッフの連載」は、2020年3月15日（9年間）で中締めを行い、4月から趣きを新たに連載を継続中。なお、高所作業関係は「イラストで学ぶ高所作業の知識とべからず83事例（2018年6月1日出版）」に詳しく記載したので、参考にして下さい。

〔＊2〕日本は「法令遵守（compliance）・後追い型（reaction）」（農耕民族的な考え方）が多い。

〔＊3〕欧米は「自主対応型（indepen・dence）・先取り型（proactive）」（狩猟民族的な考え方）

〔記〕本書文中の星マークの意味について
　　　「★⇒不適正」「☆⇒適正」

― 　ご安全に　 ―

2022年6月吉日　　　　　　　　労働安全コンサルタント　　中野　洋一
　　　　　　　　　　　　　　　〔中災防安全衛生エキスパート・元中災防安全管理士〕

# ● 目　次

# 序　章
# 建設業と製造業の労働災害の
# 現状とリスクアセスメント

## ● 建設業・製造業とは

　建設業は、土木・建築の工事およびその付帯工事の施工を目的とする営業。大別して総合工事業（ゼネコン）・職別工事業・設置工事業がある。製造業は原料品を加工して新しい品物をつくる生産業（品物をつくる営業）〔広辞苑〕。建設業の土木は、道路・高速道路・トンネル・橋など建設、建築は建物を建設、共に維持管理を行う。製造業は、生産した品物が顧客に届くには、運輸業の方々がこれらを利用し、第三次産業等の手を経て、消費者に届くようになっている。

## ● 建設業・製造業の労働災害

（1）昭和47年に労働安全衛生法（以下、**安衛法**）が制定され、安全衛生に関する取り組みの充実が図られた結果、労働災害は右下がりに減少〔☆昭和48年の休業4日以上の死傷者数（以下、**死傷者数**）は387,342人・**死亡者数5,267人**・度数率6.67、平成10年の死傷者数148,248人・**死亡者数1,844人**・度数率1.72。（2）令和3年の全産業の死傷者数149,918人（前年比＋14%）・**死亡者数867人（前年比＋8%）**です。建設業の死傷者数16,079人・**死亡者数288人**、製造業の死傷者数28,605人・**死亡者数137人**だった。（3）事故の型別分類で、建設業では「墜落・転落」が死傷者数4,869人（約30%）・死亡者数110人（約38%）でワースト1。製造業では「はさまれ・巻き込まれ」が死傷者6,501人（約23%）・死亡者数54人（約39%）でワースト1、死傷者数では、「転倒」が5,332（約19%）、「墜落・転落」が2,944人（10%）、「動作の反動・無理な反動」が2,929人（10%）です。（4）令和3年の全産業の起因物別分類で、死亡者数867人のうち、「動力運搬機」162人（19%）でワースト1、「仮設物・建築物・構築物等」（以下、仮設物等）は146人（17%）でワースト2。死傷者数149,918人のうち仮設物等24%でワースト1。
〔記〕「（2）〜（4）」の出展は「安全の指標：令和4年度版（中災防）」

## ● 起因物別・事故の型別死傷者数（製造業と建設業）

（1）平成28年の製造業（休業4日以上）
　　死傷者数の合計は27,884人で、起因物で一番多いのは「仮設物・建築物・構築物等〔＊1〕で5,632人」、二番目に多いのは「一般動力機械〔＊2〕で4,004人」、三番目に多いのは「用具〔＊3〕で2,528人」、四番目は「材料〔＊4〕で2,308人」。
　　〔＊1〕起因物は、「通路で2,600人」「作業床・歩み板で936人」「階段・桟橋で868人」。
　　〔＊2〕起因物は、「食品加工用機械で1,204人」「ロール機（印刷ロール機を除く）で356人」「印刷用機械で232人」。
　　〔＊3〕起因物は、「はしご等で940人」「玉掛用具で288人」。
　　〔＊4〕起因物は、起因物は、「金属材料で1,672人」
（2）令和3年の建設業（業種別）〔出展：死亡災害報告、労働者死傷病報告〕
　　①「死傷者数の合計は16,079人（前年比7.9%増）」で、業種別では「建設工事で8,403人・土木工事で4,277人・その他の建設で3,399人」。
　　②「死亡者数の合計は288人（前年比11.6%増）」で、業種別では「建築工事は139人・土木工事は102人」。
　　③事故の型・起因物別で多いのは上記の通りです。

## ● なぜ、リスクアセスメント（risk-assessment）が必要か

（1）従来の労働災害防止対策は、「発生した労働災害の原因を調査し、類似災害の再発防止対策を確立し、各職場に徹底していくという手法」が基本であった。しかし、災害が発生していない職場であっても作業の潜在的な危険性や有害性は存在しており、これを放置していると、何時しかは労働災害が発生する可能性がある。

（2）製造業における「職長」に対する安全衛生教育についてのアンケート調査によると、必要とされる教育内容として、「**現場指導力とリスクアセスメント**」が33%と最も多かった。〔安全の指標（令和2年度）中災防〕。この図書では、過去の災害・想定される災害を「リスクアセスメント手法」で解説したので、参考にして頂き活用をお勧めします。

## ● リスクアセスメントの基本的な手順

**手順1**：「危険性又は有害性の特定」
**手順2**：「危険性又は有害性ごとのリスクの見積り」
**手順3**：「リスク低減措置〔＊5〕のための優先度の設定・リスク低減措置内容の検討」
**手順4**：「リスク低減措置の実施」

　　　　〔＊5〕リスク低減措置は関連法令を調べて、法令で定められている事項がある場合には、それを必ず実施することを前提とした上で、優先順位で可能な限り高いもの（下記の①〜④）を実施。

　　　　　　① 設計や計画の段階における措置
　　　　　　② 工学的対策（安全装置・インターロック・局所排気装置等）
　　　　　　③ 管理的対策（作業手順書の整備・教育訓練等）
　　　　　　④ 個人用保護具の使用。

## ● リスク基準とリスクレベル

リスクの見積りは、リスク低減措置を講ずる優先順位を決定するために行う。
なお、本書ではリスクの見積りは**「数値化による方法」**とする。

### リスク基準：（1）危険状態が発生する頻度

〔※〕作業を行っている中で、災害が起きてしまいそうな危険な状態が発生する頻度を見積もる。作業頻度そのものではない。

| 頻　度 | 評価点 | 内　容 |
|---|---|---|
| 頻　繁 | 4点 | 1日に1回程度 |
| 時　々 | 2点 | 週に1回程度 |
| 滅多にない | 1点 | 半年に1回程度 |

## リスク基準：（2）危険状態が発生したときに災害に至る可能性

| 可能性 | 評価点 | 内　容 |
|---|---|---|
| 確実である | 6点 | 安全対策がなされていない。表示や標識はあっても不備が多い状態。 |
| 可能性が高い | 4点 | 防護柵や防護カバー、その他安全装置がない。例えあったとしても相当不備がある。非常停止装置や表示・標識類はひと通り設置されている。 |
| 可能性がある | 2点 | 防護柵・防護カバーあるいは安全装置等は設置されているが、柵が低いまたは隙間が大きい等の不備がある。危険領域への進入や危険源との接触が否定できない。 |
| 可能性はほとんどない | 1点 | 防護柵・防護カバー等で覆われ、かつ安全装置が設置され、危険領域への立入りが困難な状態。 |

## リスク基準：（3）災害の重篤度

〔※〕常識の範囲内で想定される最も重い場合を見積もる。

| 重篤度 | 評価点 | 内　容 |
|---|---|---|
| 致命傷 | 10点 | 死亡や永久労働不能につながるケガ、障害が残るケガ |
| 重　傷 | 6点 | 休業災害（完治可能なケガ） |
| 軽　傷 | 3点 | 不休災害 |
| 微　傷 | 1点 | 手当て後直ちに元の作業に戻れる微小なケガ |

## リスクレベル：（4）リスクレベルとリスクポイントの対応

〔※〕リスクポイント＝「危険状態が発生する頻度」＋「災害に至る可能性」＋「災害の重篤度」

| リスクレベル | リスクポイント | リスクレベルの内容 | リスク低減措置の進め方 |
|---|---|---|---|
| Ⅳ | 12〜20 | 重大な問題がある | 直ちに中止又は改善する。リスク低減措置を直ちに行う。 |
| Ⅲ | 8〜11 | 問題がある | リスク低減措置を速やかに行う。 |
| Ⅱ | 5〜7 | 多少の問題がある | リスク低減措置を計画的に行う。 |
| Ⅰ | 3〜4 | 問題はほとんどない | 費用対効果を考慮して低減措置を行う。 |

〔記〕「災害の重篤度で致命傷（10点）」がある場合は、頻度が1点・可能性が1点でも、「リスクポイントは12点」でリスクレベルⅣとなり、「重大な問題がある」となる。

# 第1章
# 足場と架設通路

# ● 「足場と架設通路」の定義等

1. 足場とは、いわゆる本足場・一側足場・つり足場・張出し足場・脚立足場等のごとく建設物・船舶等の高所部に対する塗装・鋲打・部材の取りつけ、又は取りはずし等の作業において、労働者を作業箇所に接近させて作業させるために設ける「仮設の作業床〔＊1〕、およびこれを支持する仮設物」をいい、資機材等の運搬又は集積を主目的として設ける桟橋、又はステージング、コンクリート打設のためのサポート等は該当しない趣旨である〔安衛則第559条の解釈例規：昭34.2.18：基発第101号〕。足場は、高所での作業を安全かつ能率的に実施するうえでの必需品で、土木・建築・設備工事だけでなく、機械設備の保全・改善、戸建住宅・低中層集合住宅のリフォーム等に、幅広く使用されている。
〔＊1〕〔作業床の設置等：安衛則第518条・作業床：安衛則第563条〕

## A　足場作業に関わる法定資格等（作業主任者・作業指揮者・組立作業者）

（1）つり足場・張出し足場・高さ5m以上の構造の足場の組立て・解体又は変更の作業は「足場の組立て等作業主任者」を専任〔安衛則第565条〕。

（2）高さが5m未満の場合は「作業指揮者」を指名〔安衛則第529条〕。

（3）組立作業者は「特別教育修了者」〔安衛則第36条〕。

2. 架設通路とは、工事現場・坑内などにおいて「労働者が通行するために設ける通路」で、両端が支点で支持され、又は架け渡されたもの。架設通路は、高所に架け渡される場合が多く、構造などに欠陥があれば墜落災害に結び付く恐れがある。このため、架設通路は、次に定めるところに適合したものを使用。①丈夫な構造　②こう配は30度以下、ただし、階段を設けたもの又は高さ2m未満で、丈夫な手掛けを設けたものは30度以上でもよい　③こう配が15度を超えるものには、踏桟その他滑止め　④次の（a）・（b）の設備（丈夫でたわみが生じる恐れがなく、著しい損傷・変形・腐食がないもの）〔（a）高さ85cm以上の手すり（b）中桟等（高さ35cm以上、50cm以下の桟、又はこれと同等以上の機能を有する設備）〕　⑤たて坑内では長さが15m以上は、10m以内ごとに踊場を設置　⑥高さ8m以上の登り桟橋には7m以内ごとに踊場を設置。
〔安衛則第552条〕〔出展：安全衛生法令要覧・安全衛生用語辞典（中災防刊）を要約〕

## B　設置届が必要な工事（組立から解体までの期間が60日以上）〔安衛法第88条〕

1. 足場は、つり足場・張出し足場以外の足場は「高さ10m以上」のもの。

2. 架設通路は、「高さ及び長さが10m以上」のもの。

3. 足場・架設通路の準拠条項は、安衛則第85条〜第88条・別表第7。

## C　平成21年以降の「足場等の安衛則の改正」

足場等からの「墜落防止等の対策の強化」を図るため、安衛則の一部が複数回改正された。

（1）平成21年の改正：足場からの墜落防止措置等の充実、他。

（2）平成27年の改正：足場の組立て等の作業の墜落防止措置等を充実、特別教育の実施、他

（3）平成31年の改正：安全帯の名称変更等。

〔記〕詳細は「なくそう！墜落・転落・転倒（第7版）」〔中災防刊〕にイラスト付きで解説！

## D　足場と架設通路に関わる用語の解説

1. 「墜落防止措置等」とは、わく組足場は交差筋かい＋幅木（高さ15cm以上）等（※措置例1～3）。また、単管足場等は手すりの高さ85cm以上、中桟、幅木（高さ10cm以上）等（※措置例1～6）。
   （☆平成21年と平成27年の法改正で、より具体的な内容となった）
   〔記〕幅木が「高さ10cm以上は**物の落下防止**、高さ15cm以上は**墜落防止**」である。故に、「高さ5m未満の移動足場・高所作業台」の幅木は高さ10cmが多く、足場の幅木は高さ15cm以上。
2. 墜落制止用器具（以下、**安全帯**）とは、安全帯のフックは腰より高い位置に掛ける。安全ブロック等を使用する時は、ハーネス型安全帯のD環を「安全ブロックのフックに直接掛ける」〔＊2〕
   〔＊2〕足場以外でのフック掛けは、「リング状繊維ベルト」を取付設備として活用を推奨。
3. 「**堅固な床面**」とは、用具・クレーン等を堅固な床面に設置の意（水平堅土！）。
4. 「**立入禁止措置**」とは、作業区域をカラーコーンとセフティバー等の物理的な措置。
5. こう配は傾斜面の傾きの度合（傾斜面の水平方向の距離に対する高さの変化の比）。傾斜角はJIS規格の種々の昇降設備（傾斜路・階段・段はしご・はしご）の区分「P285：マメ知識」で使用。安衛則では、「架設通路はこう配30度以下」の表現なので、本書では「昇降設備全般の説明では傾斜角」を使い、「**こう配30度以下ではこう配**」とする。

## E　足場作業者の保護具等

①保護帽（飛来・落下物用／墜落時保護用）②作業服（長袖、長ズボン）③安全靴 ④革手袋 ⑤ハーネス型安全帯（連結ベルト付き）⑥リング状繊維ベルト〔＊3〕〔推奨〕
〔＊3〕長さ1m・1.5mを持参し、結び方を知っていれば、安全帯等の取付設備となる。

## ● 足場の種類

### 1. 足場の用途別・構造別分類

（1）用途別分類には、①外部工事用　②内部工事用　③架構工事用　④木造家屋等低層住宅工事用　⑤補修工事用　⑥その他〔＊4〕がある。

（2）構造別分類には、⑦本足場〔＊5〕⑧一側足場　⑨張出し足場　⑩二側足場　⑪つり足場　⑫棚足場がある。

〔＊4〕(a)移動式足場 (b)機械式足場 (c)脚立足場 (d)可搬式作業台 (e)移動式室内足場 (f)高所作業台などがある

〔＊5〕本足場には　①わく組足場　②くさび緊結式足場　③単管足場　④丸太足場がある
　　　〔記〕近年多数の緊結式足場は、「クランプ緊結式」から「くさび緊結式」に変わる傾向にあり、くさび緊結式には、「ポケット型とブリッジ型」がある。

### F「足場作業で求められる要件」次の「3つの要件」を満たすことが求められる

〔※〕足場は比較的長期間の屋外作業が多く、屋内は限定された場所での作業が多い。

（1）**安全性**：崩壊・倒壊・墜落、転落等の「危険のない構造と強度」を有すること。特に、「公衆の安全」を確保：①崩壊・倒壊防止のため「壁つなぎを設置」②関係者以外の

立入禁止措置（ガードスタンド等）③道路・鉄道等に隣接して足場を設置する場合、立入禁止措置以外に「物品（資機材等）の飛来落下防止と墜落・転落災害防止」のため、足場の外側に飛散防止メッシュシート・落下防止の朝顔等を設置 ④足場作業者は、保護帽・ハーネス型墜落制止用器具（以下、**安全帯**）を着用し、足場上の作業では、「ハーネス型安全帯を常時使用」。

（2）**作業性**：作業床は、無理のない姿勢での作業と安全性を考えて、「床幅は重作業では**80cm 以上**、軽作業では **40cm 以上**」とし、「作業床のすき間は**3cm 以下**（つり足場はすき間なし！）」。①昇降設備はできるだけ「手すり付き階段（階段上部は開口部用手すりわく）」を設置。②足場と建物等の離隔は 30cm 以下（できれば 20cm 以下）。30cm 以下にできない場合、「防網（墜落防止用のネット）」を設置。

（3）経済性：架設・撤去の容易さ、耐用年数、塩害、多用途への適応を考慮。

〔記〕近年、「足場の作業計画」をお手伝いできるレンタル機材会社〔＊6〕が複数ある。

〔＊6〕外部足場・つり足場とも、安全性等を考慮した「足場の安全」の専門会社。

## G 「くさび緊結式足場」について

この足場は、一定の間隔で緊結部を取り付けた建地と、その緊結部に合わせた構造のくさび付き金具等の緊結部を有する布材、床付き布板、ブラケット等の部材で構成されている。

木造家屋等の低層住宅工事では、足場を設置する敷地が狭く、建物の形状が複雑なので、この足場は盛替え・組替え作業が簡単にできる（建物の形状に容易に対応が可能）。

なお、壁つなぎは、単管足場〔φ 48.6㎜〕の「**垂直方向5ｍ以下・水平方向5.5ｍ以下**」。

## H 足場が倒れて、第三者災害2事例と鉄道が不通の事故

（1）平成 24 年3月 19 日昼頃、埼玉県東松山市のマンション外壁に組立てた筒状の足場が強風で倒れて、保育園児の列に直撃し「**園児2人が下敷きとなり1人死亡・1人重傷**」という痛ましい事故〔＊7〕が発生。警察の発表によると事故当時、現場周辺は強風（近くの気象台は風速 9.4m/ 秒〔＊8〕を観測）が吹いており、建物に足場は固定せず、作業員は現場にいなかった。設置会社は「業務上過失致死傷容疑〔刑法第 211 条〕」が問われた。〔読売新聞：平 24.3.20〕

（2）平成 22 年 10 月 14 日午後、岐阜県岐阜市の工場解体現場で、市道に面した高さ 11ｍ・幅 17ｍ の足場が倒壊し、通り掛かった「**高校2年の女子が下敷き**」になり、ほぼ即死状態となった。解体の請負会社は「業務上過失致死」の疑いで、実況見分を受けた。〔産経新聞：平 22.10.15〕

（3）平成 23 年1月、JR 東日本の中央線の「架線にくさび緊結式足場が倒れ掛かり」、鉄道を不通にさせる事故が発生。原因はシート養生をした足場が、強風にあおられて倒壊。最近の鉄道車両は軽量なので、「**脱線事故は大惨事**」になる危険性が高い。

〔＊7〕第三者災害は「**公共の安全を脅かし**」社会的責任が多大。足場の倒壊は、人災だけでなく、電線・通信・交通等の遮断にもなる（★マスコミの取材対象）。

〔＊8〕安衛則で、強風は「10 分間の平均風速 10m/ 秒以上の風」。ビル風は、ビルがあるとビルの影響で、周囲に強風や風の流れが強くなる。瞬間風速が平均風速の 1.5 〜2 倍になることがある〔★風速が2倍になると、**風荷重は4倍**（風速の2乗に比例）になる〕

〔記〕これらの災害等が社会問題となり、「平成 27 年の安衛則改正」となった。

## I 「ハーネス型安全帯」について

　ハーネス（harness）の語源は「**馬車馬の装具**」で、犬などの装着する引き具にもいう。登山で、墜落時の衝撃を緩和するため、ザイル（登山用の綱）を体に結びつけるベルト〔広辞苑〕。

　欧米では安全ベルト（safety-belt）と言えば「ハーネス型安全帯」が主流。日本では胴ベルト型安全帯が一般的だったが、諸外国やISOの動向を踏まえ、「はじめに」に記載の通り、2019年の法令改正〔＊9〕となった。ハーネス型安全帯の姿図は〔図1〕の通りである。

　ハーネス型は、身体の肩・胴・大腿までを包み込むようにしたもので、**墜落しても「複数の箇所で身体を支え、衝撃荷重を分散して緩和」**する構造。テレビ・映画等では「犬ぞり・馬車」、身近では「愛犬・幼児に乳母車」で、ハーネス型を採用している。なお、安全帯のフックは掛ける場所が限定〔＊10〕されるので、リング状繊維ベルト（繊維ベルト）〔＊11〕を持参し、斜め・垂直の鋼管・鋼材、コンクリート柱等に結べば〔図2〕、「安全帯等の取付設備」となる。

〔＊9〕法令改正前の安全帯として認められていた「U字つり用胴ベルト型安全帯」については、ISO規格〔＊12〕において、墜落を制止するための器具ではなく、作業時の身体の位置を保持するための器具である「ワークポジショニングに分類されていることに整合させるため、改正規格には含まれない〔平31.1.25 基発0125第2号〕。なお、平成14年2月の「安全帯の規格」の改正で、胴ベルト型に加えて新たに「ハーネスが規格化」された（筆者執筆の図書は、平成14年以降ハーネス型を採用）。

〔＊10〕直径50mm以下の水平・堅固な鋼管・鋼棒、親綱ロープ等に限定される。

〔＊11〕長さ50cm・100cm・150cmで強度22kN以上〔推奨30kN以上〕、カラビナは縦強度22kN以上。

〔＊12〕国際的な墜落防止用の個人用保護具を4種類〔①**フォールアレスト**（fall arrest）用保護具　②**レストレイント**（restraint）用保護具　③**ワークポジショニング**（work-positioning）用器具　④**ロープアクセス**（rope access）用器具〕に分類している。

　　平成31年の安衛法改正で墜落制止用器具は、①・②だけとなり、③・④は安全帯として使用する場合、①・②と併用が必要となった。

〔図1〕ハーネス型の着用姿図

〔図2〕リング状繊維ベルトの結び方

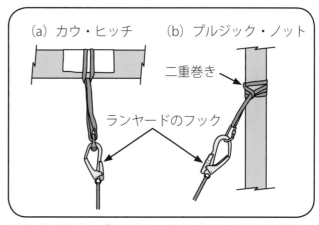

出展：筆者執筆の「なくそう！墜落・転落・転倒（中災防）」

## ● 目で見る安衛則

### J 「作業床の設置等」〔安衛則第518条〕

　事業者は、高さが2m以上の箇所（作業床の端、開口部等を除く）で作業を行う場合において墜落により労働者に危険を及ぼすおそれのあるときは、足場を組み立てる等の方法により作業床を設けなければならない。

　2　事業者は、前項の規定により作業床を設けることが困難なときは、防網を張り、労働者に**要求性能墜落制止用器具**〔＊1〕を使用させる等墜落による労働者の危険を防止するための措置を講じなければならない。

　〔＊1〕2019（平成31）年2月1日施行の安衛法令改正で「安全帯の名称は、**墜落制止用器具**」に改められた。墜落制止用器具の使用が必要な場所では「フルハーネス型の使用が原則」。

〔図1〕　作業床の設置等　〔※〕関係条文は、安衛則第563条〔作業床〕

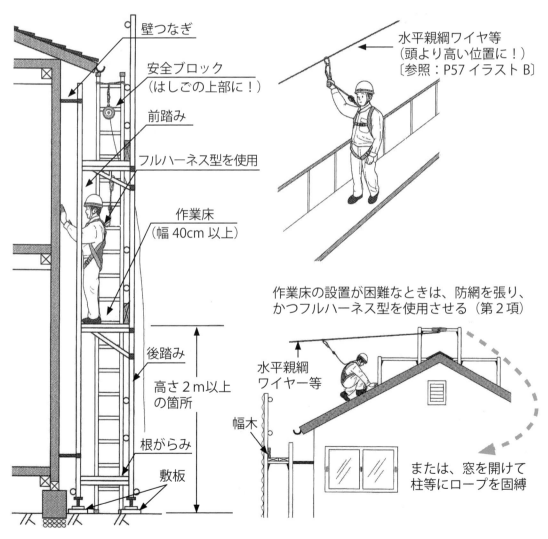

壁つなぎ

水平親綱ワイヤ等
（頭より高い位置に！）
〔参照：P57 イラスト B〕

安全ブロック
（はしごの上部に！）

前踏み

フルハーネス型を使用

作業床
（幅40cm以上）

作業床の設置が困難なときは、防網を張り、かつフルハーネス型を使用させる（第2項）

水平親綱
ワイヤー等

後踏み

高さ2m以上
の箇所

幅木

根がらみ

敷板

または、窓を開けて
柱等にロープを固縛

〔解釈例規〕墜落と転落の違い　昭51.10.7：基収第1233号
　　　　　　作業場の端、開口部とは　昭和44年2月5日：基発第59条

## K 「架設通路」〔安衛則第552条〕

　事業者は、架設通路については、次に定めるところに適合したものでなければ使用してはならない。①丈夫な構造とすること。②こう配は、30度以下とすること。ただし階段を設けたもの又は高さが2m未満で丈夫な手掛を設けたものはこの限りでない。③こう配が15度を超えるものには、踏桟その他の滑止めを設けること。④墜落の危険のある箇所には、次に掲げる設備（中略）を設けること。⑤たて坑内の架設通路は、その長さが15m以上であるものは、10m以内ごとに踊場を設けること。⑥建設工事に使用する高さ8m以上の登り桟橋には、7m以内ごとに踊場を設けること。第2項〜第4項は略。

〔図2〕　架設通路　〔参〕安衛則第654条〔架設通路についての措置〕

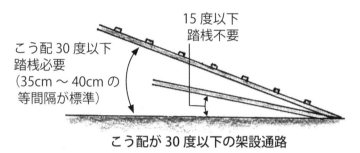

**こう配が30度以下の架設通路**

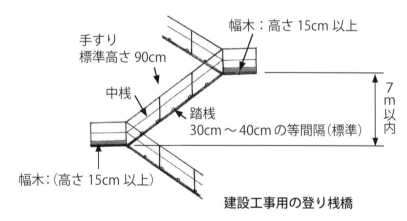

**建設工事用の登り桟橋**

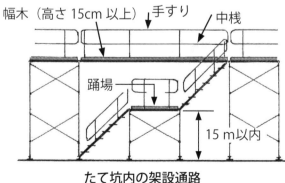

**たて坑内の架設通路**

〔記〕他の墜落・転落等に関わるイラスト付き条文多数は、
　　　下記の図書〔筆者執筆〕を参考にして下さい。

出展：「なくそう！墜落・転落・転倒（第7版）」（中災防刊）。

## L 「昇降するための設備の設置等〔＊2〕」〔安衛則第526条〕

　事業者は、高さ又は深さが1.5mをこえる箇所で作業を行なうときは当該作業に従事する労働者が安全に昇降するための設備の設置等を設けなければならない。ただし、安全に昇降するための設備の設置等を設けることが作業の性質上著しく困難なときは、この限りではない。

　2　前項の作業に従事する労働者は、同項本文の規定により安全に昇降するための設備が設けられたときは、当該設備等を使用しなければならない。

〔＊2〕「等」には、エレベータ・階段等が設けられており労働者が容易にこれらの設備を利用し得る場合が含まれる。

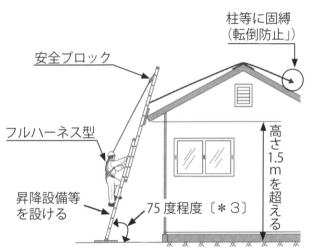

〔図3〕　高さ1.5mをこえる箇所

安全ブロック

柱等に固縛
（転倒防止」）

フルハーネス型

昇降設備等
を設ける

75度程度〔＊3〕

高さ1.5mを超える

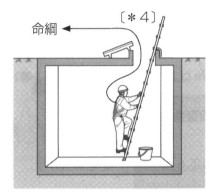

〔図4〕　深さ1.5mをこえる箇所

〔＊4〕

命綱

☆入坑前に「酸欠等の測定」を行う

〔図5〕人命救助用「専用の搭乗設備
（バスケット式担架〔＊5〕）」例

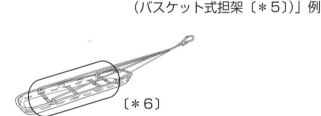

〔＊6〕

〔管路等で引きずって救助する場合〕

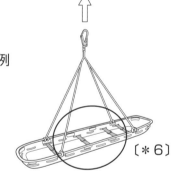

〔＊6〕

〔大面積の立坑で救助する場合〕

〔＊3〕床面とはしごの角度は75度程度（踏桟が水平になるように設置）

〔＊4〕上部は60cm以上突出し固定する（転倒防止と手掛かりとなる）

〔＊5〕①材質：高密度ポリエチレン　②サイズ：W61cm・L216cm　③質量：12kg

〔＊6〕毛布等で包みベルトで固定（3箇所以上）

〔記1〕直径の狭いマンホール等は、「ハーネス型安全帯の連結ベルトに命綱を結び救助方法」を学んでいれば、人力による救助が可能（P210参照）。

　　　　酸欠等の場合「如何に早く救出するか」である。

〔記2〕他の墜落・転落等に関わるイラスト付き条文多数は、出展の図書を参考にして下さい。

　　　　　　　出展：「なくそう！墜落・転落・転倒（第7版）」（中災防刊）。

# 1 筒状の足場が倒れ、園児2人が下敷き

筒状の足場が倒れて**園児1人が死亡・1人が重傷**。

　集合住宅の屋上施設の改修工事の資材運搬と昇降のため、住宅のベランダ側に「くさび緊結式足場（P14参照）」を組み立てた。午前中「強風注意報が報道」され、風が強くなったので作業は中止し、複数の作業者は連絡車の中で待機していた。ガシャンと大音響がしたので、現場を見たら**筒状の足場〔＊1〕が倒壊**し、「足場が通行中の園児2人に激突」した。

　〔＊1〕高さ10m・縦横1.8mで、外周3面は飛散防止メッシュシートで養生。

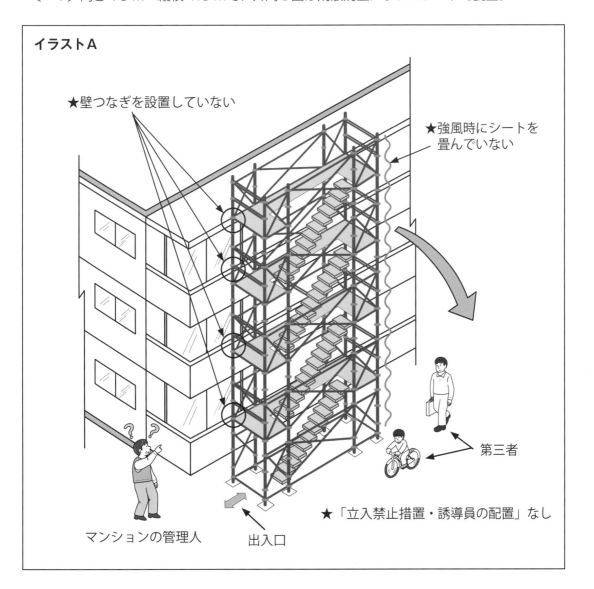

**イラストA**

★壁つなぎを設置していない

★強風時にシートを畳んでいない

マンションの管理人

出入口

第三者

★「立入禁止措置・誘導員の配置」なし

**不安全な状態**：（a）壁つなぎを取付けなかった、（b）強風時に外周３面をシートで覆っていた。
（c）立入禁止措置（ガードスタンド等）を講じなかった。

**不安全な行動**：（d）作業者は法知識欠如で行動（足場の組立等作業主任者の指導不良）。

**不安全な管理**：（e）単純作業なので、元請けは協力会社任せだった（f）元請け会社に、保全作業の足場の組立て・解体の作業手順書はなかった、（g）強風注意報が報道されたが無視。（h）集合住宅の管理人〔＊２〕が、足場の揺れ（不安定）を指摘したが無視した。

　　　〔＊２〕ゼネコンの建築技術管理者OB（足場倒壊の危険性を熟知）の再就職が多い。

■**リスク基準**（P 9～10 参照）

　①危険状態が発生する頻度は時々「2」、②ケガをする可能性がある「2」、③災害の重篤度は致命傷「10」です。

■**リスクレベル**（P10 参照）

　リスクポイントは「2＋2＋10＝14」なので、リスクレベルは「Ⅳ」となります。

## ● リスク低減措置

　イラストBのような「安全な状態・行動・管理」が必要である。

**安全な状態**：（a）壁つなぎを複数〔＊３〕取り付ける、（b）強風注意報が出たらシートは畳む、
（c）立入禁止措置（ガードスタンド等）を講じ、誘導員を配置。

　　　〔＊３〕安衛則で単管足場は「垂直方向5m以下・水平方向5.5m以下」となっており、2割増の余裕を見込む。なお、最上部は堅固なベランダガード等で転倒防止〔推奨〕。

**安全な行動**：（d）足場の組立て・解体又は変更の作業は、特別教育修了者が行う。

**安全な管理**：（e）元請けは危険性が想定される作業は、作業開始前の打合せに参画。

　　　（f）元請けと協力会社合同で「保全作業の足場の組立て・解体の作業手順書」を作成。

　　　（g）強風注意報が発令されたら夜中でもシートは畳む。

　　　（h）管理人の忠告は謙虚に受け止めて対応。

■**リスク基準**（P 9～10 参照）

　（a）～（h）などの対策を実施して作業を行えば、①危険状態が発生する頻度は滅多にない「1」、②ケガをする可能性がある「2」、③災害の重篤度は軽傷「3」です。

■**リスクレベル**（P10 参照）

　リスクポイントは「1＋2＋3＝6」なので、リスクレベルは「Ⅱ」となります。

　〔記〕筒状の足場は、屋上への昇降設備として多用され、作業者の墜落防止・物の落下防止のために、3面をメッシュシートで覆うので、ビル風をまともに受ける。日頃から「足場内は物置き禁止」とし、「強風注意報が出たらシートは畳んで紐止め」を周知徹底。

**イラスト B**

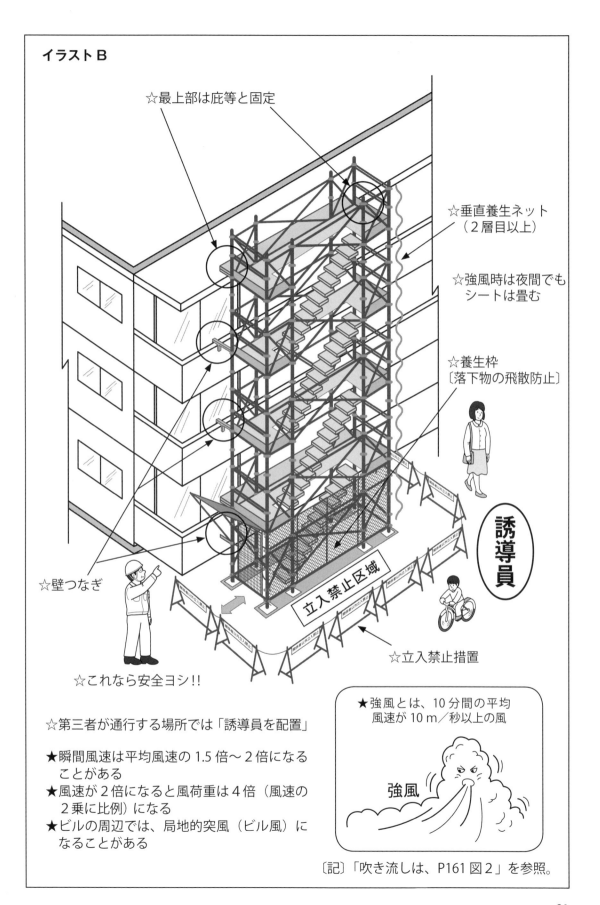

☆最上部は庇等と固定

☆垂直養生ネット
（2層目以上）

☆強風時は夜間でも
シートは畳む

☆養生枠
〔落下物の飛散防止〕

誘導員

☆壁つなぎ

立入禁止区域

☆これなら安全ヨシ!!

☆立入禁止措置

☆第三者が通行する場所では「誘導員を配置」

★瞬間風速は平均風速の 1.5 倍～ 2 倍になる
　ことがある

★風速が 2 倍になると風荷重は 4 倍（風速の
　2 乗に比例）になる

★ビルの周辺では、局地的突風（ビル風）に
　なることがある

★強風とは、10 分間の平均
　風速が 10 m／秒以上の風

強風

〔記〕「吹き流しは、P161 図 2」を参照。

## 2　わく組足場倒壊で、作業者３人が被災

**わく組足場について**

　わく組足場の特長は組立・解体が容易なうえ、各部材の質量が比較的軽量で、適正に組立てれば、垂直荷重に対して脚柱の垂直荷重の支持耐力が大きく、強度上の信頼性が高い。このため、本足場・張出し足場・棚足場として、最も広く使用されている。

　わく組足場〔φ 42.7㎜〕の壁つなぎは「垂直方向９m以下・水平方向８m以下」。
なお、わく組足場の高さは原則として 45 mまでとし、許容積載荷重は１スパン・１層当たり、「足場の幅 1,219㎜は 500kg、幅 914㎜は 500kg、幅 610㎜は 250kg」です。

### ● わく組足場脚部の危険な状態

　わく組足場は６層〔＊１〕壁状で、高さ 9.5 mの建物の外壁補修の足場と、各階の内装工事の昇降設備を兼ねていた。当足場の設置期間は 40 日・高さも 10 m程度なので、作業計画図も作成せず、協力会社に材工持ちで外注〔＊２〕。わく組足場の組立て状況は、敷板は設置せず、ベース金具の脚部も不安定な状態で、根がらみ（奥行き・水平）を設置せず、また、全層の床材の端部に幅木はなかった（☆昇降階段は２段手すりを設置）。

　〔＊１〕６層の鳥居型建わく（幅 1.2 m・高さ 1.7 m／層）の、最上段の作業床は高さ
　　　　 10.3 m程度。
　〔＊２〕鳥居型建わくは野ざらしで、定期整備はせず、著しく腐食・損傷した状態だった。

### ● 作業中に地震が発生し、わく組足場が崩壊・倒壊して墜落の重大災害

**災害発生状況**

　外壁・内装会社も、足場上に重量物を各層に置き、外壁の仕上げをしていた。外壁会社５人が各層の各スパンにずれて、外壁の補修をしていた時、「震度５弱〔＊３〕」の地震が発生、わく組足場が大揺れした。当足場の脚部が不安定な状態だったので、脚部が不等沈下して鳥居型建わくが折れて、当足場が転倒した。作業者Ａ・Ｂは、２F・３Fに避難したが、他の３人は逃げ遅れて本足場から外に飛び降りた。Cは両足を捻挫し、D・Eは下半身を強打、C～E〔＊４〕の３人は「火事場の馬鹿力」で必死に逃げたので、間一髪で足場の下敷きになるのは免れた。不幸中の幸いに工場内だったので、通行者もいなかった。

　〔＊３〕不安定な物は倒れることがあり、大半の人が物につかまりたいと感じる。
　〔＊４〕Cは６層目（8.5 m）・Dは４層目（7.0 m）・Eは２層目（2.0 m）から飛び降りた。

イラストA

〔断面図〕

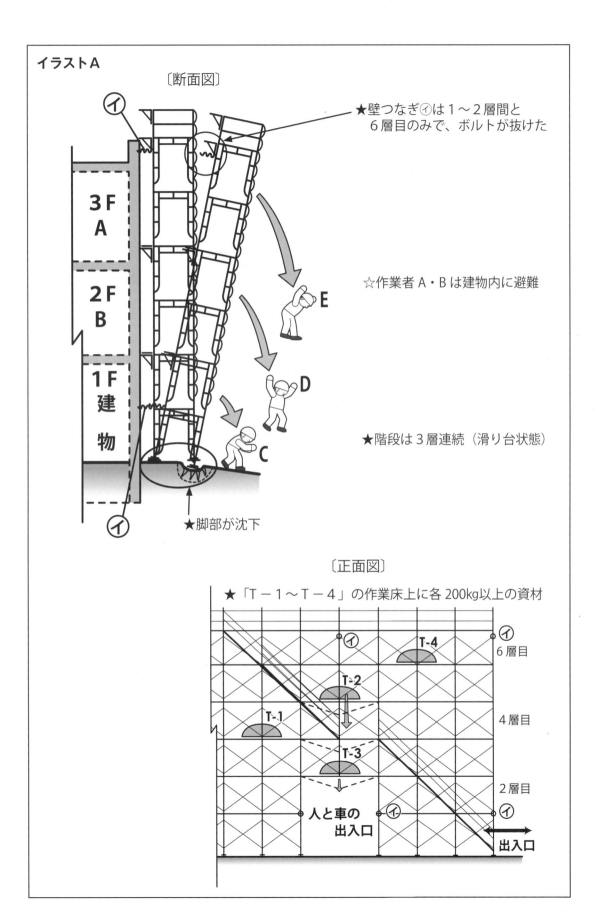

★壁つなぎ㋑は1～2層間と
　6層目のみで、ボルトが抜けた

☆作業者A・Bは建物内に避難

★階段は3層連続（滑り台状態）

3F
A

2F
B

1F
建
物

★脚部が沈下

〔正面図〕

★「T－1～T－4」の作業床上に各200kg以上の資材

6層目

4層目

2層目

人と車の
出入口

出入口

**不安全な状態**：（a）鳥居型建わく（以下、**建わく**）は、著しく腐食・損傷していた。

（b）建わくの脚部は不安定（地盤はルーズで敷板は未設置）だった。

（c）根がらみ（奥行き・水平）は未設置だった。

（d）壁つなぎは少数で堅固でなかった。

（e）全層の床材端部に幅木がなかった。

**不安全な行動**：（f）職長・作業者は、本足場の脚部が危険な状態との認識はなかった。

**不安全な管理**：（g）事業場の安全担当者は、わく組足場の知識がなかった（無知識）ので、足場設置の協力会社任せだった。

（h）事業場に、保全作業の作業手順書はなく、足場のリスクアセスメント（以下、RA）も実施していなかった。

（i）作業当日の作業打合せ書もなく、作業開始前のKY活動も実施しなかった。

> **■リスク基準**（P 9〜10 参照）
>
> ①危険状態が発生する頻度は滅多にない「1」、②ケガをする可能性が高い「4」、③災害の重篤度は致命傷「10」です。
>
> **■リスクレベル**（P10 参照）
>
> リスクポイントは「1＋4＋10＝15」なので、リスクレベルは「Ⅳ」となります。

## ● リスク低減措置

イラストBのような「安全な状態・行動・管理」が必要である。

**安全な状態**：（a）腐食・損傷した建わくは直ちに処分。

（b）ルーズな地盤は敷鉄板を設置し、足場板を並列に敷き、ベース金具を配置。

（c）鳥居型建わくの下部に根がらみ（奥行き・水平）を設置。

（d）1層目上部に壁つなぎを取り付ける。

（e）全層の床材端部に幅木を取り付ける。

**安全な行動**：（f）足場作業者は、全員「特別教育を受講」し、足場作業の危険性を学ぶ。

**安全な管理**：（g）事業場の安全担当者も、「特別教育を受講」し足場作業の危険性を学ぶ。

（h）事業場は協力会社と合同で「保全作業の作業手順書」を作成し、「RA」も実施。

（i）作業打合せ書は毎日作成し、RAの残存リスクは作業開始前のKY活動でフォロー。

> **■リスク基準**（P 9〜10 参照）
>
> （a）〜（i）などの対策を実施して作業を行えば、①危険状態が発生する頻度は滅多にない「1」、②ケガをする可能性がある「2」、③災害の重篤度は軽傷「3」です。
>
> **■リスクレベル**（P10 参照）
>
> リスクポイントは「1＋2＋3＝6点」なので、リスクレベルは「Ⅱ」となります。

## イラストB

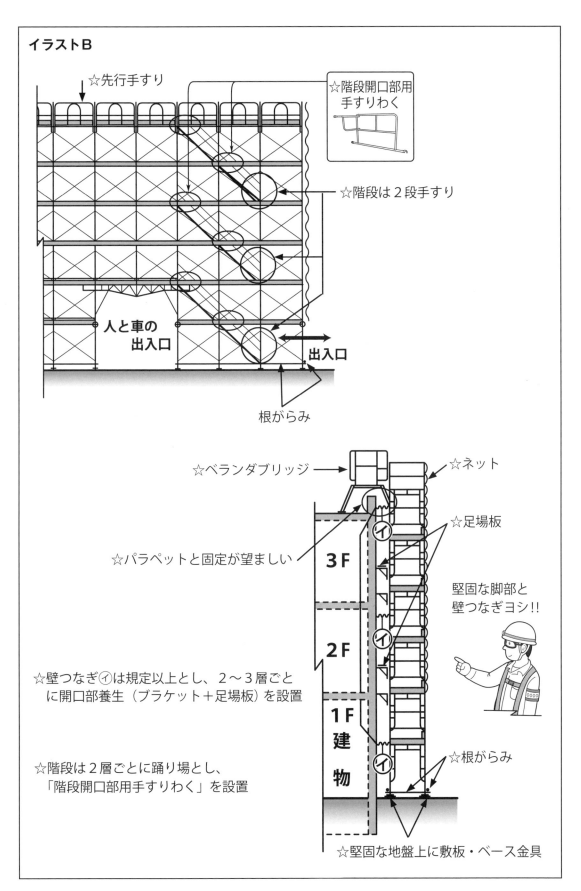

☆先行手すり

☆階段開口部用
手すりわく

☆階段は2段手すり

人と車の
出入口

出入口

根がらみ

☆ベランダブリッジ

☆ネット

☆パラペットと固定が望ましい

☆足場板

3F

堅固な脚部と
壁つなぎヨシ!!

☆壁つなぎ㋑は規定以上とし、2～3層ごと
　に開口部養生（ブラケット＋足場板）を設置

2F

☆階段は2層ごとに踊り場とし、
　「階段開口部用手すりわく」を設置

1F
建
物

☆根がらみ

☆堅固な地盤上に敷板・ベース金具

# 3 わく組足場組立て作業中の墜落災害

## 災害発生時のわく組足場の状況

　わく組足場（以下、**足場**）の組み立て状況は、３層目まで組み立てを完了し、最上部の４層目の組み立て作業中に発生。当足場は、１スパン 1.8 ｍ、壁つなぎは「垂直方向９ｍ以下・水平方向８ｍ以下」の壁面側に固定し、２〜３層間に伸縮ブラケットと床付き布わく（以下、**布わく**）を設置して開口部養生を行い、かつ、階段は手すりを２段設置し、階段上部には「階段開口部用手すりわく」を設置。

## 足場の最上部から墜落

　足場工Ａは最上部の布わく上で、５ｔラフターで荷揚げした鳥居型建わく（幅 1219㎜・高さ1700㎜・質量16.2kg／１枠）を、水平親綱ロープを掛けるため中央から端部に向かって両手で抱えて移動中に、「幅広の作業ズボン（超ロング８分：P27 図）」の裾が連結ピンに引っ掛かり、バランスを崩して足場の外側から３ｍ下の路面に墜落。

**不安全な状態**：（a）３層目で４層目の床面（躯体側）に水平親綱ロープを設置しなかった。

　　　　　　　　（b）建わく等を足場の端部にまとめて置いた。

**不安全な行動**：（c）Ａは幅広作業ズボンを着用。

　　　　　　　　（d）Ａは安全帯を着用しなかった。

**不安全な管理**：（e）足場の組立・解体は協力会社任せだった。

　　　　　　　　（f）手すり先行足場を採用しなかった。

　　　　　　　　（g）元請けは作業員の作業服装の指導もしなかった。

　　　　　　　　（h）元請けは作業方法（作業手順）の確認もしなかった。（同協力会社に足場作業手順書はなく、ＲＡも実施していなかった。

　　　　　　　　（i）作業当日の「作業打合せ書」もなく、「作業開始前に服装確認」を実施しなかった。

---

### ■リスク基準（P 9〜10 参照）

　①危険状態が発生する頻度は時々「2」、②ケガをする可能性がある「2」、③災害の重篤度は致命傷「10」です。

### ■リスクレベル（P10 参照）

　リスクポイントは「2＋2＋10＝14」なので、リスクレベルは「Ⅳ」となります。

---

## イラストA

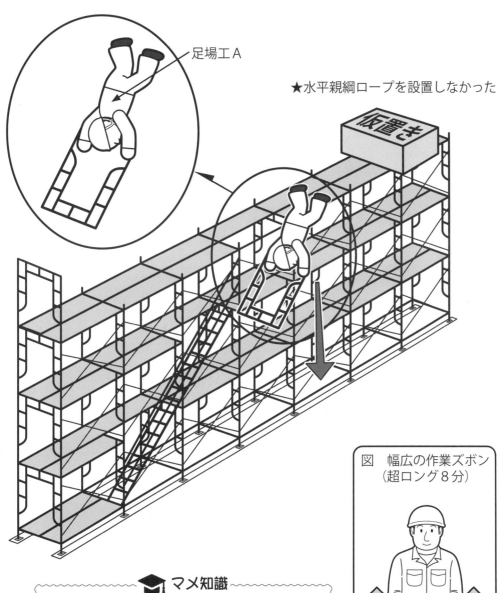

足場工A

★水平親綱ロープを設置しなかった

仮置き

図　幅広の作業ズボン
（超ロング8分）

★高所作業では不適正

🎓マメ知識

「なぜ、足場作業で幅広作業ズボンは危険か？」
【図】足場上の連結ピン・クランプなどにズボ
ンの裾が引っ掛かって転倒し、足場から墜落、
床面上では差し筋などに引っ掛かる危険性が
ある。7分作業ズボン（ニッカーズ）は、膝下
で裾口をしぼったズボンで、ゴルフ・ポロ・
ロッククライミングで愛用されている。

## ● リスク低減措置

イラストBのような「安全な状態・行動・管理」が必要である。

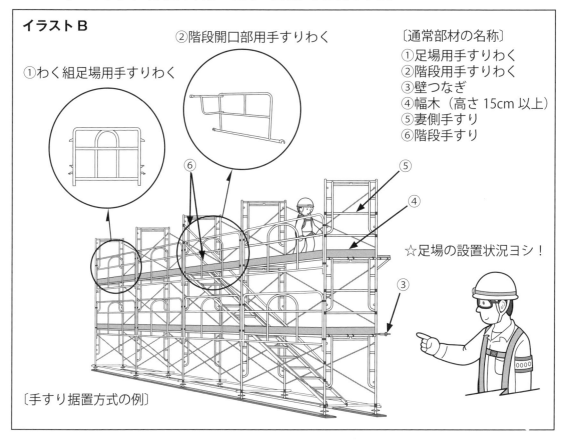

**イラストB**

②階段開口部用手すりわく

①わく組足場用手すりわく

〔通常部材の名称〕
①足場用手すりわく
②階段用手すりわく
③壁つなぎ
④幅木（高さ15cm以上）
⑤妻側手すり
⑥階段手すり

☆足場の設置状況ヨシ！

〔手すり据置方式の例〕

**安全な状態**：（a）3層目で4層目の床面（躯体側）に水平親綱ロープ設置、（b）建わく等は
　　　　　　　足場の2～3箇所に分散して置く。

**安全な行動**：（c）足場作業者は「幅広作業ズボンの着用を禁止（P27図）」し周知、（d）足場上
　　　　　　　作業者は、ハーネス型安全帯を着用し、足場上では常時使用。

**安全な管理**：（e）足場の組立・解体は協力会社任せにせず、計画段階から元請けも参画、
　　　　　　　（f）足場は出来るだけ「手すり据置方式」を採用、（g）元請けは作業員の作業
　　　　　　　服装の指導を行う、（h）協力会社と合同で足場作業手順書を作成、RAも実施、
　　　　　　　（i）作業当日の「作業打合せ書」は、必ず記載（必須書類）、作業開始前に「健康
　　　　　　　確認・服装確認」を行う。

### ■リスク基準（P9～10参照）

　（a）～（i）などの対策を実施して作業を行えば、①危険状態が発生する頻度は滅多に
ない「1」、②ケガをする可能性がある「2」、③災害の重篤度は軽傷「3」です。

### ■リスクレベル（P10参照）

　リスクポイントは「1＋2＋3＝6点」なので、リスクレベルは「Ⅱ」となります。

# 4 わく組足場を昇る時、近道行為で災害2事例

## 災害発生時の状況

　工場の壁面補修工事のため、わく組足場（以下、**足場**）をL型に、前日と災害当日の午前中までに、職長以下4人で4層まで組立てた。なお、昇降設備は、L型足場の両端に移動はしごを垂直に固定。昼休みの休憩時間中に、被災者B・Cは、職長Aの許可を得ずに4層目の作業床上にスマホを忘れたので、Bは鳥居わく〔＊1〕の水平補鋼材を伝い昇り、Cは鳥居わくの筋かいを伝い昇りしている時、2人はほぼ同時に3層目〔＊2〕で足を滑らせて背中から落ち、アスファルトの床面に墜落。2人の悲鳴を休憩中に連絡車中で聞いた職長Aは、車から飛び出して2人の被災を知り、急速救急車で病院に搬送された。「2人は頭・背中を強打」したので、長期入院となり、半身不随で永久労働不能となった。

　〔＊1〕鳥居わく（横幅91cm・高さ170cm）の、4層目の作業床高は約5.3ｍ。

　〔＊2〕遠方から見ると作業床高5ｍ未満は、「誰でもあまり高いと思わない高さ」である。

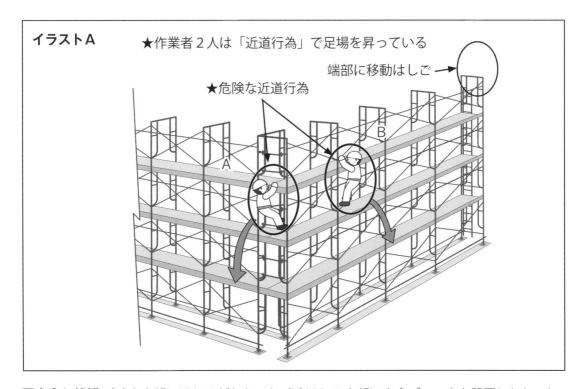

**イラストA**
★作業者2人は「近道行為」で足場を昇っている
端部に移動はしご
★危険な近道行為

**不安全な状態**：(a)中央部にはしごがなかった、(b)はしご上部に安全ブロックを設置しなかった。

**不安全な行動**：(c) 被災者B・Cは職長Aの許可を得ず勝手に、近道行為で足場を昇っていた。
　　　　　　　(d) B・Cは、安全帯を着用しなかった。

**不安全な管理**：(e) 高さ10ｍ未満の補修工事用足場の計画と管理は、協力会社任せだった。
　　　　　　　(f) 協力会社の補修工事用「足場の作業手順書」はなかった。

## ● リスク低減措置

イラストBのような「安全な状態・行動・管理」が必要である。

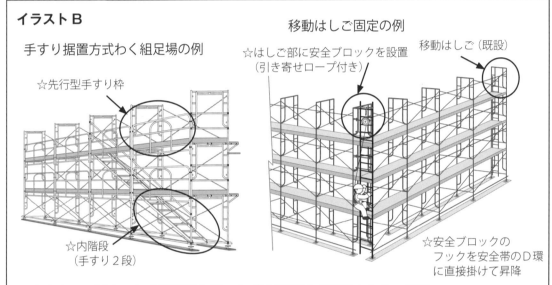

**イラストB**

手すり据置方式わく組足場の例

☆先行型手すり枠

☆内階段
（手すり2段）

移動はしご固定の例

☆はしご部に安全ブロックを設置
（引き寄せロープ付き）

移動はしご（既設）

☆安全ブロックの
　フックを安全帯のD環
　に直接掛けて昇降

☆高さ5m以上のわく組足場の壁つなぎの間隔は「垂直方向9m以下
・水平方向8m以下」ごとに1箇所設置（安衛則第570条第1項第5号）

**安全な状態**：(a) 鳥居わくの横幅90cm以上は足場の中央付近に、昇降階段を設置、(b)はしご
　　　　　　　の場合、はしご上部に安全ブロックを設置し、引き寄せロープを付ける。

**安全な行動**：(c)「水平補鋼材等の昇降は厳禁」、(d) 足場の昇降等でも、ハーネス型安全帯を
　　　　　　　着用。はしご昇降の場合、安全ブロックのフックに連結ベルトのD環を掛けて昇降。

**安全な管理**：(e) 高さ10m未満の足場でも、足場の計画と管理は、協力会社任せにしない、(f) 協力
　　　　　　　会社の補修工事用足場の作業手順書を作成させる、作業手順の内容を周知させる。

# 5 わく組足場の計画不備・不良の災害2事例

## わく組足場の計画の不備・不良の状況

　イラストAで示す通り足場は、高さ8.6mの工場兼事務棟の外壁補修用で、鳥居型の建わくを使用〔＊1〕、出入口は幅3.6m、高さ3.7mである。

　〔＊1〕S社仕様の場合、建わくの幅1219㎜、高さは1725㎜（連結ピン含む）、建わくの1スパンは1829㎜、布わくは幅500㎜、昇降階段の幅450㎜（2段手すり）等。

## 災害発生状況

　地元の協力会社Aは、当足場は高さ10m以下・1カ月程度なので、出入口上部の足場上には資機材を置かないと思い、梁枠を設置しないでネット養生を行い、塗装会社Bに引き渡した。

　足場の状況を知らない塗装業者は、出入口真上の足場は資機材の荷揚げが楽なので、3層目～5層目に塗装の資機材を多量に置いた。出入口真上の足場は徐々に変形したが、ネット養生で変形状態が見えないので、誰も気づかなかった。定期的に弱い地震が継続していたが、災害の当日は「震度4程度の地震〔＊2〕」の振動で中央部が崩壊、足場上の物が落下し路上の通行者に激突〔災害1〕。また、4層目から避難しようとした塗装工は、階段でズボンの裾が引っ掛かり、5m下の路面まで一直線に頭から滑り落ちた〔災害2〕。

　〔＊2〕ほとんどの人が驚き、電灯などのつり下げ物は大きく揺れる。据わりの悪い置物は倒れる。

**不安全な状態**〔災害1・2〕：（a）出入口上部に梁枠〔＊3〕を設置しなかった（★中央の建わくは、脚部の支えがない状態）、（b）梁枠のない足場上に過荷重の資機材を置いた、（c）資機材置場に幅木がなく、覆いもしなかった、（d）階段は3層目まで直線だった。

　〔＊3〕梁わくは、2スパン用・3スパン用・4スパン用がある。

**不安全な行動**：（e）塗装工2人は、全員「幅広作業ズボン（P27図）」だった、（f）塗装工2人は、両手に物を持っていたので、階段の手すりを持たないで降りていた。

**不安全な管理**：（g）事業所にも足場作業の知識がある社員がいなかったので、適正な足場の状態有無も知らなかった、（h）協力会社Aに足場の作業計画はなく、塗装会社B任せだった。

■**リスク基準**（P9～10参照）
　①危険状態が発生する頻度は時々「2」、②ケガをする可能性がある「4」、
③災害の重篤度は致命傷「10」です。

■**リスクレベル**（P10参照）
　リスクポイントは「2＋4＋10＝16」なので、リスクレベルは「Ⅳ」となります。

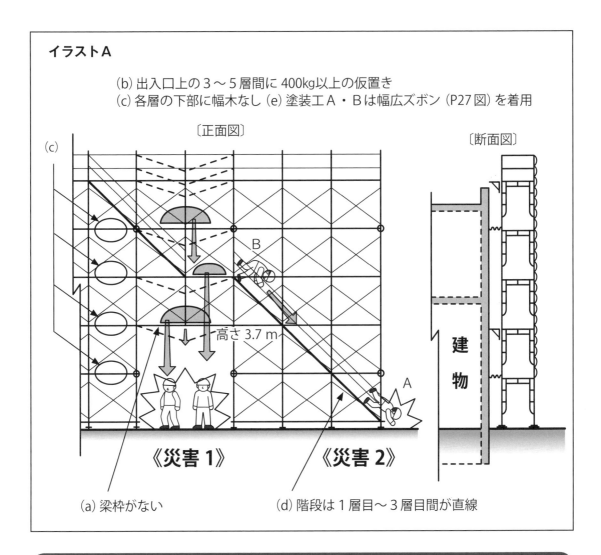

**イラストA**

(b) 出入口上の3～5層間に400kg以上の仮置き
(c) 各層の下部に幅木なし (e) 塗装工A・Bは幅広ズボン（P27図）を着用

〔正面図〕　　　　　　　　　　　　　　　　　　〔断面図〕

(c)

B

高さ3.7 m

建物

A

《災害1》　　　　　《災害2》

(a) 梁枠がない　　　　　　(d) 階段は1層目～3層目間が直線

---

## ● リスク低減措置

　イラストBのような「安全な状態・行動・管理」が必要である。

**安全な状態**：〔災害1・2〕(a) 出入口上部には、必ず梁枠を設置。

　　　　　　(b) 出入口上部の足場上には、「資機材置きを禁止」し、出入口上部の両端に分散する。（☆足場の外側にブラケットで資機材置場を推奨。「通路上に資機材置き禁止」が周知できる）

　　　　　　(c) 出入口上部の足場上には、全層高さ15cm以上の幅木を設置。

　　　　　　(d) 階段は2層目ごとに踊り場を設置。

**安全な行動**：(e) 足場内作業者は全員「幅広作業ズボン禁止」を周知。

　　　　　　(f) 足場内作業者は、「両手に物を持って昇降は禁止」とし、片手持ちまでとする。

**安全な管理**：(g) 事業所にも足場作業の知識がある社員を育てる。（外部の研修会に参加）

　　　　　　(h) 協力会社任せにせず、外部の安全指導を受ける。

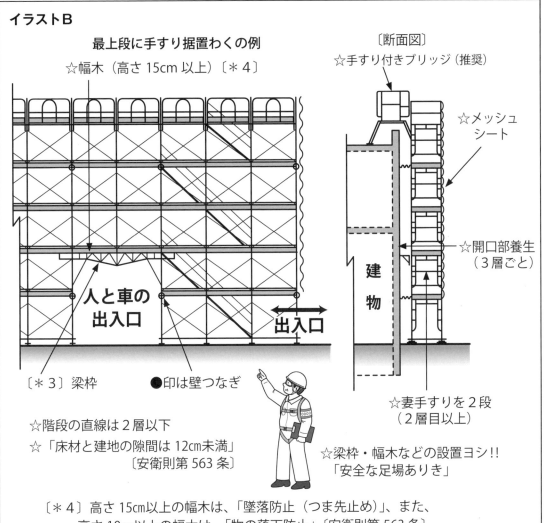

**イラストB**

最上段に手すり据置わくの例

☆幅木（高さ 15cm 以上）〔＊4〕

〔断面図〕
☆手すり付きブリッジ（推奨）

☆メッシュシート

建物

☆開口部養生（3層ごと）

人と車の出入口

出入口

☆妻手すりを2段（2層目以上）

〔＊3〕梁枠　　●印は壁つなぎ

☆階段の直線は2層以下

☆「床材と建地の隙間は12cm未満」〔安衛則第563条〕

☆梁枠・幅木などの設置ヨシ!!「安全な足場ありき」

〔＊4〕高さ 15cm以上の幅木は、「墜落防止（つま先止め）」、また、高さ 10cm以上の幅木は、「物の落下防止」〔安衛則第563条〕

---

**■リスク基準**（P 9〜10 参照）

　(a)〜(h) などの対策を実施して作業を行えば、①危険状態が発生する頻度は滅多にない「1」、②ケガをする可能性がある「2」、③災害の重篤度は軽傷「3」です。

**■リスクレベル**（P10 参照）

　リスクポイントは「1＋2＋3＝6」なので、リスクレベルは「Ⅱ」となります。

---

🎓 マメ知識

**足場の計画の届出等**

　全ての業種の事業の仕事において「組立から解体までの期間が 60 日以上」の足場〔＊5〕は、当該工事の開始の 30 日前までに、所轄の労働基準監督署に届出の義務。〔安衛法第 88 条（計画の届出等）、安衛則：第 85 条〜第 88 条〕

　〔＊5〕つり足場・張出し足場以外は「高さ 10 m以上の構造」のもの〔安衛則：別表第 7〕

# 6 簡易型建わく足場からの災害3事例

　製造業などの保全作業は、作業床が高さ2m以上の高所作業でも、小規模（高さ10m未満）で短期間が多く、公共事業が多い建設業のように、施工計画書の提出義務がない。故に、元請けは足場の施工計画は作成しないので、足場作業に必要な知識は希薄なのが現状である〔＊1〕ここでは鳥居型建わくの中で、幅が狭く、方杖形状の簡易型建わく〔＊2〕をテーマとする。

　〔＊1〕近年、くさび緊結式足場を主として扱う、「足場機材レンタル会社」が多数ある。

　〔＊2〕建わくの支柱はφ42.7㎜、横幅は61cmと41cmの2種類ある。高さ170cm
　　　の場合、横幅61cmの建わく質量は11.1kg、横幅41cmは11.3kgと軽量で、共に
　　　許容支持力は3.5ｔ。簡易建わくは横幅が狭いので、2層目以上は足場をL字・E字とし、
　　　かつ、単管パイプなどで転倒防止を講ずる。また、昇降設備は「ハッチ式踏板〔＊3〕」、
　　　又は足場の正面・側面にはしごの設置が必要。

　〔＊3〕「船の甲板の昇降口」と同様の形状で、蓋を開けてはしごで昇降。

## 簡易建わく足場の設置状況

　地元の設備会社が大型機械設備の横に、簡易型建わくを3層に組立てた。最上部に高さ100cmの手すり、床付き布わく（布わく）は横幅50cm、足場内の昇降設備はハッチ式踏板を設置、2層以上の下部に幅木は設置していなかった。

## 重大災害（3事例）の発生状況

　保全会社は資機材の搬入のため、2層目と3層目の布わくを2枚外して横に置き、床面から荷揚げを行い、「開口部状態のまま放置」して現場を離れていた。開口状態になっているのを知らない事業所の工事担当者Aは、3層目で設備側の仕上がり状況の確認に気を取られて布わく上を横移動しているとき、開口部から3.6ｍ下の床面に墜落した。Aの悲鳴を聞いた保全会社のB・Cは、状況を確認しようとして、「それぞれの図の場所から墜落」し、同時に3人が被災した重大災害になった。

**不安全な状態**：（a）同一断面で布わくを2箇所外した状態だった。

　　　　　　　　（b）足場下部に、幅木を設置してなかった。

　　　　　　　　（c）端部にコーナー手すりはなかった。

　　　　　　　　（d）室内の照度は75ｌx程度と暗かった。

**不安全な行動**：（e）Aは足元の安全を確認しないで、布わく上を横移動。

　　　　　　　　（f）B・Cの2人は、足場の危険な状態を知らずに行動した。

**不安全な管理**：（g）足場は業者任せで、簡易型建わく足場の作業手順書はなかった。

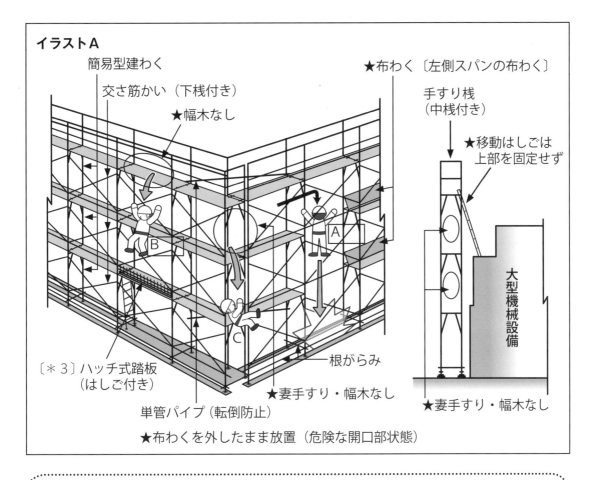

**イラストA**

簡易型建わく
交さ筋かい（下桟付き）
★幅木なし
★布わく〔左側スパンの布わく〕
手すり桟（中桟付き）
★移動はしごは上部を固定せず
大型機械設備
〔＊3〕ハッチ式踏板（はしご付き）
単管パイプ（転倒防止）
根がらみ
★妻手すり・幅木なし
★布わくを外したまま放置（危険な開口部状態）
★妻手すり・幅木なし

■**リスク基準**（P 9～10 参照）

①危険状態が発生する頻度は時々「2」、②ケガをする可能性がある「4」、③災害の重篤度は致命傷「10」です。

■**リスクレベル**（P10 参照）

リスクポイントは「2＋4＋10＝16」なので、リスクレベルは「Ⅳ」となります。

## ● リスク低減措置

イラストBのような「安全な状態・行動・管理」が必要である。

**安全な状態**：(a) 原則として「足場内の布わく外しは禁止」。布わくを外した場合、開口部の両端に通行止めの表示とロープを張る。資機材の搬出入は足場の側面に昇降式移動足場〔＊4〕などを設置し、上部は足場とロープで固縛、(b) 足場下部は、高さ 15cm 以上の幅木を設置、(c) 端部には、コーナー手すりを2段設置、(d) 室内の照度は 300 lx 程度を確保。

〔＊4〕内階段式移動足場（通称：ローリングタワー）の作業床の高さは約 4.8 m。

〔※「一石二鳥（荷置き場と昇降設備）の効果」がある〕

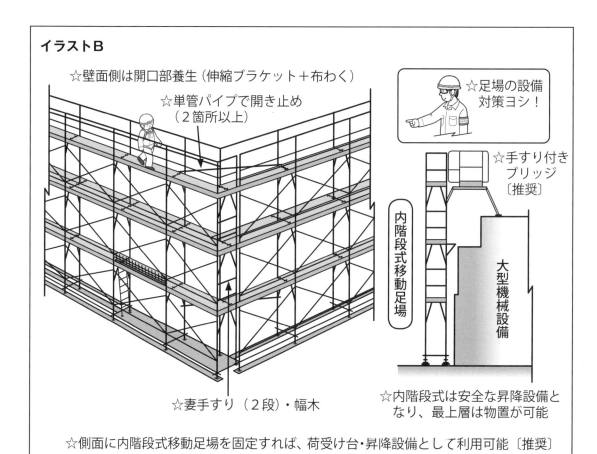

**イラストB**

☆壁面側は開口部養生（伸縮ブラケット＋布わく）

☆単管パイプで開き止め
（２箇所以上）

☆足場の設備
対策ヨシ！

☆手すり付き
ブリッジ
〔推奨〕

内階段式移動足場

大型機械設備

☆内階段式は安全な昇降設備と
なり、最上層は物置が可能

☆妻手すり（２段）・幅木

☆側面に内階段式移動足場を固定すれば、荷受け台・昇降設備として利用可能〔推奨〕

**安全な行動**：「(e)・(f)」足場内の作業者は、ヘッドランプ付き保護帽・ハーネス型安全帯を着用。
布わく上を歩行は、ヘッドランプを使用し足元の安全確認しながら歩行。
定点で作業を行う場合は、安全帯を使用して作業（☆建わくの主材にフック掛け、
筋かいに掛けるのは不適正）。

**安全な管理**：(g) 簡易型建わく足場の作業手順書も作成し、内容を周知する。

**■リスク基準**（P 9〜10 参照）

（a）〜（g）などの対策を実施して作業を行えば、①危険状態が発生する頻度は滅多に
ない「1」、②ケガをする可能性がある「2」、③災害の重篤度は軽傷「3」です。

**■リスクレベル**（P10 参照）

リスクポイントは「1＋2＋3＝6」なので、リスクレベルは「Ⅱ」となります。

# 7 わく組足場で荷受け時の墜落災害

　ここでは、事務所棟〔＊１〕のわく組足場上部で、資材の荷受け時の災害をテーマとする。
〔＊１〕５階建・高さは１８ｍ。外壁と屋上が「紫外線・塩害で劣化」したので補修と塗装工事。

**災害発生時のわく組足場（以下、足場）の状況**

　足場の状況は建物外壁の全周に３層目まで組立を完了し、４層目を組み立てるために１６ｔ
つりラフター〔＊２〕で、４層目の作業床上に資機材をつり揚げていた。足場の４層目の作業
床高は、約５.３ｍ、当足場は横・奥行き方向共に１０スパン（約１８ｍ）。なお、壁つなぎは
強風地域なので、足場規定の２割増で設置、階段は手すりを２段設置、足場の内側は２〜３層
間に開口部養生。

　〔＊２〕ラフターは、オペレーター付きでレンタル会社から借り受け。６段ブーム（27.5ｍブーム）・
　　　　２段パワーチルトジブ（6.9ｍジブ）、最大地上揚程（ジブ35.0ｍ）、最大作業半径（ジブ27.8ｍ）、
　　　　クレーン容量（27.5ｍブーム：3.5ｔ×7.0ｍ 6.9ｍジブ：1.5ｔ×70度）

## ● 荷受け時の墜落災害

　トラックで運搬してきた鳥居型建わく〔＊３〕を１０枠ずつ（162kg／１０枠）に小分けし、
奥行き１ｍ（鋼製踏板50cm×２列）の作業床上に３箇所に分けて仮置きを予定。

　合図者Ａは３層目のコーナーで安全帯を使用して合図、足場工Ｂは４層目で安全帯を使用
せずに荷受け。１箇所目の仮置きを終え２箇所目の荷受けをしようとした時、弱風でつり荷が
荷振れしたので、つり荷を触っていたＢはバランスを崩して、作業床から5.4ｍ下の路面に
頭から墜落。

　〔＊３〕鳥居型建わくは（A4055B）は、幅1219㎜・高さ1700㎜・連結ピン25㎜・
　　　　質量16.2kg／１枠。

**不安全な状態**：〔災害１・２〕
　　　　　（a）最上層の事務所棟に水平親綱ロープを設置しなかった。
　　　　　（b）つり荷に介添えロープを使用しなかった。

**不安全な行動**：（c）足場工Ｂは安全帯を着用していたが使用しなかった。
　　　　　（d）特別教育修了者のＣが、つり上げ荷重１ｔ以上の玉掛けの業務を行った。

**不安全な管理**：（e）足場の組立・解体は協力会社任せだった。
　　　　　（f）元請けは作業方法の確認もしなかった。
　　　　　（g）元請け・協力会社に作業手順書はなく、ＲＡも実施していなかった。

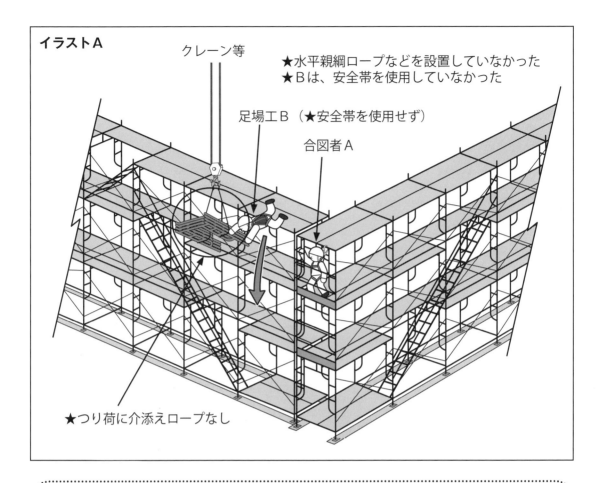

**イラストA**

クレーン等

★水平親綱ロープなどを設置していなかった
★Bは、安全帯を使用していなかった

足場工B（★安全帯を使用せず）

合図者A

★つり荷に介添えロープなし

---

■**リスク基準**（P 9〜10 参照）

　①危険状態が発生する頻度は時々「2」、②ケガをする可能性が高い「4」、
③災害の重篤度は致命傷「10」です。

■**リスクレベル**（P10 参照）

　リスクポイントは「2＋4＋10＝16」なので、リスクレベルは「Ⅳ」となります。

## ● リスク低減措置

　イラストBのような「安全な状態・行動・管理」が必要である。

**安全な状態**：(a) 3層目で4層目踏板上の事務所棟側に、水平親綱ロープを設置、かつ、
事務所棟の屋根上から垂直親網ロープ〔＊4〕を下げ、スライド器具付きを
取付ける、(b) 3層目に荷受けフォーム〔イラストB②〕を設置する、また、
つり荷に長さ3m程度の介添えロープを取り付ける。

　〔＊4〕屋上パラペットの丸輪に、φ16mm垂直親綱ロープを取付け、スライド
器具を取り付ける。

　〔注意〕スライド器具は身を預けられる（墜落防止器具）。安全ブロックは墜落
阻止器具（車のシートベルトと同じ構造）で、身は預けられない。

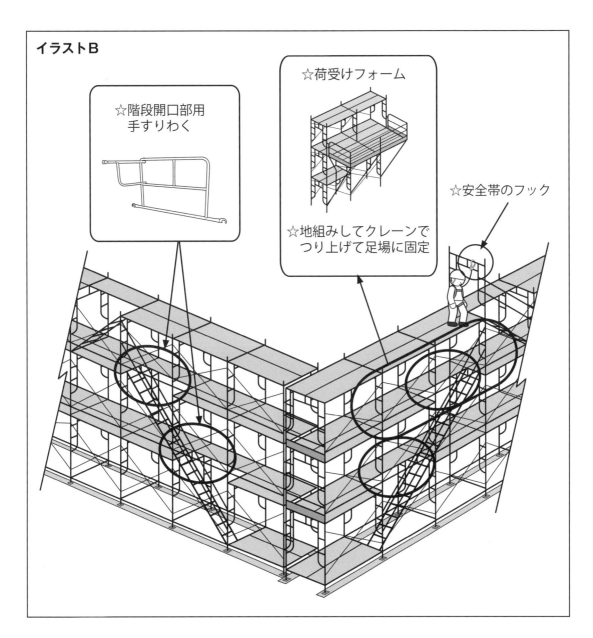

**イラストB**

☆階段開口部用
手すりわく

☆荷受けフォーム

☆地組みしてクレーンで
つり上げて足場に固定

☆安全帯のフック

**安全な行動**：(c) 安全帯は常時使用、(d) つり上げ荷重１ｔ以上の玉掛けは、技能講習修了者。

**安全な管理**：「(e)・(f)」足場作業は協力会社任せにせず、元請けは事前に作業方法の打合せを行う（法定資格者の確認は必須）、(g) 作業手順書有無の確認を行い、合同でＲＡを実施する。

**■リスク基準**（P 9〜10 参照）

　(a) 〜 (g) などの対策を実施して作業を行えば、①危険状態が発生する頻度は滅多にない「1」、②ケガをする可能性がある「2」、③災害の重篤度は軽傷「3」です。

**■リスクレベル**（P10 参照）

　リスクポイントは「1＋2＋3＝6」なので、リスクレベルは「Ⅱ」となります。

# 8 踏だなのある固定はしごからの墜落3事例

　日本列島は北海道から九州まで、「いつ、どこで大地震（P217のマメ知識）が発生するか」は予測できない。

　「天災は防げないが、人災は防げる。防災の知識を学び、**減災が必要では！**」ここでは、固定はしごの昇降中に発生した地震による墜落災害をテーマとする。

## ● 地震が発生し長時間停電に

### 固定はしごの設置状態

　当事業場内には多数の天井クレーンがあり、高さ18mのランウェイへの昇降設備として、工場内の両入口側にある固定はしごを月例点検・年次点検時に利用し昇降している。このため複数の工場の固定はしごは、「坑内はしご道」に準じ、はしごの中間に踏だなを設置している。

　固定はしごの仕様は、幅45cm・踏桟間隔35cm・踏桟は直径12㎜の異形鉄筋、両側の支柱は35㎜のアングル材で、踏桟と壁との間隔は20cm程度、上部は60cm程度突き出しているが、はしごに踏面はなく、背もたれは上部はしごのみに設置。踏だなの平面は、奥行き70cm・横幅130cm、手すりは高さ90cm（中桟・幅木付き）、昇降口に60cm角の開閉踏板を設置。上下の固定はしごに墜落阻止装置は設置していない。

### 災害発生の状況

　天井クレーンの点検者3人（A・B・C）は、作業を終了し固定はしごを降りているときに地震が発生、長時間停電となったため、自然採光を頼りに、はしごを降りている途中で次々に墜落した事例である（イラストA）。Aは、はしご最上部の踏桟で足を踏み外して18m下の床面に墜落。Bは、上部はしごの中間の踏桟で足が滑って落ち、踏だなの手すりでバウンドして14m下に墜落。Cは、60cm開口状態だった踏だな回転踏板部から9m下の床面に墜落した（一時に3人以上が死傷した重大災害）。

**不安全な状態**：(a) 固定はしごの上部に踏面がなかった、(b) 上部はしごに背もたれはあったが、下部はしごにはなかった、（c）上部はしごの背もたれと踏だなの手すりの間は110cmの開口状態だった、（d）上部・下部はしごに墜落阻止装置が設置されていなかった、（e）踏だなの回転踏板は開口状態だった。

**不安全な行動**：(f) 3人は、安全帯を着用していたが使用していなかった、(g) 保護帽にヘッドランプを付けていなかった。

**不安全な管理**：(h) 30年前の作業手順書は、見直しをせず具体的な内容に乏しく、RAは行っていない、（i）クレーンの点検作業は、協力会社任せで、工場の安全担当者は、昇降設備における危険性の認識はほとんどなかった。

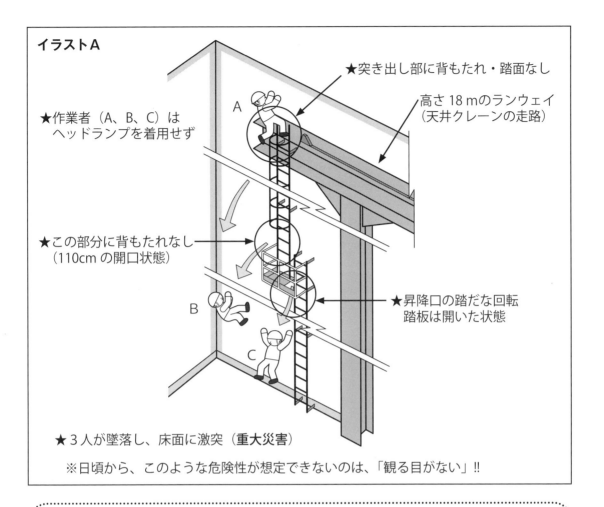

**イラストA**

★作業者（A、B、C）は
　ヘッドランプを着用せず

★突き出し部に背もたれ・踏面なし

高さ18mのランウェイ
（天井クレーンの走路）

★この部分に背もたれなし
（110cmの開口状態）

A

B

C

★昇降口の踏だな回転
　踏板は開いた状態

★3人が墜落し、床面に激突（**重大災害**）

※日頃から、このような危険性が想定できないのは、「観る目がない」!!

---

■**リスク基準**（P 9〜10 参照）

　①危険状態が発生する頻度は滅多にない「1」、②ケガをする可能性が高い「4」、
③災害の重篤度は致命傷「10」です。

■**リスクレベル**（P10 参照）

　リスクポイントは「1＋4＋10＝15」なので、リスクレベルは「IV」となります。

## ● リスク低減措置

イラストBのような「安全な状態・行動・管理」が必要である。

**安全な状態**：（a）固定はしご上部の突出しは110cmとし踏面を設置、かつ、突き出し部も
　　　　　　　背もたれをU形に覆う、（b）背もたれは下部のはしごにも設置、（c）上部はしご
　　　　　　　の下部と手すり間はL型に手すりを90cm程度かさ上げ、（d）上部・下部はしご
　　　　　　　に連動（S形）の固定ガイド式スライドを設置〔推奨〕、（e）回転踏板にはチェーン
　　　　　　　を付け、常時閉の状態（昇降の時のみ開ける）にする。

**安全な行動**：（f）作業者はフルハーネス安全帯を着用し、昇降時はスライド器具を常時安全帯
　　　　　　　のD環に掛けて昇降、（g）ヘッドランプ付き保護帽を着用。〔※ハンズフリー（両手

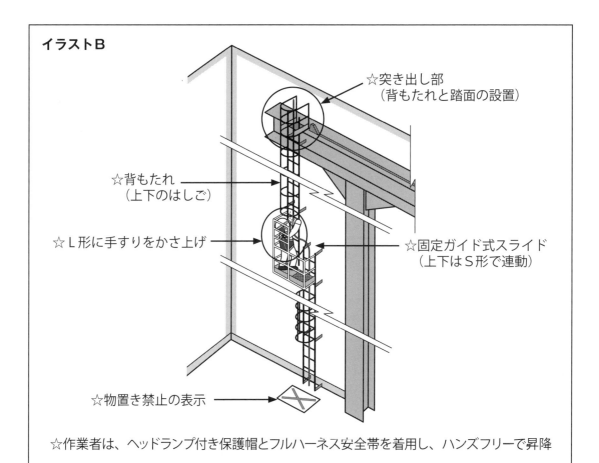

イラストB

☆突き出し部
（背もたれと踏面の設置）

☆背もたれ
（上下のはしご）

☆L形に手すりをかさ上げ

☆固定ガイド式スライド
（上下はS形で連動）

☆物置き禁止の表示

☆作業者は、ヘッドランプ付き保護帽とフルハーネス安全帯を着用し、ハンズフリーで昇降

に物を持たない）で昇降が可能〕

**安全な管理**：（h）作業手順書は具体的な内容の見直しを行い、また、ＲＡも行う、

（ｉ）外注会社任せにせず、外注会社と安全担当者の「能力向上教育」を現場で行う。

**■リスク基準**（P 9～10 参照）

　（a）～（i）などの対策を実施して作業を行えば、①危険状態が発生する頻度は滅多にない「1」、②ケガをする可能性がある「2」、③災害の重篤度は軽傷「3」です。

**■リスクレベル**（P10 参照）

　リスクポイントは「1＋2＋3＝6」なので、リスクレベルは「Ⅱ」となります。

🎓 マメ知識

**固定はしごの踏だな**

　「安衛則第 556 条のはしご道」：①丈夫な構造・踏桟は等間隔・転位防止の措置、②踏桟と壁との間に適当な間隔を保つ、③はしごの上端は床から 60cm 以上突出、④立抗など階段の設置が難しい狭い空間を、作業員が利用する昇降設備の「坑内はしご道」で、その長さが 10 m 以上のものは、5 m 以内ごとに踏だなを設置、⑤坑内はしご道のこう配は 80 度以内。（☆建設の立坑ではこれに準じて対応）

# 9 直線の固定はしごからの墜落災害

　はしご道のうち、ここでは固定はしごをテーマとする。はしご道とは、はしごを固定したもの、「⑧踏だなのある固定はしご」の移動はしごと港湾荷役業で使用している縄ばしごを含む。固定はしごは、天井クレーンなどの点検台・中2階倉庫などへの昇降設備として、複数の場所に設置されており、「猿ばしご」とも呼ばれている。固定はしごは、狭い空間での昇降設備としては便利だが、垂直もしくはこれに近い傾斜角（A型支柱の床上操作式クレーンなどに設置）である。また、踏桟は握りやすいように丸鋼、パイプ形状が多いので足元は安定しない。

## ● 屋上への昇降時に墜落

　作業者は高さ10ｍの屋上にある給水タンクの点検作業のため、固定はしごを昇っている時に手・足が滑って墜落し10ｍ下の床面にあった台車、資材に身体が激突した（イラストA）。この災害の主たる要因は、次のようなことが考えられる。

**不安全な状態**：（a）固定はしごは壁面から10cm程度離れて設置、（b）固定はしごは背もたれも「固定ガイド式スライド」もない、（c）固定はしごの上部は30cm程度突出して設置、（d）固定はしごの真下は台車と資機材の置き場、（e）屋上のパラペット（手すり壁）の高さは40cmと低い。

**不安全な行動**：（f）作業者Aは保護帽を着用せず、底が滑りやすい運動靴を履いている、（g）安全帯を着用していない、（h）Aは手に工具を持って昇っている。

**不安全な管理**：(i) 監督者は屋上への昇降が高所作業になると認識していない。

**■リスク基準**（P 9〜10 参照）
　①危険状態が発生する頻度は時々「2」、②ケガをする可能性が高い「4」、③災害の重篤度は重傷「6」です。

**■リスクレベル**（P10 参照）
　リスクポイントは「2＋4＋6＝12」なので、リスクレベルは「Ⅳ」となります。

## ● リスク低減措置

　イラストBのような「安全な状態・行動・管理」が必要である。

**安全な状態**：（a）固定はしごは壁面から20cm程度の離隔で設置、（b）床面から2ｍ以上の所に背もたれを設け、固定ガイド式スライドを設置、またはあらかじめ安全ブロックを設置、（c）固定はしごの上部は、110cm程度突出して、踏桟の最上部は踏面を設置、（d）固定はしごの真下は、物置禁止の床標示を行う、

43

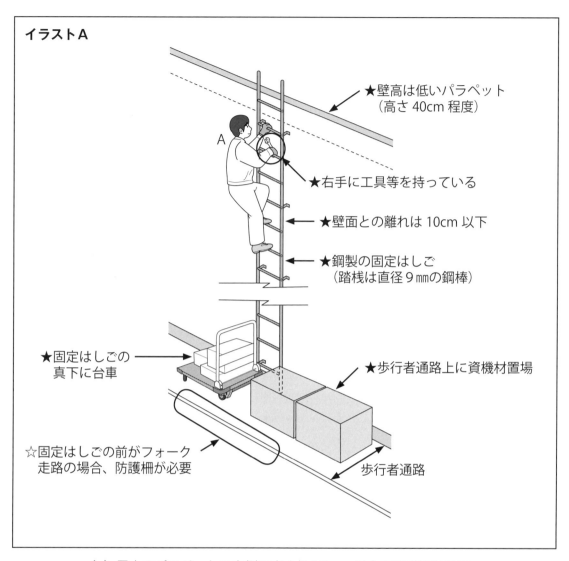

イラストA

★壁高は低いパラペット
（高さ40cm程度）

★右手に工具等を持っている

★壁面との離れは10cm以下

★鋼製の固定はしご
（踏桟は直径9mmの鋼棒）

★固定はしごの
真下に台車

★歩行者通路上に資機材置場

☆固定はしごの前がフォーク
走路の場合、防護柵が必要

歩行者通路

（e）屋上のパラペットの内側に高さ110cm以上の防護柵を設置。

**安全な行動**：（f）Aは保護帽と、靴は滑り止めのある安全靴を着用、（g）安全帯はハーネス型を着用して使用、（h）「手に物を持っての昇降は厳禁！」とし工具などは工具ホルダーを付け、工具ケース（１丁差）に入れる。

**安全な管理**：（i）監督者は高所作業箇所の有無の一斉点検を行う、管理者は監督者を外部機関などが行う高所作業の研修会を受講させる、研修会を受講した監督者が作業者などに対して、各現場で実務教育を行う（人に教えることにより、身に付く）。

**■リスク基準**（P9〜10参照）

（a）〜（i）などの対策を実施して作業を行えば、①危険状態が発生する頻度は時々「２」、②ケガをする可能性がある「２」、③災害の重篤度は軽傷「３」です。

**■リスクレベル**（P10参照）

リスクポイントは「２＋２＋３＝７」なので、リスクレベルは「Ⅱ」となります。

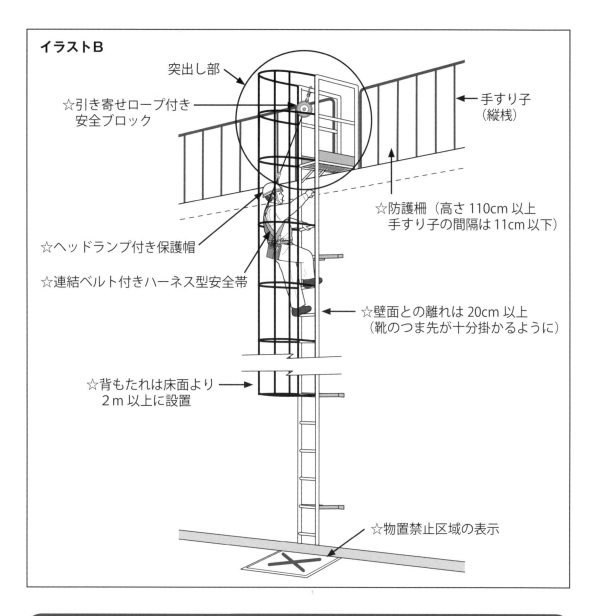

イラストB

突出し部

☆引き寄せロープ付き
安全ブロック

手すり子
（縦桟）

☆防護柵（高さ 110cm 以上
手すり子の間隔は 11cm 以下）

☆ヘッドランプ付き保護帽

☆連結ベルト付きハーネス型安全帯

☆壁面との離れは 20cm 以上
（靴のつま先が十分掛かるように）

☆背もたれは床面より
2m 以上に設置

☆物置禁止区域の表示

## ● より安全な措置の提案

「はしご（ladder）は階段（stair）に改善、屋上は堅固な手すりを設置」と設備改善に心掛ける。具体的な方法として、利用頻度が多い場所には、手すり付きの階段を設置。設置角は 20 度＜傾斜角≦ 45 度（推奨角は 30 〜 38 度）「P285：マメ知識」。また、前記（e）のように、屋上のパラペットの内側に高さ 110cm 以上の防護柵を設置。

### 🎓 マメ知識

昭和の時代に竣工の建物の屋上パラペットは低く（50cm 以下）、不適切な固定はしご設置の建築物が多いのは、「設計段階では**屋上に諸施設の設置**を想定しなかった」からです。近年、屋上に諸施設が多くなった背景には、屋上の空間の有効利用の観点から、後付けで屋上に給水タンク・換気設備・制御盤などが多数設置されています。

# 10 不適正な移動式足場使用の墜落3事例

## 移動式足場（通称：ローリングタワー）

　移動式足場とは、建わく（はしごわく）をタワー状に組み立て、脚部にアウトリガー（控わく）および支柱の下端に脚輪（キャスター）を備えた足場をいう。はしごわく幅は 1.52 m（奥行き 1.83 m）なので安定性が良く、作業床は約 2.8 m² と広く、高さ 6.7 m 以下〔＊1〕までは控わくなしで作業ができ、控わく付き〔＊2〕（放射状に設置）は最大 9.8 m まで作業が可能。

　　〔＊1〕控わくなしの最大高さ：L ＝ 7.7×1.52 － 5.0 ＝ 6.7 m

　　〔＊2〕控わくありの最大高さ：L ＝ 7.7×1.92（1.52 ＋ 1／2（0.4＋0.4）－ 5.0 ＝ 9.8 m

## 移動式足場の危険性

　①移動式足場の内部に階段を設置しないで、「はしごわくを昇降」し墜落、②「踏桟間隔が広い（39cm）」ので、はしごわくの昇降で滑って墜落、③アウトリガーなしの足場を、「傾斜面に設置すると逸走」して転倒。

## ● 移動式足場の災害3事例

### 移動式足場の状態

　手すり付きの2層で、昇降用の階段はなく、アウトリガーもない。

〔災害1〕作業者Aは、移動式足場（以下、足場）の作業床上に作業者Bを乗せたまま移動させたので、段差で足場の脚輪が脱輪して、作業者Bは作業床上から床面に墜落。

〔災害2〕作業者Cは右手に工具を持ち、はしごわくを昇っているとき、手が滑って床面に墜落。

〔災害3〕作業者Dは作業床上に置いた踏台に乗って、蛍光管の交換をしているとき、バランスを崩して踏台上から、「翻筋斗（もんどり）を打って」床面に墜落

**不安全な状態**：(a)〔災害1〕足場の近くに段差があった、(b)〔災害2〕足場に昇降用の内階段がなかった、(c)〔災害3〕足場の作業床の高さが低かった。

**不安全な行動**：(d)〔災害1〕AはBを作業床上に乗せたまま、足場を移動させた、(e)〔災害2〕Cは工具を持って、はしごわくを昇った、(f)〔災害3〕Dは作業床上に踏台を乗せて作業。

**不安全な管理**：(g) 事業場に「移動式足場の作業手順書」はなかった、(h) 職長は足場の特別教育未受講者に作業させた（★職長は、平成27年の安衛法改正を知らなかった）。

> **■リスク基準**（P 9〜10 参照）
> 　①危険状態が発生する頻度は時々「2」、②ケガをする可能性が高い「4」、
> ③災害の重篤度は重傷「6」です。
>
> **■リスクレベル**（P10 参照）
> 　リスクポイントは「2＋4＋6 ＝ 12」なので、リスクレベルは「Ⅳ」となります。

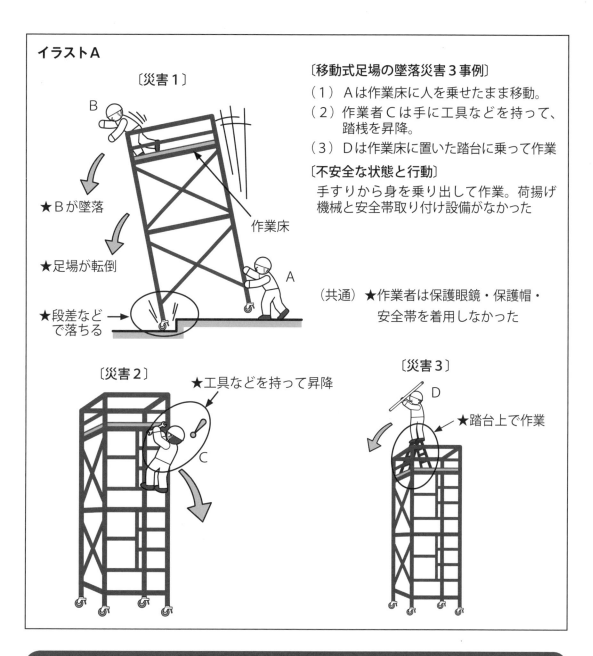

**イラストA**

〔災害1〕

B

★Bが墜落

★足場が転倒

★段差など
で落ちる

作業床

A

〔移動式足場の墜落災害3事例〕

（1）Aは作業床に人を乗せたまま移動。

（2）作業者Cは手に工具などを持って、
踏桟を昇降。

（3）Dは作業床に置いた踏台に乗って作業

〔不安全な状態と行動〕

手すりから身を乗り出して作業。荷揚げ
機械と安全帯取り付け設備がなかった

（共通）★作業者は保護眼鏡・保護帽・
安全帯を着用しなかった

〔災害2〕

★工具などを持って昇降

C

〔災害3〕

D

★踏台上で作業

## ● リスク低減措置

イラストBのような「安全な状態・行動・管理」が必要である。

**安全な状態**：（a）〔災害1〕足場の使用区域の調査を行い、段差部は立入禁止措置を施す、
（b）〔災害2〕足場に昇降用の内階段を設置、（c）〔災害3〕足場の作業床は
最上層で高さ調整。

**安全な行動**：（d）〔災害1〕足場の移動は、必ず作業者を降ろしてから行う、（e）〔災害2〕「手に
物を持っての昇降は禁止」、（f）〔災害3〕「作業床上での踏台・はしご使用は禁止」。

**安全な管理**：（g）協力会社と合同で「移動式足場の作業手順書」を作成、（h）足場の組立て
等の作業者は、「特別教育修了者（安衛則第36条）」を配置。

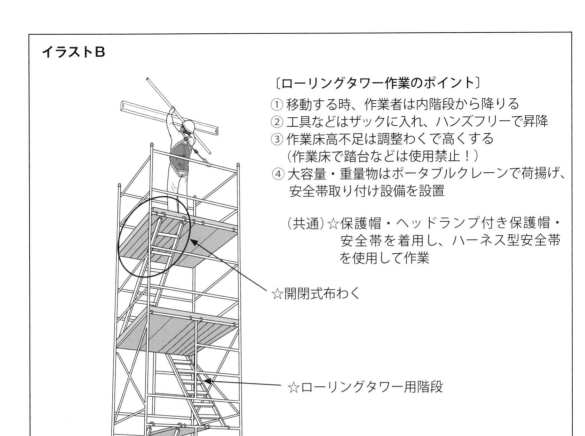

**イラストB**

〔ローリングタワー作業のポイント〕
① 移動する時、作業者は内階段から降りる
② 工具などはザックに入れ、ハンズフリーで昇降
③ 作業床高不足は調整わくで高くする
　（作業床で踏台などは使用禁止！）
④ 大容量・重量物はポータブルクレーンで荷揚げ、安全帯取り付け設備を設置

（共通）☆保護帽・ヘッドランプ付き保護帽・安全帯を着用し、ハーネス型安全帯を使用して作業

☆開閉式布わく

☆ローリングタワー用階段

☆アウトリガー（放射状に設置）

【禁止事項】①傾斜床面・凹凸・不安定な床面に設置、②作業床内で踏台・脚立などを使用、③作業床上に最大積載荷重を超えて物を載せる、④手すりを外した状態で作業、⑤手に物を持って踏桟を昇降、⑥手すりから身を乗り出して作業、⑦作業床に人を乗せたまま移動、⑧作業床を許容高さ以上に設置

■**リスク基準**（P 9〜10 参照）
　（a）〜（h）などの対策を実施して作業を行えば、①危険状態が発生する頻度は滅多にない「1」、②ケガをする可能性がある「2」、③災害の重篤度は軽傷「3」です。

■**リスクレベル**（P10 参照）
　リスクポイントは「1＋2＋3＝6」なので、リスクレベルは「Ⅱ」となります。

## 11 昇降式移動足場からの墜落2事例

　昇降式移動足場（通称：アップスター）は、ローリングタワーの難点〔＊1〕を克服するために開発されたもので、利点〔＊2〕は多いが、欠点〔＊3〕も複数ある。日本では2社で製造しており、N社の作業床の高さは最大2.56 m・3.6 m〔＊4〕・4.2m、T社は3.6 m・4.3 mがある。

〔＊1〕①一度組み立てると、簡単に作業床の高さを変えることが難しい、②フロア（階）の違う場所への移動が難しい。

〔＊2〕③重心が低いので安定性がある、④天井高が違う場所・梁がある場所でも、「人力で作業床の高さ調整（バネバランス式）」が可能、⑤収納状態にすると、階の違う場所へエレベーターで、人力の移動が可能、⑥レンタル機材として、全国に普及している。

〔＊3〕⑦横幅が狭いので、必ず「控わくの設置〔＊5〕」が必要、⑧折り畳み式なので、内階段は設置できない、⑨米国との技術提携品なので、はしご状の踏桟間隔が約37cmと広い。⇒〔踏桟昇降時の墜落防止〕補強した手すりの支柱部に、繊維ベルトを絡ませて安全ブロックを設置し、「安全帯のD環に安全ブロックのフックを直接掛けて昇降」〔推奨〕

〔＊4〕最高地上高3.6 m、最低地上高1.37 m、高さ調節は5段階、積載荷重133kg（1.31kN）、機体寸法（手すり取付時）（全長1.70 m・全幅59cm・全高2.25〜4.52 m）、自重192kg、昇降装置〔手動式〕、作業床寸法〔全長1.50 m・全幅59cm（0.89 m²）・手すり高0.92 m〕。

〔＊5〕控わくの張出しは、「幅の狭い全幅の直線方向」（☆控わくの張出し幅は1.60 m）。

〔記1〕「利点が多い用具」でも「使用上の遵守事項」は守る（守らないとリスクになる）。

〔記2〕昇降式移動足場の詳細な説明は「P 303：マメ知識」を参考に！

### ● アップスター36〔＊4〕の災害事例

**アップスター36の状態**

　安全ブロックは設置したが、「控わく（アウトリガー）を外した」まま。

〔災害1〕

　作業者Aは高さ3.6 m作業床上で、安全帯を手すりの水平桟に掛けて、身を乗り出して作業をしていたので、アップスターが転倒、Aは床面に激突し頭部を強打。

〔災害2〕

　作業者Bは安全帯を着用しないで、アップスターの踏桟を昇り、作業床に乗り移ろうとしたとき、バランスを崩して背中から床面に墜落し頭部を強打。

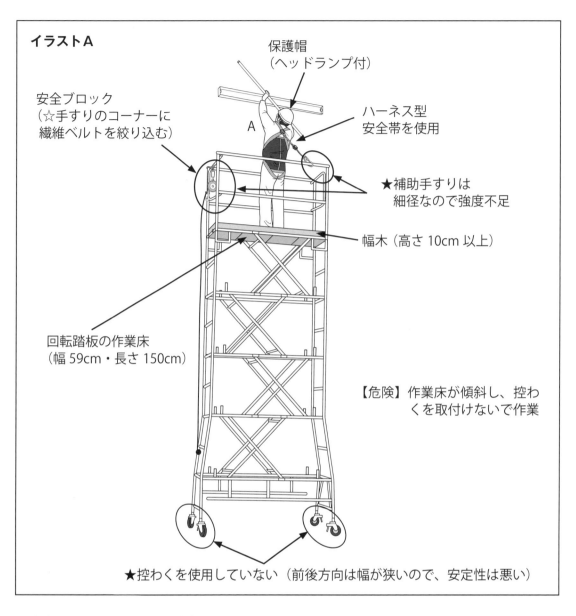

イラストA

保護帽
（ヘッドランプ付）

安全ブロック
（☆手すりのコーナーに
繊維ベルトを絞り込む）

A

ハーネス型
安全帯を使用

★補助手すりは
細径なので強度不足

幅木（高さ10cm以上）

回転踏板の作業床
（幅59cm・長さ150cm）

【危険】作業床が傾斜し、控わ
くを取付けないで作業

★控わくを使用していない（前後方向は幅が狭いので、安定性は悪い）

**不安全な状態**：〔災害１・２〕(a) 控わくを外したまま作業、(b) 安全帯の取付け設備がなかった。

**不安全な行動**：〔災害１〕(c) Aは作業床上で、安全帯を手すりの水平桟に掛けて、手すりから
身を乗り出して作業、〔災害２〕(d) Bは安全帯を使用しなかった。

**不安全な管理**：〔災害１・２〕(e) 事業場に「アップスターの作業手順書」はなかった、(f) 職長
は足場の特別教育未受講者に作業させた。

---

### ■リスク基準 （P 9〜10 参照）

　①危険状態が発生する頻度は時々「２」、②ケガをする可能性が高い「４」、
③災害の重篤度は致命傷（障害が残るケガ）「10」です。

### ■リスクレベル （P 10 参照）

　リスクポイントは「２＋４＋６＝12」なので、リスクレベルは「Ⅳ」となります。

## ● リスク低減措置

イラストBのような「安全な状態・行動・管理」が必要である。

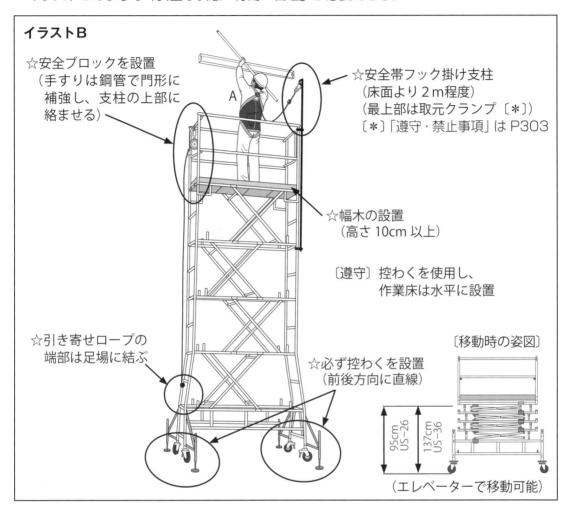

**イラストB**

☆安全ブロックを設置
（手すりは鋼管で門形に
補強し、支柱の上部に
絡ませる）

☆安全帯フック掛け支柱
（床面より2m程度）
（最上部は取元クランプ〔＊〕）
〔＊〕「遵守・禁止事項」はP303

☆幅木の設置
（高さ10cm以上）

〔遵守〕控わくを使用し、
作業床は水平に設置

☆引き寄せロープの
端部は足場に結ぶ

☆必ず控わくを設置
（前後方向に直線）

〔移動時の姿図〕

95cm US-26
137cm US-36

（エレベーターで移動可能）

**安全な状態**：〔災害1・2〕（a）控わくを取り付けて、作業時は必ず張り出す。
（b）安全帯の取付け設備は単管パイプ等を支柱に添えて設置。
**安全な行動**：（c）作業床上の作業者は、安全帯のフックを安全帯取付け設備に掛ける。
〔災害2〕（d）アップスターの昇降時は、必ず安全ブロックに安全帯を掛けて昇降。
**安全な管理**：〔災害1・2〕（e）事業場は「アップスターの作業手順書」を作成し周知。
（f）作業者は「特別教育修了者（安衛則第36条）」を配置。

### ■リスク基準 （P9～10参照）

（a）～（f）などの対策を実施して作業を行えば、①危険状態が発生する頻度は滅多に
ない「1」、②ケガをする可能性がある「2」、③災害の重篤度は軽傷「3」です。

### ■リスクレベル （P10参照）

リスクポイントは「1＋2＋3＝6」なので、リスクレベルは「Ⅱ」となります。

# 12 移動式足場上に踏台設置による墜落災害

　ここでは、職場で身近にある踏台をテーマとする。踏台などの用具は、「作業台などの上に載せて重層使用をすると、危険な用具の使用方法」となり、リスクが倍増する。

## 踏台・作業台・脚立

　製品安全協会の認定基準で、住宅用金属製踏台〔＊１〕は天板面までの垂直高が80cm以下で、はしごとして使用してはいけないもの、また、住宅用金属製脚立〔＊２〕は天板面までの垂直の高さが80cmを超え200cm以下のものとなっている。作業台には、テーブル状の作業台と、足場台として使用する作業台がある。なお、最近の用具はアルミニウムの加工・溶接技術の進歩により、軽量のアルミ合金製が主流となっている。図は筆者推奨の踏台である。

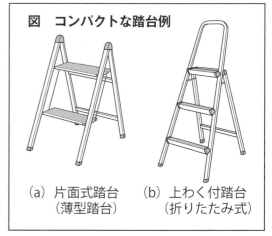

図　コンパクトな踏台例

(a) 片面式踏台　　(b) 上わく付踏台
　　（薄型踏台）　　　　（折りたたみ式）

〔＊１〕市販の踏台で上わく付き踏台は、段数が２段〜５段（天板の高さ56cm〜112cm）と上わくなしの踏台は段数が２段〜３段（天板の高さ56cm〜79cm）がある。
　　　※合成樹脂製折り畳み式踏台は、「事業所内に持込み・使用禁止」〔推奨〕。

〔＊２〕はしご兼用脚立は天板の垂直高さ52cm〜198cm。200cm以上のものは専用脚立で、垂直高さ400cmまであるが、踏桟の奥行きが狭いのでお勧めしない。

## 🎓 マメ知識

### 天板・天場・作業床の違い

　天板などの違いは、用語辞典などには明確に提示していないので、本書では以下の通り、天板などの違いを定義に則って用語の統一化をします。

①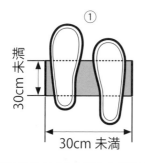

30cm 未満

30cm 未満

②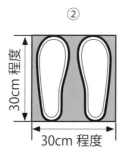

30cm 程度

30cm 程度

③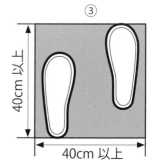

40cm 以上

40cm 以上

①天板（てんいた）：脚立などの最上段の奥行きが狭い板
②天場（てんば）：脚立や作業台などに取り付けた、人が乗って短時間作業を行うための場所
③作業床（さぎょうゆか）：人が乗って、連続作業を行うための場所

　出展：筆者執筆の「なくそう！墜落・転落・転倒（中災防）」

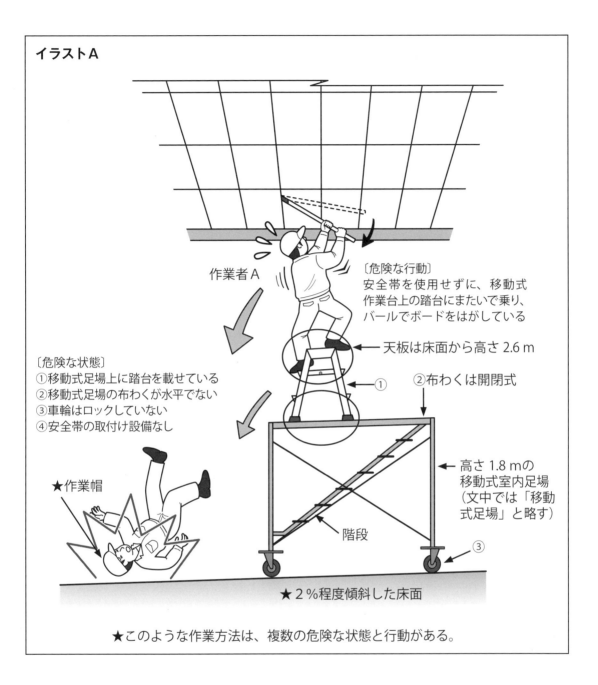

イラストA

作業者A

〔危険な行動〕
安全帯を使用せずに、移動式
作業台上の踏台にまたいで乗り、
バールでボードをはがしている

天板は床面から高さ 2.6 m

①

②布わくは開閉式

〔危険な状態〕
①移動式足場上に踏台を載せている
②移動式足場の布わくが水平でない
③車輪はロックしていない
④安全帯の取付け設備なし

★作業帽

高さ 1.8 mの
移動式室内足場
（文中では「移動
式足場」と略す）

階段

③

★2％程度傾斜した床面

★このような作業方法は、複数の危険な状態と行動がある。

## ● 作業台の端部から墜落

　作業者Aは、移動式足場〔＊3〕上に天板（16cm × 28cm）の高さ79cmの踏台を設置し、天板に片足を乗せて力を入れる作業をしていたので、踏台の脚部が徐々にずれて、踏台が転落し、移動式足場からAは背中から落ちて、頭が床面に激突（イラストA）。

〔＊3〕当移動式足場は、ローリングタワー用梯子わく（幅1.52 m・奥行き1.82 m）に車輪を付けた物で、2％傾斜した作業床は高さ1.8 m程度で、手すりはない状態だった。

**不安全な状態**：（a）移動式足場上に踏台を設置。

　　　　　　　　（b）布わくは2％程度傾斜し、移動式足場の車輪はロック解除状態。

(c) 安全帯のフックを取り付ける設備がなかった。

**不安全な行動**：(d) Aは保護帽・安全帯を着用しなかった。

(e) Aは天板に片足を乗せて力を入れて作業をしていた。

**不安全な管理**：(f) 監督者は高さ2m未満の移動式足場の作業なので、危険な作業方法との認識がなく、Aに単独作業をさせた。

(g) 移動式足場の作業手順書はなかった。

■**リスク基準**（P 9〜10 参照）

①危険状態が発生する頻度は時々「2」、②ケガをする可能性が高い「4」、③災害の重篤度は致命傷「10」です。

■**リスクレベル**（P10 参照）

リスクポイントは「2＋4＋10＝16」なので、リスクレベルは「Ⅳ」となります。

## ● リスク低減措置

イラストBのような「安全な状態・行動・管理」が必要である。

**安全な状態**：(a) 「踏台の重ね置き」は厳禁とし、堅固な昇降式移動足場（以下、**昇降式足場**）などを使用。

(b) 作業床は水平になるようにジャッキで調整し、かつ、アウトリガーを使用。

(c) 昇降式足場の手すり支柱に繊維ベルトを巻き、安全帯のフックを掛ける、または高さ2m程度の安全帯フック掛け支柱を設置〔推奨〕。

**安全な行動**：(d) ヘッドランプ付き保護帽・安全帯はハーネス型を着用。

(e) 昇降式足場でも「中桟などに足を掛けての作業方法」は禁止。

**安全な管理**：(f) 高さ150cm以上は高所作業に準じた対応とし、「危険な作業方法か否かを観る目」を養い、協力会社と共に安全な作業方法の確認を行う。

(g) 移動式足場の作業手順書を作成し、安全な作業方法の実技訓練を行い、周知する。

■**リスク基準**（P 9〜10 参照）

(a) 〜 (g) などの対策を実施して作業を行えば、①危険状態が発生する頻度は滅多にないので「1」、②ケガをする可能性がある「2」、③災害の重篤度は軽傷「3」です。

■**リスクレベル**（P 10 参照）

リスクポイントは「1＋2＋3＝6」なので、リスクレベルは「Ⅱ」となります。

足場として使用する可搬式作業台は、オプションで手すり・幅木・背面キャスター付きがある。ただし、人が乗ると滑り止めキャップが接地する「スプリングキャスター装備付き作業台」は、片足を他の場所に掛けると、「作業台が逸走し足を掬われて転落」する危険性があるので、スプリングは取り外しをお勧めする（災害事例・重大ヒヤリが多数あった）。

イラストB

【昇降式移動足場の作業状況】

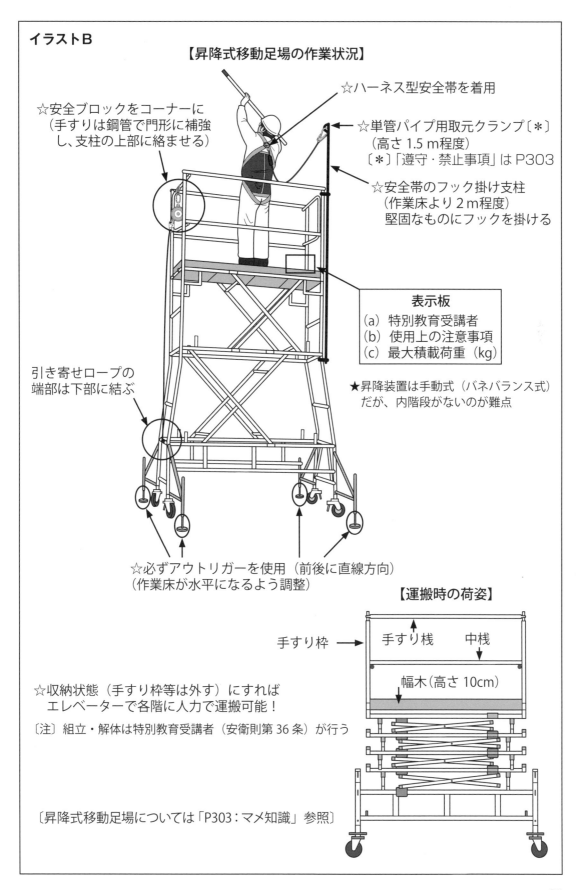

☆ハーネス型安全帯を着用

☆安全ブロックをコーナーに
（手すりは鋼管で門形に補強
し、支柱の上部に絡ませる）

☆単管パイプ用取元クランプ〔＊〕
（高さ1.5m程度）
〔＊〕「遵守・禁止事項」はP303

☆安全帯のフック掛け支柱
（作業床より2m程度）
堅固なものにフックを掛ける

表示板
（a）特別教育受講者
（b）使用上の注意事項
（c）最大積載荷重（kg）

引き寄せロープの
端部は下部に結ぶ

★昇降装置は手動式（バネバランス式）
だが、内階段がないのが難点

☆必ずアウトリガーを使用（前後に直線方向）
（作業床が水平になるよう調整）

【運搬時の荷姿】

手すり枠 →　手すり桟　　中桟

幅木（高さ10cm）

☆収納状態（手すり枠等は外す）にすれば
エレベーターで各階に人力で運搬可能！

〔注〕組立・解体は特別教育受講者（安衛則第36条）が行う

〔昇降式移動足場については「P303：マメ知識」参照〕

# 13 脚立足場からの墜落災害

　足場板は高所作業で、作業床や通路に用いられる床材で、鋼製足場板・アルミ足場板等〔＊1〕があり、長さも複数ある。ここでは、はしご兼用脚立（以下、脚立）の天板上に長さ3mのアルミ足場板（以下、足場板）を1枚載せた脚立足場をテーマとする。

　〔＊1〕鋼製足場板の幅は25cm・アルミ足場板の幅は24cmで、共に長さは1.0・1.5・
　　　　2.0・3.0・4.0 m。合板足場板の幅は24cm・杉足場板の幅は20cmで、共に長さは
　　　　2.0・4.0m。

## 災害発生の状況

　作業者は、高さ1.7 mの脚立の天板に、長さ2mの足場板を1枚載せて、固定しないで足場板上で作業をしていた。作業者の左右移動の振動で足場板のたわみが大きくなり、作業者はバランスを崩して背中から墜落し頭部を強打。

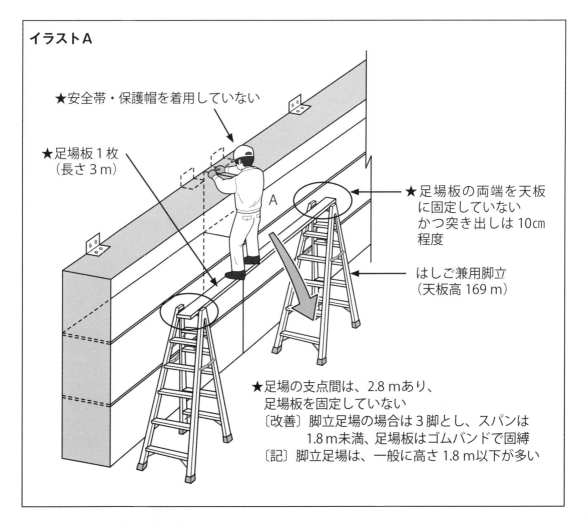

**イラストA**

★安全帯・保護帽を着用していない

★足場板1枚
（長さ3 m）

★足場板の両端を天板に固定していないかつ突き出しは10㎝程度

はしご兼用脚立
（天板高 169 m）

★足場の支点間は、2.8 mあり、足場板を固定していない
〔改善〕脚立足場の場合は3脚とし、スパンは1.8 m未満、足場板はゴムバンドで固縛
〔記〕脚立足場は、一般に高さ1.8 m以下が多い

**不安全な状態**：(a) 脚立の天板上に足場板1枚を1スパンで設置、(b) 足場板を固定しなかった、(c) 足場板上に昇る昇降設備はなかった。

**不安全な行動**：(d) 作業者は安全帯を着用しなかった、(e) 作業者・職長は、高さが2m未満の脚立足場が高所作業に準ずる（P58 図）との認識はなかった。

**不安全な管理**：(f) 職長は高さが2m未満の脚立足場なので、危険な作業方法とは思わなかった、(g)「脚立足場の作業手順書」はなく、作業開始前のKY活動も行っていなかった。

---

**■リスク基準**（P9～10 参照）

　①危険状態が発生する頻度は時々「2」、②ケガをする可能性が高い「4」、③災害の重篤度は重傷「6」です。

**■リスクレベル**（P10 参照）

　リスクポイントは「2＋4＋6＝12」なので、リスクレベルは「Ⅳ」となります。

---

## ● リスク低減措置

イラストBのような「安全な状態・行動・管理」が必要である。

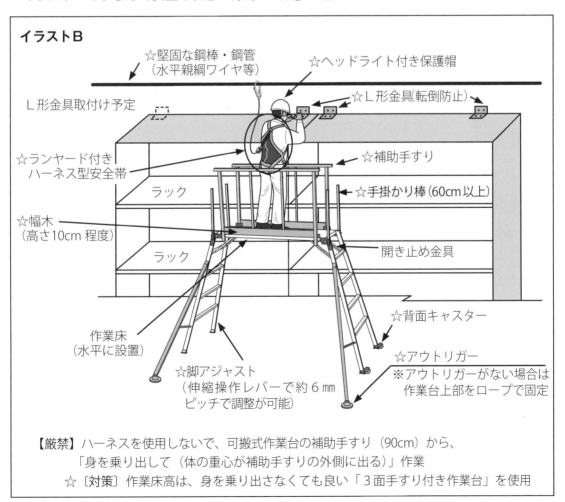

イラストB

☆堅固な鋼棒・鋼管（水平親綱ワイヤ等）
☆ヘッドライト付き保護帽
L形金具取付け予定
☆L形金具(転倒防止)
☆ランヤード付きハーネス型安全帯
☆補助手すり
ラック
☆手掛かり棒(60cm以上)
☆幅木（高さ10cm程度）
ラック
開き止め金具
作業床（水平に設置）
☆背面キャスター
☆脚アジャスト（伸縮操作レバーで約6mmピッチで調整が可能）
☆アウトリガー
※アウトリガーがない場合は作業台上部をロープで固定

【厳禁】ハーネスを使用しないで、可搬式作業台の補助手すり（90cm）から、「身を乗り出して（体の重心が補助手すりの外側に出る）」作業
☆〔対策〕作業床高は、身を乗り出さなくても良い「3面手すり付き作業台」を使用

**安全な状態**：（a）高さ 1.7m の建設用鋼製脚立（天板幅 50cm）を３脚使い、長さ 3.0 m の足場板２枚を２スパンで設置。

（b）足場は両端を張出し、ゴムバンドで固縛。

（c）昇降設備として、高さ２m 以上の専用脚立を側面に設置し、建設用鋼製脚立と２カ所で固縛。

**安全な行動**：（d）ハーネス型安全帯を着用し、上部の鋼管等に安全帯のフックを掛ける。

（e）高所作業に準じた対応とし、作業開始前の KY 活動は必ず行う。

**安全な管理**：（f）「高さ 1.5 m 以上」は高所作業に準じた対応を行う。

（g）「脚立足場の作業手順書」を作成し周知。☆高さ２m 未満・1.5 m 以上の軽作業は、移動が簡単な「上枠付き専用脚立・手すり付き作業台・昇降式移動足場等」の採用をお勧めする。

---

■**リスク基準**（P 9 〜 10 参照）

（a）〜（g）などの対策を実施して作業を行えば、①危険状態が発生する頻度は滅多にない「1」、②ケガをする可能性がある「2」、③災害の重篤度は軽傷「3」です。

■**リスクレベル**（P10 参照）

リスクポイントは「1 ＋ 2 ＋ 3 ＝ 6」なので、リスクレベルは「Ⅱ」となります。

---

〔図〕頭頂と床面の関係（筆者は「高さ 1.5 m 以上は高所作業に準じた対応」を推奨）

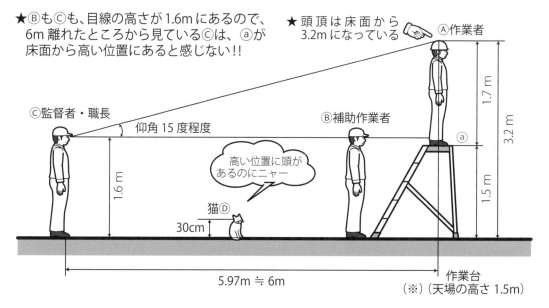

☆「猫の目線」で見ましょう！

出展：筆者執筆の「なくそう！墜落・転落・転倒（中災防）」

# 第2章
# 荷役運搬機械と台車等

# 1 バランスフォークリフトの激突災害

フォークリフト（以下、Fo）〔＊1〕は、全産業で使用され、国内では約70万台が稼働している便利な荷役運搬機械であるが、労働災害の発生状況をみると、2009年から2018年までの死亡者は「10年間で284人（平均28人／年）が被災」し、約2.5％を占めている。2016年（平成28年）の「製造業の起因物別・事故の型別死傷者数」でみるとFoの災害は660人で、その内訳は、Foや積荷などによる「はさまれ等の災害」が260人（39％）、Foに「激突され」が176人（27％）、パレット等からの「墜落・転落」92人（14％）、Foが「激突」が52人（8％）、積荷の「落下」が40人（6％）、Foの「転倒」が24人（4％）で、多岐に広がっている。

これらの災害防止のために、各事業所ごとに「作業計画（安衛則第151条の3）」を作成し、具体的な対策〔＊2〕を複数講ずれば、Foの災害と重大ヒヤリが激減するはずである。

〔＊1〕「P70：マメ知識」に、「Foとは」と「イラスト付きFoの種類」を記載。

〔＊2〕「作業計画」を作成し、「Fo走路と歩道は分離」、「T字路・十字路は天井に球面ミラー・L字路はミラーを設置し、徐行運転」を周知。歩行者はトラチョッキを着用。

## ● 後進走行中に急旋回し、作業者に激突

パレットの積荷が大きい（車体の幅以上、かつ、積荷高が高い）状態で、後進（バック）走行をしていた。運転者Aは、商品出荷場の前で方向転換のため、左後方の安全確認をしないで急旋回をしたので、商品の数量確認で屈んでいた作業者に激突（イラストA）。

この災害の主たる原因は、次のとおり。

**不安全な状態**：（a）倉庫内は50 lxと暗かった、（b）フォークリフト（以下、**フォーク**）のバックライトと警告灯が玉切れで、またバックブザーを設置していなかった、（c）方向転換の突き当たりに車止めなど防護措置がなかった。

**不安全な行動**：（d）Aはトラック運転手で、フォークは無資格運転、（e）Aは後方の安全確認をせず急旋回、（f）被災者Bの服装は黒系で目立たなかった。

**不安全な管理**：（g）当事業所には「フォークリフトの作業計画」はなく、フォーク作業は物流の協力会社任せ、（h）作業開始前のKY活動も実施しなかった。

> **■リスク基準**（P9〜10参照）
> ①危険状態が発生する頻度は時々「2」、②ケガをする可能性が高い「4」、③災害の重篤度は致命傷「10」です。
>
> **■リスクレベル**（P10参照）
> リスクポイントは「2＋4＋10＝16」なので、リスクレベルは「Ⅳ」となります。

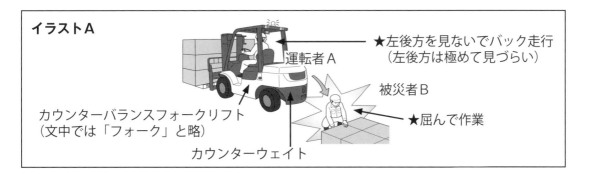

**イラストA**

運転者A

カウンターバランスフォークリフト
（文中では「フォーク」と略）

カウンターウェイト

★左後方を見ないでバック走行
（左後方は極めて見づらい）

被災者B

★屈んで作業

## ● リスク低減措置

**安全な状態**：(a) 作業者が作業を行う場所は、200ｌx程度の照度を確保、(b) フォークの
バックライト警告灯は玉交換し、またバックブザーを設置、(c) フォークが走行
する倉庫内で、Uターン場所は車止めを設置。

**安全な行動**：(d) 1ｔ以上のフォークは技能講習修了した有資格者の中から指名された者が
運転、(e) 後進の運転は、後方の安全を確認しながら徐行運転を厳守、(f) フォーク
が走行する倉庫内の作業者は、ＬＥＤ反射ベストを着用、また、必要に応じて
誘導員を配置。

**安全な管理**：(g) 作業環境に対応した「フォークリフトの作業計画」を作成し、またリスク
アセスメントも実施、(h) 作業開始前のＫＹ活動も行う。

**■リスク基準**（P 9～10 参照）
　(a)～(h) などの対策を実施して作業を行えば、①危険状態が発生する頻度は滅多に
ない「1」、②ケガをする可能性がある「2」、③災害の重篤度は軽傷「3」です。

**■リスクレベル**（P10 参照）
　リスクポイントは「1＋2＋3＝6」なので、リスクレベルは「Ⅱ」となります。

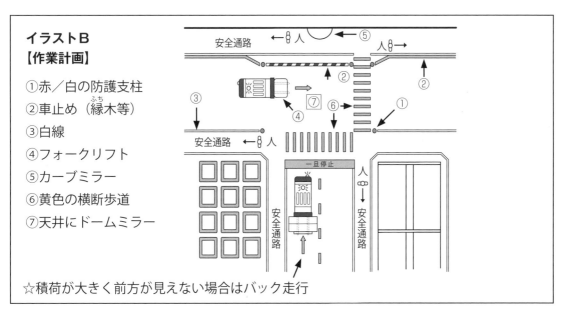

**イラストB**
**【作業計画】**

①赤／白の防護支柱
②車止め（縁木等）
③白線
④フォークリフト
⑤カーブミラー
⑥黄色の横断歩道
⑦天井にドームミラー

安全通路
人
安全通路　←　人
一旦停止
安全通路
人　安全通路

☆積荷が大きく前方が見えない場合はバック走行

## 2 バランスフォークリフトのマストにはさまれ

　フォークリフト（以下、**フォーク**）は、便利な荷役運搬機械であるが、一方で重篤な災害も少なくない。ここではフォーク災害のなかで、運転者が被災した自損災害をテーマとする。フロントガラス・防護柵のないカウンターバランスフォークを運転中、積荷がずれたので荷崩れを直そうとして、運転席から身を乗り出して、支柱とマストの間に頭をはさまれた。

### カウンターバランスフォークの危険性

（Ａ）運転者は、エンジンを止めずに荷崩れを直そうとして、運転席から身を乗り出した時、ティルトレバーに大腿部が触れたのでマストが手前（運転席側）に傾き頭をはさまれる。

（Ｂ）運転者は、フォークのエンジンをかけたまま運転席を立って、機体の右側から体を乗り出して左手でティルトレバーをつかんだため、マストが手前に傾き右手をはさまれる。

（Ｃ）運転者は、ブレーキを掛けないで坂道に停車して降りた時フォークが自走してひかれる。

（Ｄ）運転者は、フレコンを片側のフォークでつり、走行中に急旋回したので機体が倒れ下敷きに。
　　注：（Ａ）～（Ｃ）は、「走行・荷役インターロックシステム」を搭載していれば、この危険性はない。

### ● 荷崩れを直そうとして上半身をはさまれる

　中型（１ｔ以上～２ｔ程度）のフォークで、荷締めをしないで空パレット複数を搬送していた。運転者Ａは搬送中、路面の凹凸と振動で荷崩れしそうになったので、空パレットのずれを直そうとして、エンジンをかけたまま運転席から身を乗り出した。その時、ティルトレバーにＡの大腿部が触れたためマストが手前に傾き、上半身がポストと支柱の間にはさまれた（イラストＡ）。災害の主な原因は次のようなことが考えられる。

**不安全な状態**：（a）積荷の荷締めをしていない、（b）運転席前面に防護ガラスなどがない、
　　　　　　　　（c）運転席に「走行・荷役インターロックシステム〔＊〕」（ＩＳＯ3691）を未搭載。
　　　　　　　　〔＊〕正規の運転位置を外れると走行機能や荷役機能の稼働が止まる装置。

**不安全な行動**：（d）Ａは協力会社の社員で、無資格なのに運転。

**不安全な管理**：（e）鍵は誰でも運転ができるように、いつも付けっぱなし、（f）特定自主検査は３年以上受けていない、またフォークの危険性の教育もしていない。

---

**■リスク基準**（P9～10参照）
　①危険状態が発生する頻度は時々「2」、②ケガをする可能性が高い「4」、
③災害の重篤度は致命傷「10」です。

**■リスクレベル**（P10参照）
　リスクポイントは「2＋4＋10＝16」なので、リスクレベルは「Ⅳ」となります。

---

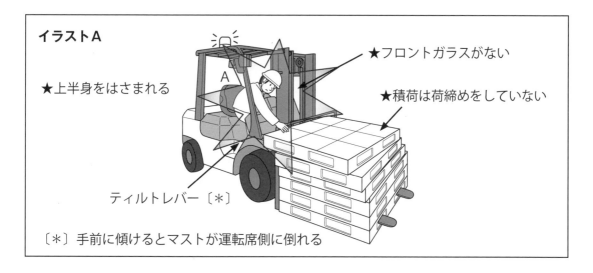

**イラストA**

★上半身をはさまれる

★フロントガラスがない

★積荷は荷締めをしていない

A

ティルトレバー〔＊〕

〔＊〕手前に傾けるとマストが運転席側に倒れる

## ● リスク低減措置

**安全な状態**：（a）積荷はラチェット式ベルト荷締機で荷締めを行う、（b）運転席の前面には身体が乗り出せないように細い鋼棒などで３〜４段防護、（c）運転席に走行・荷役インターロックシステムを搭載〔推奨〕

**安全な行動**：（d）鍵は事務所で管理し、運転者は技能講習修了者（安衛則第79条）の中から指名する

**安全な管理**：（e）「鍵のつけっぱなし」は禁止（運転者は工具ホルダーで管理）、（f）１年以内ごとに１回、特定自主検査を受け（則第151条の24）、関係者全員にフォークの危険性の実務教育を行う。

### ■リスク基準（P 9〜10参照）

（a）〜（f）などの対策を実施して作業を行えば、①危険状態が発生する頻度は時々「2」、②ケガをする可能性がある「2」、③災害の重篤度は軽傷「3」です。

### ■リスクレベル（P10参照）

リスクポイントは「2＋2＋3＝7」なので、リスクレベルは「Ⅱ」となります。

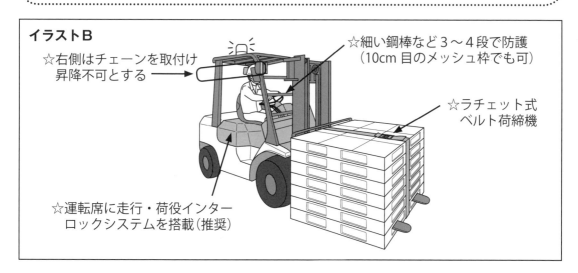

**イラストB**

☆右側はチェーンを取付け昇降不可とする

☆細い鋼棒など３〜４段で防護（10cm目のメッシュ枠でも可）

☆ラチェット式ベルト荷締機

☆運転席に走行・荷役インターロックシステムを搭載（推奨）

# 3 フォークリフト走行時の激突災害

　フォークリフト（以下、**フォーク**）は、死亡・重篤（永久労働不能・障害が残るケガ）災害になることが多く、また、重大ヒヤリも少なくない。筆者は皆さんの職場に安全診断や安全講話などで出向くと工場の内外で、重大ヒヤリに複数回遭遇している。フォークに激突されの災害は、はさまれ・巻き込まれに次いで多い（P60参照）。ここでは「フォークリフトにコーナーで激突され」の事例をもとに、フォークリフト走行時の安全対策をテーマとする。

## ● 歩行者がコーナーで激突され

　被災者Bはフォークの運転者Aに急用の伝言を伝えるため小走りで走っていたので、危険回避ができず、コーナーで急旋回したフォークの爪が両足に激突した（イラストA）。

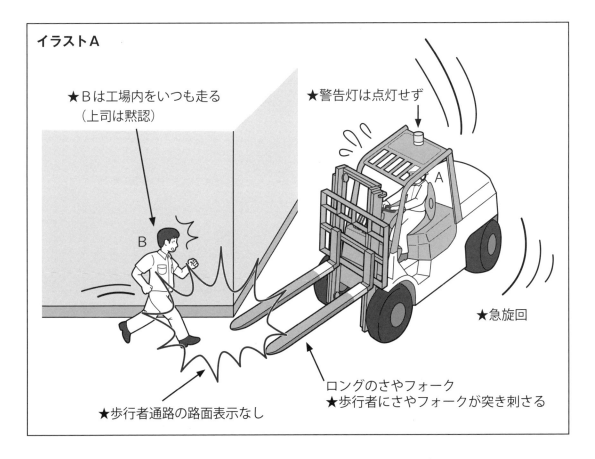

**イラストA**
- ★Bは工場内をいつも走る（上司は黙認）
- ★警告灯は点灯せず
- ★急旋回
- ★歩行者通路の路面表示なし
- ロングのさやフォーク
- ★歩行者にさやフォークが突き刺さる

　この災害の主たる要因は、次のようなことが考えられる。

**不安全な状態**：(a) 歩行者通路は30 lx程度（節電対策）と薄暗かった、(b) コーナーに防護支柱がなかった、(c) 歩行者通路の床面表示もなかった。

**不安全な行動**：（d）Aは作業開始前に警告灯の点灯有無を確認しなかった、（e）Aはコーナー
で一旦停止をせずに急旋回、（f）被災者Bは工場内を走っていた。

**不安全な管理**：（g）フォーク作業は協力会社任せで、フォークの作業計画もなかった。
（h）フォークに歩行者などとの衝突防止の検知警報器などを搭載していなかった。

---

**■リスク基準**（P 9〜10 参照）

　①危険状態が発生する頻度は時々「2」、②ケガをする可能性がある「2」、
③災害の重篤度は致命傷「10」です。

**■リスクレベル**（P10 参照）

　リスクポイントは「2＋4＋10＝16」なので、リスクレベルは「Ⅳ」となります。

---

## ● リスク低減措置

イラストBのような「安全な状態・行動・管理」が必要である。

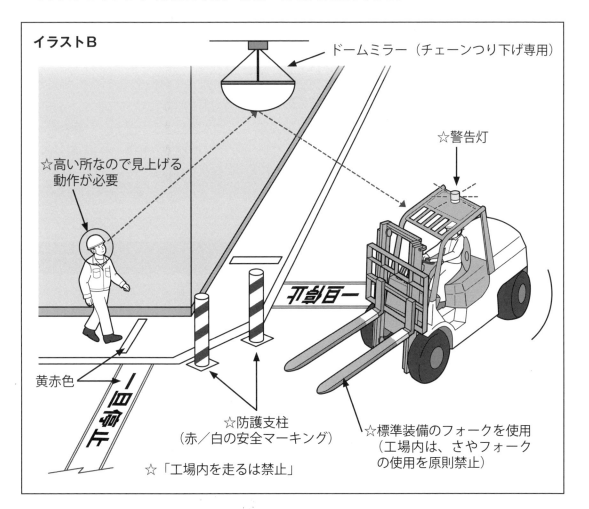

イラストB

ドームミラー（チェーンつり下げ専用）

☆警告灯

☆高い所なので見上げる
　動作が必要

黄赤色

☆防護支柱
（赤／白の安全マーキング）

☆「工場内を走るは禁止」

☆標準装備のフォークを使用
（工場内は、さやフォーク
の使用を原則禁止）

**安全な状態**：(a) 歩行者通路は、75～150 l x 程度の照度を確保、熱感知型で可！。

(b) コーナーに防護支柱を設置し、赤／白の安全マーキング（危険区域）を塗布。一旦停止ラインを床表示し、またカーブミラーも設置。

(c) 80cm 以上の歩行者通路は白線ラインで表示。

**安全な行動**：(d) 警告灯の点灯など、作業開始前の点検を必ず行う。

(e) コーナーにはカラーコーンなどを置き、死角を少なくし、フォークはコーナーでは一旦停止し、カーブミラーなどで左右の安全確認を行う。

(f) 工場内を走ることは禁止。

**安全な管理**：(g) 協力会社と合同で、フォークの作業計画を作成。

(h) 歩行者などとの衝突防止のパノラマ検知システム（※下記マメ知識参照）の搭載〔推奨〕。

---

■**リスク基準**（P 9 ～ 10 参照）

(a) ～ (h) などの対策を実施して作業を行えば、①危険状態が発生する頻度は時々「2」、②ケガをする可能性がある「2」、③災害の重篤度は軽傷「3」です。

■**リスクレベル**（P10 参照）

リスクポイントは「2 ＋ 2 ＋ 3 ＝ 7」なので、リスクレベルは「Ⅱ」となります。

---

🎓 **マメ知識**

「パノラマ検知システム」とは、後進・旋回時の事故ゼロを目指すシステムで、電磁誘導方式なので、360°死角のない検知ができます。フォークに「車載コントローラ・警報装置・電磁誘導発信装置」を搭載し、作業者・通行者は「P－タグ」を携帯。フォークの運転者と作業者などの双方に警報音が鳴り、従来の超音波方式より優れた特長があります。

---

## ● フォーク共通の災害発生の危険性

これまで取り上げた危険性以外にフォークには複数の危険性がある。

①積荷が大きく前が見えない状態で前進走行をしていて、通行者などを轢く。

　**対策案**：バックブザーを鳴らし、後方の安全確認をしながら、バックで徐行運転。

②積荷を固定しない状態でスロープを下っていて、積荷が崩れて通行者に激突。

　**対策案**：積荷は固定し、スロープはバックで徐行運転を行う（必要に応じ誘導員を配置）。

③作業者が積荷上に載ってリフトした時、バランスを崩し作業者が積荷の上から墜落。

　**対策案**：「積荷・パレットの上に乗るのは厳禁！」を周知徹底させる。

④プラットフォーム（荷受台）の端部で、フォークが旋回した時、脱輪して転落。

　**対策案**：荷受台の端部に長さ1mの帯鉄を凸型に設置し、かつ、黄赤色（危険位置）で塗布。

# 4 フォークリフトの転倒・荷崩れ災害2事例

　フォークリフトは、製造業・陸上貨物運送業・交通運輸業だけでなく、最近は大型の建築現場でも使用しており、「年間約30人の死亡災害（P60参照）」、永久労働不能につながる災害はその何十倍も発生している。

　ここではフォークリフト（以下、**フォーク**）のうち、リーチフォークリフトとカウンターバランスフォークリフトの共通の災害事例をテーマとする。

## ● 急旋回と荷締めせずが原因

〔災害1〕フォークの爪の片側にフレコンバッグをつり、荷振れ状態で走行中、コーナーで
　　　　急旋回したときフォークが転倒し、運転者Aが投げ出されて下敷きになった（イラストA左）。

〔災害2〕積荷をパレットに荷締めしないでスロープを前進走行中、積荷が荷崩れして歩行者
　　　　Bに激突（イラストA右）。

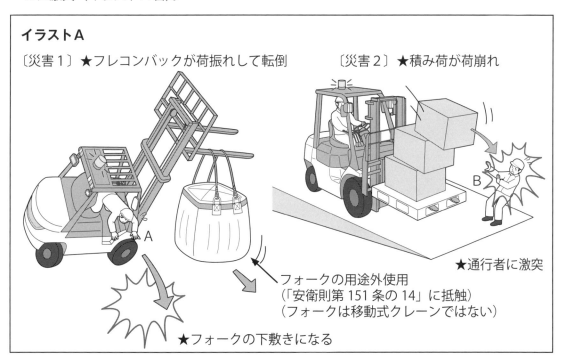

**イラストA**

〔災害1〕★フレコンバックが荷振れして転倒　　　〔災害2〕★積み荷が荷崩れ

A

B

フォークの用途外使用
（「安衛則第151条の14」に抵触）
（フォークは移動式クレーンではない）

★フォークの下敷きになる

★通行者に激突

**災害1の不安全な状態と行動**：(a) フレコンバッグをフォークの片側につった状態で走行。
　　　　　　　　　　　　　　　　(b) 荷振れ状態でコーナーを急旋回。
　　　　　　　　　　　　　　　　(c) シートベルトがなかった。

**災害2の不安全な状態と行動**：(d) 積荷をパレットに荷締めしない状態で走行。
　　　　　　　　　　　　　　　　(e) スロープを前進走行。

**災害1・2の不安全な管理**：(f) フォーク作業は協力会社任せで、管理・監督者はフォーク

作業の危険性の認識がほとんどなかったので、安全な作業方法を知らなかった。

（g）フォークの作業手順書はなく、リスクアセスメント（以下、RA）・作業開始前のＫＹ活動も実施していない。

■**リスク基準**（P 9～10 参照）

①危険状態が発生する頻度は時々「2」、②ケガをする可能性が高い「4」、③災害の重篤度は致命傷「10」です。

■**リスクレベル**（P10 参照）

リスクポイントは「2＋4＋10＝16」なので、リスクレベルは「Ⅳ」となります。

## ● リスク低減措置

イラストBのような「安全な状態・行動・管理」が必要である。

**災害１の安全な状態と行動**：（a）フレコンバッグをパレットに乗せて運搬、（b）シートベルトを着用し、コーナーでは徐行運転、（※近年、バランス型フォークリフトは「離席時のインターロックシステム搭載」が普及している）（c）運転席にシートベルトを設置。

**災害２の安全な状態と行動**：（d）積荷は必ずパレットに荷締めを行う、（e）スロープを積み荷状態で降坂するときはバック運転を行う。

**災害１・２の安全な管理**：（f）フォーク作業は協力会社任せでなく、管理・監督者もフォーク作業の危険性を認識し、「安全な作業方法とは」を学ぶ。（g）フォーク作業手順書を作成。また、ＲＡも行い、残留リスクはＫＹ活動でフォロー。

■**リスク基準**（P 9～10 参照）

（a）～（g）などの対策を実施して作業を行えば、①危険状態が発生する頻度は時々「2」、②ケガをする可能性がある「2」、③災害の重篤度は軽傷「3」です。

■**リスクレベル**（P10 参照）

リスクポイントは「2＋2＋3＝7」なので、リスクレベルは「Ⅱ」となります。

## ● 事業者が必ず守るべきこと

### 〔A〕フォークの安衛法上の運転資格

①最大荷重１ t 以上は技能講習修了者〔安衛則第 79 条（法第 76 条）〕。

②最大荷重１ t 未満は特別教育修了者〔安衛則第 36 条（法第 59 条）〕。

※注意：構内作業のみで、公道横断を含む公道走行は道路運送車両法の適用となる。

### 〔B〕フォークの作業計画〔安衛則第 151 条の 3（法第 20 条）〕。

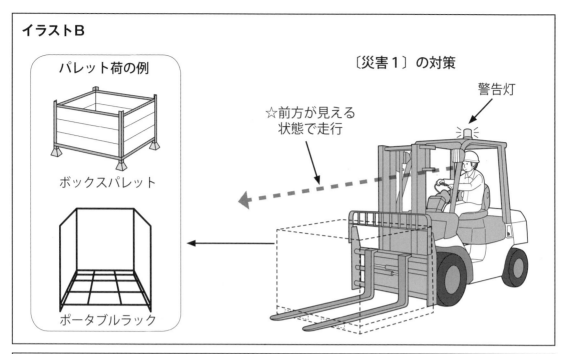

イラストB

パレット荷の例

ボックスパレット

ポータブルラック

〔災害1〕の対策

警告灯

☆前方が見える
状態で走行

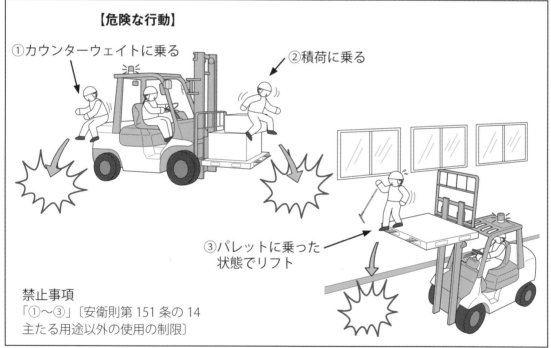

【危険な行動】

①カウンターウェイトに乗る

②積荷に乗る

③パレットに乗った
状態でリフト

禁止事項
「①～③」〔安衛則第151条の14
主たる用途以外の使用の制限〕

〔C〕フォークリフトの主たる用途以外の使用の制限〔安衛則第151条の13・14（法第20条）〕。

以下の行動は禁止する。

（1）運転席以外の場所に乗って移動する（イラスト【危険な行動】①②参照）。

（2）パレットに乗っての作業（イラスト【危険な行動】③参照）。

〔D〕フォークリフトの特定自主検査と点検〔安衛則第151条の24・25（法第45・20条）〕。

1年を超えない期間ごとに、「特定自主検査」が必要。

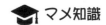

# マメ知識

　フォークリフトとは、フォーク（爪）・ラム〔＊1〕などの荷を積載する装置と、これを上下させる「マストを備えた動力付き荷役運搬車両」〔＊2〕をいいます。フォークリフトは利便性が良く操作も簡単なので、多数の事業所で「作業の効率化には欠かせない車両」として使用されていますが、動力機械なので複数の危険性が潜んでいます。外観形状による分類では主に①カウンターバランスフォークリフト、②リーチフォークリフト、③オーダーピッキングトラック、④サイドフォークリフト、⑤ウォーキーフォークリフトの5種類があります。カウンターバランスフォークリフトとリーチフォークリフトが大多数ですが、この両機種は操作方法などが違うので、運転者は法定資格者の中から別々に指名し、作業環境などのリスク低減対策を行うことが必要です。

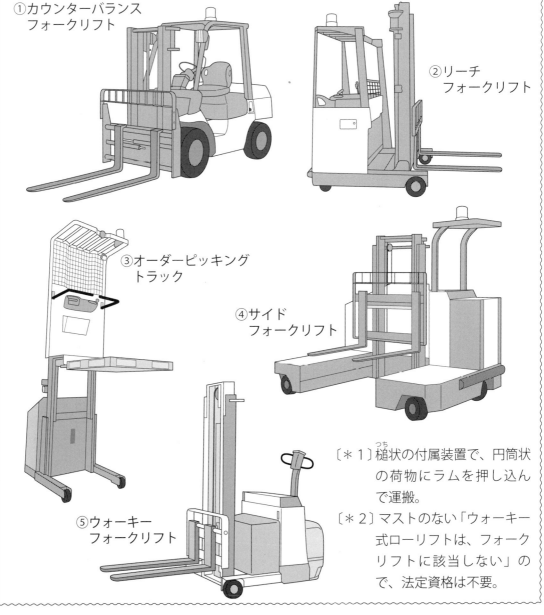

①カウンターバランス
　フォークリフト

②リーチ
　フォークリフト

③オーダーピッキング
　トラック

④サイド
　フォークリフト

⑤ウォーキー
　フォークリフト

〔＊1〕槌状の付属装置で、円筒状の荷物にラムを押し込んで運搬。

〔＊2〕マストのない「ウォーキー式ローリフトは、フォークリフトに該当しない」ので、法定資格は不要。

# 5 リーチフォークの転落災害

　ここではリーチフォークリフト（以下、**リーチフォーク**）が倉庫のプラットホームの端部（路肩）から脱輪し転落した事例をテーマとする。皆さんが利用する駅のプラットホームでも路肩を歩いていると転落し、進入してきた電車に轢かれる危険性がある。「駅のプラットホームでは点字タイルの内側を歩く」「**君子危うきに近寄らず**」である。

　自分の身を守るため、倉庫などのプラットホームでは「フォークの路肩走行・路肩の歩行は禁止」とする。

## ● 運転者が機体の下敷きに

　当職場では、出荷待ちの荷物を倉庫のプラットホームの路肩近くに多数仮置きして、夕方、多数のトラックが待機していたので、積込みを急いでいた。複数のリーチフォークはプラットホームの路肩近くを頻繁に移動してパレットと一体にした**シュリンク巻き**（ビニールシートの収縮巻き）の荷物を爪で差し、トラックに積み込んでいた。

　災害発生のリーチフォークの運転者Aは、後方の安全確認をしないで、方向転換させようとしてバックしたとき、勢いあまってリーチフォークがプラットホームの路肩から落ち、Aは機体の下敷きになった（イラストA）。

　この災害の主たる要因は、次のようなことが考えられる。

**不安全な状態**：（a）プラットホームの路肩の近くに荷物を多数仮置き。

　　　　　　　　（b）プラットホームの路肩は薄暗かった。

　　　　　　　　（c）リーチフォークの走行通路の表示がなかった。

　　　　　　　　（d）リーチフォークの運転席背面に扉がなかった。

**不安全な行動**：（e）Aは後方の安全確認をしないで、方向転換をした。

　　　　　　　　（f）日頃、Aはカウンターバランスフォークの運転をしていたので、リーチフォークの運転操作には慣れていなかった。

**不安全な管理**：（g）フォーク作業は全て協力会社任せで、フォークの作業計画はなかった。

---

**■リスク基準**（P 9～10 参照）

　①危険状態が発生する頻度は頻繁「4」、②ケガをする可能性が高い「4」、③災害の重篤度は致命傷「10」です。

**■リスクレベル**（P10 参照）

　リスクポイントは「4＋4＋10＝18」なので、リスクレベルは「Ⅳ」となります。

---

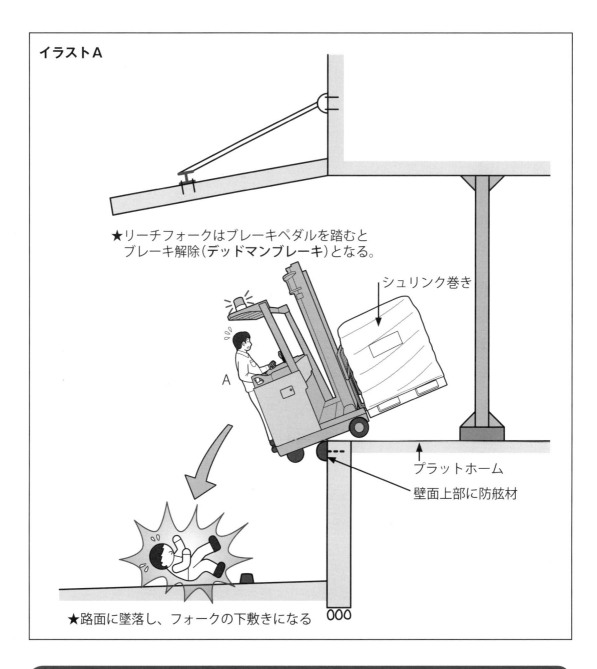

**イラストA**

★リーチフォークはブレーキペダルを踏むと
　ブレーキ解除（デッドマンブレーキ）となる。

シュリンク巻き

A

プラットホーム

壁面上部に防舷材

★路面に墜落し、フォークの下敷きになる

## ● リスク低減措置

　イラストBのような「安全な状態・行動・管理」が必要である。

**安全な状態**：(a) プラットホームの「路肩から2mは仮置き禁止区域」、また路肩から1mは
　　　　　　　　 フォークも人も通行禁止区域とする。

　　　　　　　(b) プラットホームの路肩はスポット照明で150 l x程度を確保。

　　　　　　　(c) 路肩から30cm間は赤／白の安全マーキングで危険区域の表示、30cm
　　　　　　　　 ～1m間は帯鉄などで突起させ黄色・赤色で警告表示、1～3m間は黄色で
　　　　　　　　 注意喚起を行い走行注意の通路とする。

　　　　　　　(d) 運転席の後方に扉を設置、リースの機体はフラットバーなどで工夫する。

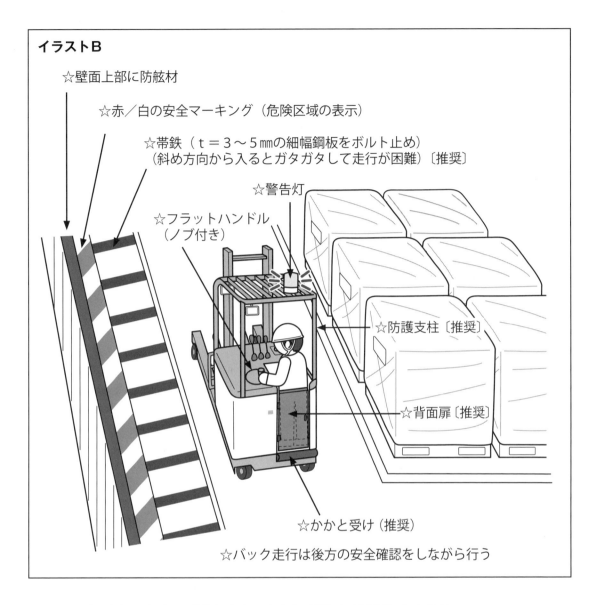

**イラストB**

☆壁面上部に防舷材

☆赤／白の安全マーキング（危険区域の表示）

☆帯鉄（ t ＝ 3 ～ 5 ㎜の細幅鋼板をボルト止め）
（斜め方向から入るとガタガタして走行が困難）〔推奨〕

☆警告灯

☆フラットハンドル
（ノブ付き）

☆防護支柱〔推奨〕

☆背面扉〔推奨〕

☆かかと受け（推奨）

☆バック走行は後方の安全確認をしながら行う

**安全な行動**：（e）運転者は「進行方向の安全を確認しながら運転」を周知。

（f）リーチフォークは法定資格者の中から複数指名し、運転者名は運転席に表示。

**安全な管理**：（g）「フォークリフトの作業計画（安衛則第151条の3）」を作成し、できるだけ
照明などの環境を含む設備対策を行う。またリスクアセスメントも実施。

■**リスク基準**（P 9～10 参照）

（a）～（g）などの対策を実施して作業を行えば、①危険状態が発生する頻度は時々「2」、
②ケガをする可能性がある「2」、③災害の重篤度は軽傷「3」です。

■**リスクレベル**（P10 参照）

リスクポイントは「2＋2＋3＝7」なので、リスクレベルは「Ⅱ」となります。

# 6 リーチフォークの激突災害

　リーチフォークリフト（以下、リーチフォーク）は車体前方に張り出した脚部のストラドルアームの先端に車輪があり、荷役時は車体を停止した状態でフォークとマストを前方に突き出して荷を積載し、マストを十分にティルト（後傾）し、パレットを床上より約15～20cmの位置にした姿勢で発進・走行する。車幅が狭く車長が短く、狭い通路や狭あいな倉庫での使用に最適で、運転席は立席式が多い。

## ● バック走行でラックに上半身が激突

　ここではリーチフォークの運転者が被災する危険性の高い事例を紹介する。両側のラック間が狭い倉庫内で、右側のラックに荷積みを行いバックした時、急操作だったので左側のラックに車体が入り込み、運転者の上半身が棚に激突（イラストA）。残念だが、国内メーカーのリーチフォークは「ヘッドガードの後方には支柱がない」。

　リーチフォークを使用している多くの事業場ではこの危険性を認識せず、具体的な対策を講じていない場合が少なくない。「米国製のリーチフォークは車体の左側に2本の支柱」があるのでこのような危険性は少なくなる。ただし、斜めから入ると被災する。リーチフォークはこの危険性以外にも① ～ ④の複数の危険性がある。

① リーチフォークはフロントガラスがないので、運転者がウッカリしてマスト側に手を出すと、マストのチェーンに手が巻き込まれる。

② スロープにリーチフォークを停車させ、ウッカリしてブレーキペダルを踏んだので、暴走して通行者などに激突。

　※立席式リーチフォークはカウンターバランスフォークのブレーキ装置とは異なり、ブレーキペダルを踏むとブレーキが開放され、離すとブレーキが利く構造（デッドマンブレーキ）。

③ 運転席が狭い車体はブレーキ装置に足を乗せた時にかかとが出るので、バック時に壁面などに衝突して「アキレス腱を切る」。

④ 走行時に丸ハンドルを指で握っていると、突起物などに小径の車輪が乗った時、「丸ハンドルが急回転し手首をひねる」。

> **■リスク基準**（P 9～10参照）
> 　①危険状態が発生する頻度は時々「2」、②ケガをする可能性が高い「4」、③災害の重篤度は重傷「6」です。
>
> **■リスクレベル**（P10参照）
> 　リスクポイントは「2＋4＋6＝12」なので、リスクレベルは「Ⅳ」となります。

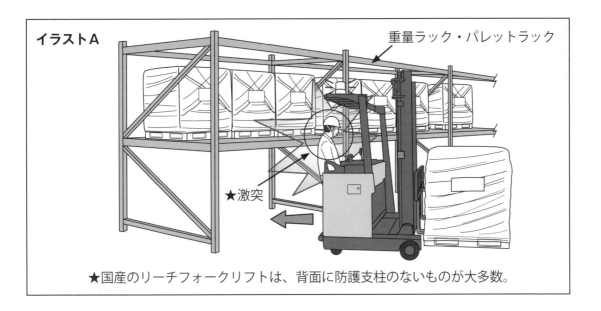

イラストA

重量ラック・パレットラック

★激突

★国産のリーチフォークリフトは、背面に防護支柱のないものが大多数。

## ● リスク低減措置

　イラストBに示すように、(a) 運転席後方の左右に防護支柱を設置、(b) 運転席の前面下部にメッシュ枠を設置、(c) かかと受け（防舷材）を設置、(d) 丸ハンドルはノブ付きフラットハンドルに交換。このほか、鍵は事務所で管理、フォーク作業の基本として、運転者は技能講習修了者のうち、指名者のみとする、関係者全員にフォークの危険性の実務教育を行うなどがある。

■**リスク基準**（P 9〜10 参照）

　(a)〜(d) などの対策を実施して作業を行えば、①危険状態が発生する頻度は滅多にない「2」、②ケガをする可能性がある「2」、③災害の重篤度は軽傷「3」です。

■**リスクレベル**（P10 参照）

　リスクポイントは「2＋2＋3＝7」なので、リスクレベルは「Ⅱ」となります。

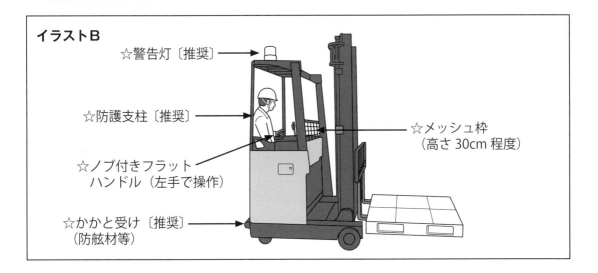

イラストB

☆警告灯〔推奨〕

☆防護支柱〔推奨〕

☆ノブ付きフラット
　ハンドル（左手で操作）

☆かかと受け〔推奨〕
　（防舷材等）

☆メッシュ枠
　（高さ30cm 程度）

# 7 リーチフォークの災害4事例

リーチ電動フォークリフトは、車体が停止したままでもフォークが前後に移動でき、車体サイズをコンパクトにできることから狭い倉庫内などで多く使われている。

ここでは「リーチ電動フォークリフトの激突災害」に特化したテーマとする。

## ● パレットに乗って荷取り作業

イラストAの主な作業環境は、①床面が水平で薄暗い倉庫内の積荷場、②工場内の歩行者の通路を共用している、③倉庫横の緩い傾斜の原材料積卸し場などである。リーチフォークは他のフォークと外観形状が違うので、①～③の作業環境下では、多数の災害事例があるが、その中でも代表的なものをピックアップする。

〔災害1〕 狭い通路を積荷状態で運転席から上半身を乗り出して、運転していたとき通路内に突起していた分電盤に、上半身が激突し右腕を強打。

〔災害2〕 小型リーチフォークの運転席からかかとが出ていたので、倉庫内でバック走行中に壁面ラック支柱などに機体が激突したとき、かかとを強打しアキレス腱が断裂。

〔災害3〕 アームのある丸ハンドル（以下、**丸ハンドル**）を握って操作していたので、車輪が急に曲がったとき手首を捻ねり、左手が労働不能となった。

〔災害4〕 傾斜路に駐車したリーチフォークの運転席に運転者が乗ったとき、ブレーキペダルに足を乗せたので、フォークが前進走行し、補助作業者に激突。立席式リーチフォークのブレーキ装置は、カウンターバランスフォークのブレーキ装置と異なり、ブレーキペダルを踏むとブレーキ（デッドマンブレーキ）が開放され、離すとブレーキが効くようになっている。なお、座席式は駐車ブレーキ操作兼用である。

**不安全な状態**：〔災害1〕（a）積荷が目線より高く、肘受けがなかった。

〔災害2〕（b）かかと受けがないので運転席からかかとが出る状態だった。

〔災害3〕（c）ノブ付きの丸ハンドルだった。

〔災害4〕（d）リーチフォークの指定駐車場は、積卸し場横の傾斜路だった。

**不安全な行動**：〔災害1〕（e）機体から上半身を乗り出して運転。

〔災害2〕（f）日常的にかかとを運転席から出して運転。

〔災害3〕（g）運転操作は、日常的に丸ハンドルをつかんで運転。

〔災害4〕（h）リーチフォークは時々の運転だったので、ブレーキペダルの危険性を認識していなかった。また、補助作業者は日常的にフォークの直前・直後を往来。

**不安全な管理**：〔災害1～4共通〕（i）フォークの作業は協力会社任せで、管理・監督者はフォーク運転の危険性の認識がほとんどなかった、（j）リーチフォークは長期契約のリースで、防護設備などの指定はしなかった、（k）「フォークリフトの作業計画」がなく（「安衛則第151条の3」に抵触）、RAも実施していない。

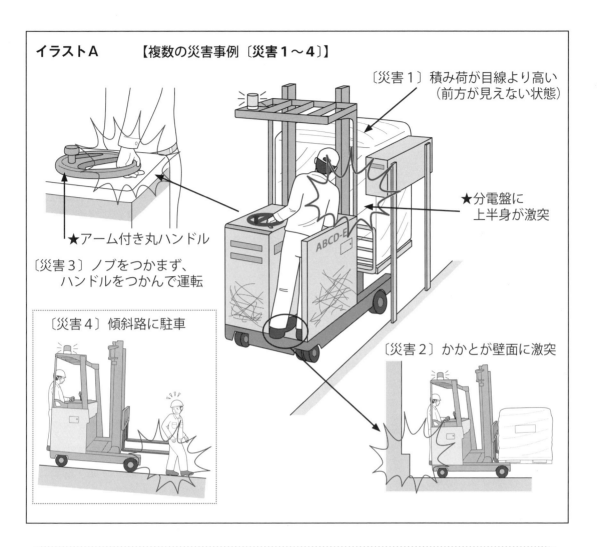

イラストA　　　【複数の災害事例〔災害1〜4〕】

〔災害1〕積み荷が目線より高い
　　　　（前方が見えない状態）

★分電盤に
　上半身が激突

★アーム付き丸ハンドル

〔災害3〕ノブをつかまず、
　　　　ハンドルをつかんで運転

〔災害4〕傾斜路に駐車

〔災害2〕かかとが壁面に激突

ABCD-E

■**リスク基準**（P 9〜10 参照）
　①危険状態が発生する頻度は時々「2」、②ケガをする可能性が高い「4」、
③災害の重篤度は致命傷「10」です。

■**リスクレベル**（P10 参照）
　リスクポイントは「2＋4＋10＝16」なので、リスクレベルは「IV」となります。

● **リスク低減措置**

　イラストBのような「安全な状態・行動・管理」が必要である。

**安全な状態**：〔災害1〕（a）積荷は前方が見えるように目線より低くし、幅7cm 程度の肘受け
　　　　　　を設置、〔災害2〕（b）小型リーチフォークにはかかと受けを設置、〔災害3〕
　　　　　　（c）丸ハンドルはフラットハンドルに交換、または応急措置として帆布などで覆う、
　　　　　　〔災害4〕（d）リーチフォークの**「傾斜路駐車は禁止」**し、水平な場所を駐車場
　　　　　　として指定。

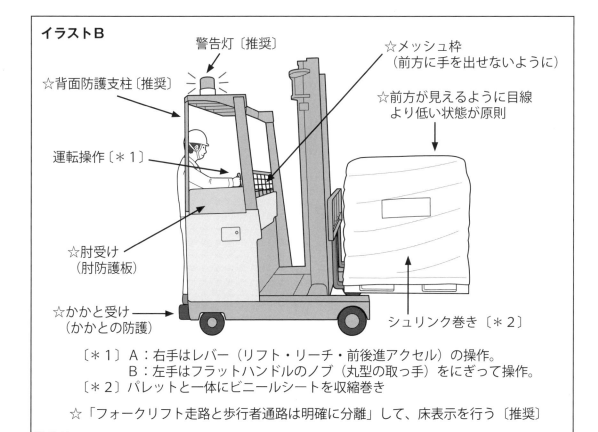

**イラストB**

警告灯〔推奨〕

☆メッシュ枠
（前方に手を出せないように）

☆背面防護支柱〔推奨〕

☆前方が見えるように目線
より低い状態が原則

運転操作〔＊１〕

☆肘受け
（肘防護板）

☆かかと受け
（かかとの防護）

シュリンク巻き〔＊２〕

〔＊１〕A：右手はレバー（リフト・リーチ・前後進アクセル）の操作。
　　　　B：左手はフラットハンドルのノブ（丸型の取っ手）をにぎって操作。
〔＊２〕パレットと一体にビニールシートを収縮巻き

☆「フォークリフト走路と歩行者通路は明確に分離」して、床表示を行う〔推奨〕

**安全な行動**：〔災害１〕（e）・〔災害２〕（f）・〔災害３〕（g）でリーチフォークは「肘受け・
　　　　　　かかと受けを設置」、かつ、フラットハンドルのノブ運転であれば安全、〔災害４〕
　　　　　　（h）水平な床面に駐車。

**安全な管理**：〔災害１〜４共通〕（i）フォークの運転は協力会社任せにせず、設備の対策を
　　　　　　優先させる、（j）長期契約のリース機械でも、リース会社に（e）・（f）・（g）の
　　　　　　条件を示す、（k）作業計画は見直して改訂、リスクアセスメントも行う。

**■リスク基準**（P９〜10 参照）

　（a）〜（k）などの対策を実施して作業を行えば、①危険状態が発生する頻度は滅多に
ない「１」、②ケガをする可能性がある「２」、③災害の重篤度は軽傷「３」です。

**■リスクレベル**（P10 参照）

　リスクポイントは「１＋２＋３＝６」なので、リスクレベルは「Ⅱ」となります。

🎓**マメ知識**

　米国製リーチフォークリフトの主流は、「運転席の左側面に２本支柱があり、立席は
左横向き」で「**前進走行は右側を向き、バック走行は左側を向く**」だけなので（頭を右・
左に向けるだけ）前後の運転操作がしやすい構造になっています。

| Column ① | **フォークリフト作業の安全 5（ファイブ）**（構内作業〔＊1〕） |

## 1．法定資格者の選任（以下、安衛則は「則」という）

法定資格者以外、運転をしてはならない。また、修了証を常時携帯。（安衛法第 61 条）
① 最大荷重 1 t 以上は技能講習修了者（則第 79 条）
② 最大荷重 1 t 未満は特別教育修了者（則第 36 条）

## 2．フォークリフト等〔＊2〕の作業計画〔＊3〕とフォークリフトの作業方法

① フォークリフト等の作業計画（則第 151 条の 3）を定め、当該作業計画により作業を行う。
② 作業方法〔＊4〕は、「荷を積むとき・荷を積んで走行するとき・荷を卸すとき・駐停車するとき」等。

## 3．作業前の安全点検等

① 作業開始前点検（則第 151 条の 25）
② 定期自主点検・特定自主検査（則第 151 条の 21 〜 25）

## 4．作業指揮者の選任（則第 151 条の 4）（但し、単独作業の場合は選任不要）

① 作業指揮者を選任し、作業計画に基づき作業の指揮を行わせる。

## 5．フォークリフト作業の主な禁止事項

① フォークやパレット荷の下に立ち入る（則第 151 条の 9）
② 偏荷重を生じないように積載（則第 151 条の 10）
③ 原動機を止めない・ブレーキを掛けないで運転席を離れる（則第 151 条の 11）
④ 主たる用途以外の使用（則第 151 条の 14）
⑤ 危険な運転方法（急旋回・急制動・わき見運転等）（安衛法第 24 条・第 26 条）
〔＊1〕労働安全衛生法は「構内（事業場内）作業」が対象。〔＊5〕
〔＊2〕「等」とは、フォークリフト・ショベルローダー等の車両系荷役運搬機械等。
〔＊3〕フォークリフト等を用いて作業を行うときは、あらじめ、当該作業に係る場所の広さ及び地形、当該フォークリフト等の種類及び能力、荷の種類及び形状等に適応する作業計画を定め、かつ、当該作業計画により作業を行わなければならない。
〔＊4〕詳細は『安全確認ポケットブック：フォークリフト災害の防止』（中災防）を参考に！
〔＊5〕フォークリフトやショベル（以下、**フォークリフト等**）の「公道走行」は「道路運送法・道路運送車両法の対象」となる。フォークリフト等は、車両寸法・最高速度によって「小型特殊・大型特殊自動車」（以下、**小特**〔＊6〕・**大特**）に分類され、税金の種類や登録手続き、必要とする免許が異なる。
（a）荷を積んでの公道走行は禁止、公道上での作業は所轄の警察署の許可が必要。
（b）小特〔＊6〕の公道走行は、運転免許（普通免許、小型特殊免許、大型特殊）。最高速度 15km/h 以下、地方税は軽自動車税、ナンバープレート申請は市町村役場（課税標識）、自賠責保険が必要。大特の公道走行は、紙幅の関係で省略。
〔＊6〕小特は、全長 4.7 m 以下、全幅 1.7 m 以下、全高 2.0 m 以下（ヘッドガード等の高さが 2.8 m 以下であれば可）。

## 6．フォークリフト安全運転の 5 則

① 運転席から降りる時は、必ずサイドブレーキを引き、エンジンを止め、後ろ向きに降りる。
② 屋内外のスピード厳守。屋内は 10km/h 以下、屋外は 20km/h 以下。カーブは徐行。
③ 出入口は、必ず一旦停止し、左右の確認をする。バック走行時は後方の確認。
④ 道路及び通路の右折・左折時は、必ず方向指示器を出す。
⑤ 作業後、フォークリフトから離れる時は、フォークを床面に下げ、サイドブレーキを引き、必ずキーを抜く。

# 8 トラックのあおりからの墜落災害

　事業場で物品の搬入・搬出の際、大型トラックなどのあおりなどから運転手・助手が墜落する危険性がある。あおり上は、路面からの高さが 180cm、荷台は 110cm だが、事業者は高さ２ｍ未満なので危険性があることを認識していない場合が多い。作業者があおり上に乗った場合、「身長 170cm の作業者の頭頂は 3.5 ｍ」になる。運転手の高齢化などにより、あおりから落ちて床面に頭を激突する、背中が資機材に激突するといった危険性が増大している。

　具体的には、「あおりの幅は6cmと狭く滑りやすい」「工場の出入口などの床面が濡れている」「屋外は傾斜している場所が多い」「作業者の靴底がすり減っている、踵を踏みつけてサンダル状態にしている」「65 歳以上の高齢作業者（WHOの定義）が多い」などがある。

## ● あおり上で荷のシート掛け作業

　大型トラックの運転手Ａが側面の踏桟に足を掛けてあおり上に乗り、カニ歩き（横移動）をしながらシート掛け中、足元が滑って「床面に落ち背中と頭を強打」（イラストＡ）。

> **■リスク基準**（P 9～10 参照）
> 　①危険状態が発生する頻度は時々「2」、②ケガをする可能性が高い「4」、
> ③災害の重篤度は床面に背中と頭を強打する危険性が高く致命傷「10」です。
>
> **■リスクレベル**（P10 参照）
> 　リスクポイントは「2＋4＋10＝16」なので、リスクレベルは「Ⅳ」となります。

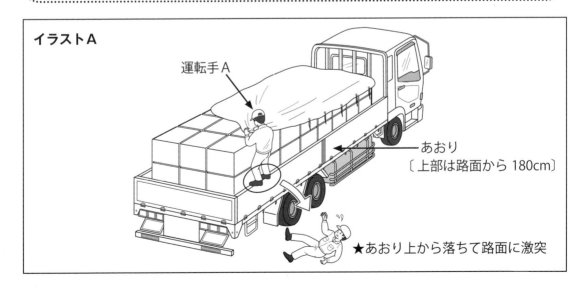

**イラストＡ**

運転手Ａ

あおり
〔上部は路面から 180cm〕

★あおり上から落ちて路面に激突

## ● リスク低減措置

（a）「あおり上の作業は禁止」「あおり上は作業床ではない」を認識させ、周知する。

（b）作業者は保護帽を着用。

（c）荷台とあおり上への昇降は、トラック昇降用はしご（イラストB－①）を使用。

（d）荷のシート掛けは高さ 1.5 m の手すり付き可搬式作業台（イラストB－②）をトラックの側面に配置して行う。

> ■**リスク基準**（P 9～10 参照）
>
> 　（a）～（d）などの対策を実施して作業を行えば、①危険状態が発生する頻度は時々「2」、②ケガをする可能性がある「2」、③災害の重篤度は軽傷「3」です。
>
> ■**リスクレベル**（P10 参照）
>
> 　リスクポイントは「2＋2＋3＝7」なので、リスクレベルは「Ⅱ」となります。

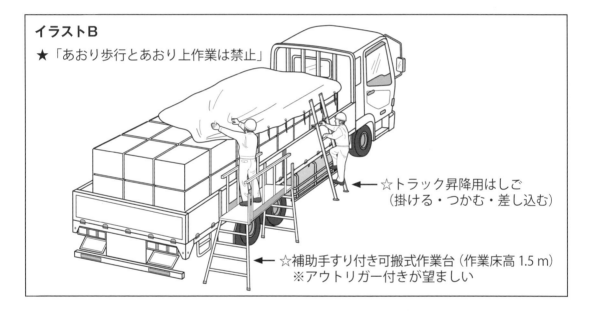

**イラストB**

★「あおり歩行とあおり上作業は禁止」

☆トラック昇降用はしご
（掛ける・つかむ・差し込む）

☆補助手すり付き可搬式作業台（作業床高 1.5 m）
※アウトリガー付きが望ましい

## ● 推奨する安全な作業方法

　物品の搬入、搬出が多い事業場では、次のような安全な作業方法を推奨する。

　「トラック専用のシート掛け場所」は、トラックの両側に片側手すり付きの作業床を設置、かつ、上部にスライド式の安全ブロックを設置し、作業者は床面からハーネス型墜落制止用器具（以下、**安全帯**）のD環に安全ブロックを掛けて作業を行う。

　この作業方法であれば、リスク基準の評価点の合計が「4」となり、リスクレベルは「Ⅰ」と最も低いレベルまでに低減される。〔墜落しないようにする、落ちてもすぐ阻止する〕この方法は大手食品工場のタンクローリー基地などで採用されている。

| Column ② | **トラック運転手の皆さんへ〔安全運転 5（ファイブ）〕** |

## 1．積み込む前に

① 身体の健康状態は？ (a) 血圧・体温、(b) 睡眠不足、(C) 二日酔いは厳禁〔＊1〕。

② 車両等のチェックは？ (d) 作業開始前点検（エンジンルーム・ブレーキ・燃料〔＊2〕・タイヤなどの車両外周など）、(e) 積荷の状態、(f) 運転席内の3Sの状態〔＊3〕。

③ 保護具・弁当などは？ (g) 作業着・防寒着・安全靴・長靴・安全帯・合羽〔＊4〕・ヘッドランプ付き保護帽、手袋（革手・軍手）、(h) 弁当・非常食（チョコレート・羊羹等）、魔法瓶、飲料水〔＊5〕、(i) スマートフォン（充電器含む）、(j) 持病薬、簡易トイレなど。

## 2．走行中は『**安全運転（Safety drive）**』

① 「人にやさしい運転」⇒ 制限速度の遵守（高速道路・一般道路〔＊6〕）

② 「車にやさしく」⇒ 「**3急運転は危険**」（急発進・急ブレーキ・急ハンドル）

③ 「交通ルールは守って」⇒ 過積載厳禁、違法駐車禁止、踏切等は一旦停止

④ 「不測の事態に遭ったとき」⇒ 会社に5W1Hの報告〔＊7〕を行い、指示を受ける

## 3．得意先に到着したら

① 配送先と商品送荷票（住所・店名・届日）を確認

② 大きな声で挨拶を行う（「おはようございます！」など）

③ 構内・作業場では「禁煙厳守」、保護帽・安全靴を着用

④ 配送伝票を事務所にお届けして指示を頂く

⑤ 「荷卸し中に破損が発生したら」⇒ 得意先の荷受け担当者に、まずお詫びをしてから、その場で自社の配車担当者に連絡

## 4．商品を降ろし終わったら・返品依頼が発生したら

① 得意先荷受け担当者と、商品の相互検数を行い照合

② 商品送荷票と商品受領票 ⇒ 得意先に渡し、得意先の受領印の確認を行う

③ 得意先にお待ち頂き、「自社の配車担当者」に連絡し、指示を受ける

④ 法定資格を要する作業（フォークリフト・玉掛け・クレーン・移動式クレーンなど）⇒法定資格〔＊8〕を所持していない運転手は、法定資格作業は禁止！

## 5．得意先から帰る際は

① 大きな声で「有り難うございました。また、お願いします」等の挨拶を行う

### 車庫までの帰り道も安全運転で！

〔＊1〕「酒気帯び運転」⇒ 呼気1ℓ当たりアルコール濃度 0.25mg 以上は基礎点数 25。

〔＊2〕出発時、燃料は満タン状態にして置く（燃料は常時 50%以上）。

〔＊3〕「3S（整理・整頓・清掃）」は、安全運転の心構えの基本。

〔＊4〕「**弁当忘れても、合羽忘れるな！**」、合羽は防寒着にもなる。

〔＊5〕「飲料水と携帯用湯沸かし器」を、持参していれば車内で湯が沸かせる。

〔＊6〕各場所で制限速度に違いがある（※生活道路は 30km/h と一旦停止が多い）

〔＊7〕**5W1H**とは、なぜ（Why）・なにを（What）・どこで（Where）・いつ（When）・だれが〔だれに〕（Who [Whom]）・どんな方法（How）。

〔＊8〕「フォークリフトの運転・玉掛け作業」は、あらかじめ技能講習を受講。

# タンクローリーの墜落災害

　タンクローリーなどの特装車は、液体など（ガソリンなどの危険物、原粉・原乳など）を積んで輸送するため、筒型の金属製タンクを装備した貨物自動車で、散水車や電源車・テレビ中継車など、屋根上に乗って作業を行う自動車を含む。これらの大型車（最大積載量 1 万1500kg）の全高は、ほぼ 3.0 ｍ、中型車（最大積載量 6500kg）の全高はほぼ 2.6 ｍで、身長 1.7 ｍの人が大型車のタンク上に立てば、頭頂は約 4.7 ｍとなる（マメ知識参照）。
　ここではタンクローリーなどの「タンク上からの墜落災害」をテーマとする。

## 🎓 マメ知識

　「５ｍは御命取る」です。頭蓋骨の硬さは、カボチャの硬さと同じといわれ、カボチャを５ｍの高さから硬い床面に落とせば砕けます。頭頂５ｍになる場所から落ちて頭を強打すれば、頭蓋骨が砕けて致命的になります。

## ● 原粉運搬のタンク上から墜落

　原粉受入れ工場の搬入場で、運転手Ａは側面にある昇降はしごからタンク上に乗り、点検穴を開けてタンク内の残量を確認した時、つまずいてタンク上からコンクリートの路面に墜落、また助手Ｂは昇降はしごの上部から路面に墜落（イラストＡ）。

**不安全な状態**：（a）タンクローリーの上部に安全ブロックなどの墜落阻止装置がなかった。
　　　　　　　　（b）昇降はしごの奥行きはタンクから３cm 程度しかなかった。

**不安全な行動**：（c）運転手Ａ・助手Ｂは、保護帽・安全帯を着用していなかった。

**不安全な管理**：（d）物流会社任せで、工場の管理者はタンクローリー車に複数の危険性があることを認識していなかった。

---

**■リスク基準**（P 9 ～ 10 参照）
　①危険状態が発生する頻度は時々「2」、②ケガをする可能性が高い「4」、③災害の重篤度は重傷「6」です。

**■リスクレベル**（P10 参照）
　リスクポイントは「2 ＋ 4 ＋ 6 ＝ 12」なので、リスクレベルは「Ⅳ」となります。

---

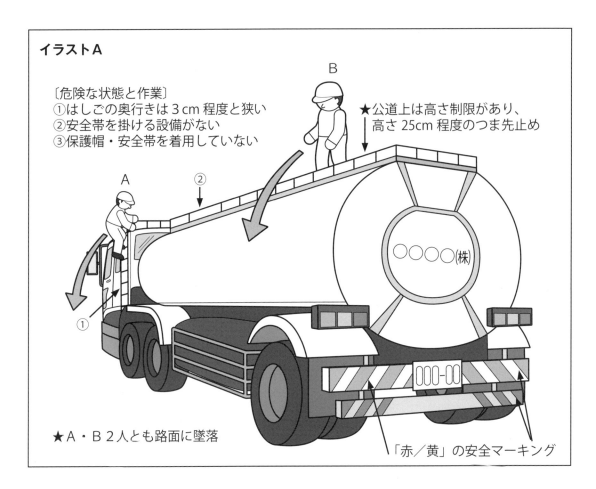

**イラストA**

〔危険な状態と作業〕
①はしごの奥行きは3cm程度と狭い
②安全帯を掛ける設備がない
③保護帽・安全帯を着用していない

B

★公道上は高さ制限があり、
高さ25cm程度のつま先止め

A

②

①

○○○○㈱

★A・B2人とも路面に墜落

「赤／黄」の安全マーキング

## ● リスク低減措置

　イラストBのような「安全な状態・行動・管理」が必要である。

**安全な状態**：(a) 移動式4脚門型の墜落阻止装置（安全器は前後・左右に移動可能）を設置。
　　　　　　　 (b) 車の昇降はしごは、踏面を確保できる折りたたみ式に代える。

**安全な行動**：(c) タンク上に乗る作業者は保護帽とハーネス型安全帯を着用、作業者は路面で
　　　　　　　 ハーネス型安全帯のD環に安全ブロックを掛け、はしごを昇りタンク上に乗
　　　　　　　 り移り「安全帯を常時使用」する。

**安全な管理**：(d) 物流会社の監督者を交え、「三現主義」（P148（g）を参照）に基づいた現場
　　　　　　　 教育を行い、設備面の災害防止対策を優先し、安全な作業方法を確認する。
　　　　　　　 作業者は適正な服装を着用し、適正な作業方法のイラストを掲示し周知する。

**■リスク基準**（P9〜10参照）
　(a)〜(d) などの対策を実施して作業を行えば、①危険状態が発生する頻度は滅多に
ない「1」、②ケガをする可能性がある「2」、③災害の重篤度は軽傷「3」です。

**■リスクレベル**（P10参照）
　リスクポイントは「1＋2＋3＝6」なので、リスクレベルは「Ⅱ」となります。

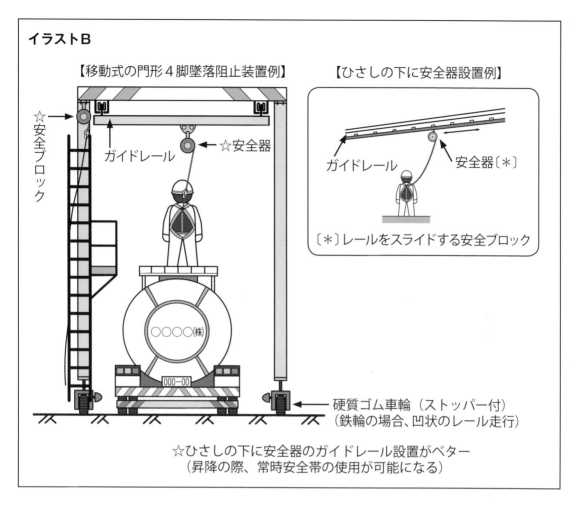

イラストB

【移動式の門形４脚墜落阻止装置例】　　【ひさしの下に安全器設置例】

☆安全ブロック

ガイドレール

☆安全器

○○○○(株)

000-00

硬質ゴム車輪（ストッパー付）
（鉄輪の場合、凹状のレール走行）

ガイドレール　　　安全器〔＊〕

〔＊〕レールをスライドする安全ブロック

☆ひさしの下に安全器のガイドレール設置がベター
（昇降の際、常時安全帯の使用が可能になる）

　タンクローリーは道路交通法の高さ規制で、タンク上に高さ 1.1 mの手すりの設置は不可能なので、高さ規制に触れない墜落防止の方法が必要である。

　一部のテレビ中継車・イベント車は、折りたたみ式高さ 90cm の手すりを設置しているが、ほんの一握りである。

## ● 重大な交通事故を想定し安全・指導

　15 年ほど前、某化学工場を安全診断中の出来事で、工場外周の安全診断の折り、工場から出発の準備をしていた危険物満載の大型タンクローリー車の後輪内側のタイヤは、溝がないバースト寸前の状態だった。高速道路の走行中にバーストし蛇行運転による重大事故が想定できたので、同行の課長に「即、タイヤ交換」を提案し対応をお願いした。一瞬、「管理者は顔面蒼白！」なお、そのタンクの両側には親会社の名が大きく表示されていた。

# 10 リフター端部でのはさまれ災害２事例

　リフター横の階段と床面端部での「はさまれ災害」２事例をテーマとする。

## リフターの設置状況

　当機械は、30年前のもので、中２階の作業床〔＊１〕へ資材・機材を搬入・搬出するためのもの〔＊２〕で、操作盤〔＊３〕は１カ所だけに設置、作業床上への昇降は、リフターに隣接して傾斜角50度の急傾斜の階段〔＊４〕を使用している。なお、荷積み・荷降ろし用に、中２階作業床と床面にパレットトラック２台を配置。

　〔＊１〕中２階の作業床は高さ2.3ｍの構台で、奥行きと幅はともに６ｍ。

　〔＊２〕リフターのテーブルは奥行1.5ｍ・幅２ｍで墜落防止柵はない。

　〔＊３〕「災害１」の操作盤は下の床面上、「災害２」の操作盤は中２階の作業床上に設置。

　〔＊４〕踏面の幅は約80cmで、リフター側に手すりはあるが中桟・幅木はない。

## ● テーブルにつま先が接触

### 〔災害１〕

　リフター操作者Ａと補助作業者Ｂの２人作業の職場で発生。

　Ｂが中２階の作業床でパレットトラックを利用し、テーブルにパレット荷を載せてから、テーブルをゆっくり下降させた。Ｂは下の床面でパレット荷を受け取るため、階段を早足で降りているとき、リフター側に右足が滑ってつま先をはさまれた。Ｂの悲鳴を聞いてＡはテーブルを急停止してから上昇させてＢを救出した。Ｂは足の指４本の複雑骨折となり、長期入院を余儀なくされた（イラストＡ）。

**不安全な状態**：(a) リフターの側面に階段があり、階段の下部に幅木はなかった。（手がはさまれる危険性もあった）

　　　　　　　　(b) リフターと階段端部の間隔が約５cmで、仕切り壁がなかった。

**不安全な行動**：(c) Ｂは急傾斜の階段を、急ぎ足で降りた。

**不安全な管理**：(d) 当機械は時々しか使用しないので、メーカーがお勧めするオプションの安全設備は皆無に近い状態だった。

　　　　　　　　(e) リフターの使用は物流会社任せで、作業手順書はなく、ＲＡも実施していなかった。

　　　　　　　　(f) 照度が50 lx程度と　薄暗かった。

### 〔災害２〕

　リフター操作者Ａと補助作業者Ｃの２人作業の職場で発生。Ａは中２階の作業床でパレットトラックを利用してリフターテーブルにパレット荷を載せ、Ｃは床面でパレット荷を受け取るべくパレットトラックの横で待機していた。テーブルが床面の近くまで下降したので、テーブル

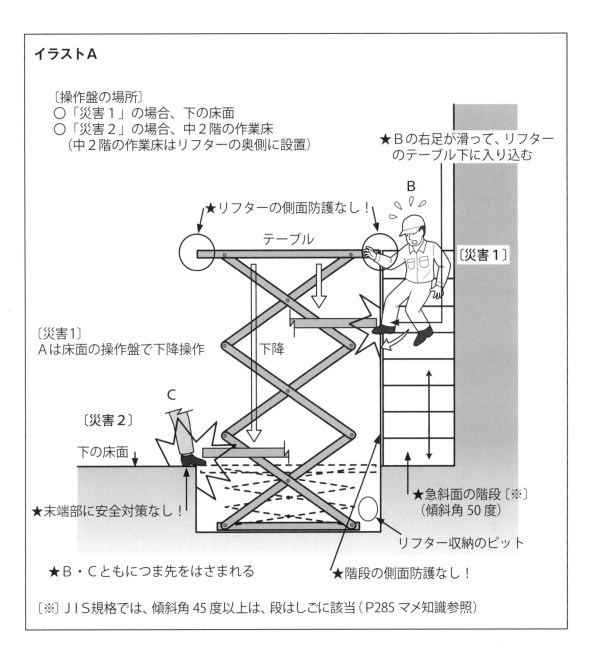

**イラストA**

〔操作盤の場所〕
○「災害1」の場合、下の床面
○「災害2」の場合、中2階の作業床
　（中2階の作業床はリフターの奥側に設置）

★リフターの側面防護なし！

テーブル

★Bの右足が滑って、リフターのテーブル下に入り込む

B

〔災害1〕

〔災害1〕
Aは床面の操作盤で下降操作

下降

C

〔災害2〕
下の床面

★末端部に安全対策なし！

★急斜面の階段〔※〕
（傾斜角50度）

リフター収納のピット

★B・Cともにつま先をはさまれる

★階段の側面防護なし！

〔※〕JIS規格では、傾斜角45度以上は、段はしごに該当（P285マメ知識参照）

に近寄ったとき、床面が濡れていたので足が滑って右足のつま先がはさまれた。床面とテーブル間は、約3cm程度だったので、つま先が切断された。つま先は病院で短い状態に接合されたが、長期入院をした（イラストA）。

**不安全な状態**：（g）テーブルの側面にジャバラを設置していなかった、（h）床面の端部に、つま先止め・防護柵・危険区域表示の安全マーキング（赤／黄）もなかった、（i）床面の端部（路肩）・テーブルの四隅に危険表示がなかった。

**不安全な行動**：（j）Cは、操作者Aから見えないリフターの真横で待機していた。

**不安全な管理**：（k）リフターは時々しか使用しないので、「オプションの安全設備」は皆無に近い状態だった、（l）リフターの使用は物流会社任せで、作業手順書はなく、RAも実施していなかった。（m）照度は50lx程度と暗かった。

■**両災害のリスク基準**（P 9～10 参照）

　①危険状態が発生する頻度は時々「2」、②ケガをする可能性が高い「4」、
③災害の重篤度は致命傷「10」です。

■**リスクレベル**（P10 参照）

　リスクポイントは「2＋4＋10＝16」なので、リスクレベルは「Ⅳ」となります。

## ● リスク低減措置

　イラストBのような「安全な状態・行動・管理」が必要である。

〔災害1〕

**安全な状態**：(a) リフターに隣接した階段の踊り場上に防護柵を設置、下部に幅木を設置、かつ、
　　　　　　壁面に手すりを設置、（b）リフターと階段の間にはパンチングメタルの仕切り
　　　　　　壁を設置（仕切り壁を設置すれば、幅木は不要）。

**安全な行動**：(c) 傾斜角 40 度以上の階段は手すりを持って降りる。

**安全な管理**：(d) 時々しか利用しないリフターでも、リスクの高い機械なのでオプションの
　　　　　　安全設備を設置、（e）リフターの使用は協力会社任せにすることなく、業者を
　　　　　　交えて作業手順書を作成し、RAも実施、（f）階段を含む通路の照度は、最低
　　　　　　150 lx 程度を確保（自動点灯の足元灯を推奨）。

〔災害2〕

**安全な状態**：(g) テーブル側面にジャバラを設置、（h）床面端部に、つま先止め・差し込み
　　　　　　式防護柵、かつ、角型反射鏡を設置。(i) テーブル等の四隅に危険表示。

**安全な行動**：(j) 床面の待機者はリフター操作者から見える安全な場所で、テーブルが床面と
　　　　　　同一面になるまで待機。

**安全な管理**：(k) ～（m）は、「災害1」の（d）～（f）と同じ。

■**リスク基準**（P 9～10 参照）

　(a) ～（m）などの対策を実施して作業を行えば、①危険状態が発生する頻度は滅多に
ない「1」、②ケガをする可能性がある「2」、③災害の重篤度は軽傷「3」です。

■**リスクレベル**（P10 参照）

　リスクポイントは「1＋2＋3＝6」なので、リスクレベルは「Ⅱ」となります。

## ● 他の危険性と防止対策（案）ついて

　(n) テーブルに乗って昇降しているとき、端部から墜落、また、天井の梁に頭が激突。
⇒（案）「テーブルに乗っての昇降」は禁止とし、テーブルの四隅（四角）に「赤／白（危険区域）」
の安全マーキングを塗布。

## イラストB

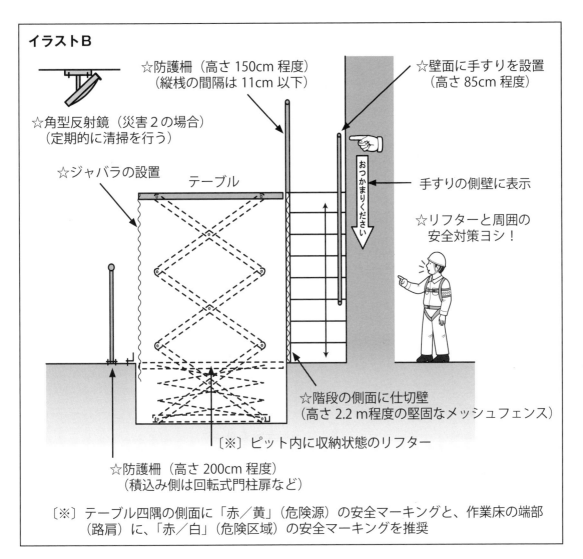

☆防護柵（高さ150cm 程度）
（縦桟の間隔は11cm 以下）

☆壁面に手すりを設置
（高さ85cm 程度）

☆角型反射鏡（災害2の場合）
（定期的に清掃を行う）

☆ジャバラの設置

テーブル

おつかまりください

手すりの側壁に表示

☆リフターと周囲の
安全対策ヨシ！

☆階段の側面に仕切壁
（高さ2.2 m程度の堅固なメッシュフェンス）

〔※〕ピット内に収納状態のリフター

☆防護柵（高さ200cm 程度）
（積込み側は回転式門柱扉など）

〔※〕テーブル四隅の側面に「赤／黄」（危険源）の安全マーキングと、作業床の端部
（路肩）に、「赤／白」（危険区域）の安全マーキングを推奨

## 図 テーブルリフター〔油圧パンタグラフ方式（X脚）〕の名称など

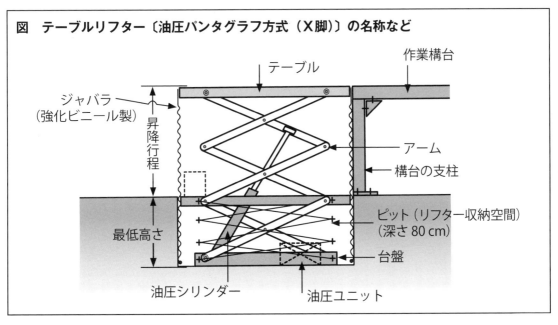

テーブル

作業構台

ジャバラ
（強化ビニール製）

昇降行程

アーム

構台の支柱

最低高さ

ピット（リフター収納空間）
（深さ80 cm）

台盤

油圧シリンダー

油圧ユニット

# 移動式リフターのはさまれ災害

「⑩. リフター端部でのはさまれ災害」は、ピット内に固定の大型テーブルリフターをテーマにしたが、ここでは、移動式の小型テーブルリフターでのはさまれ災害をテーマとする。

## ● 整理棚周辺の状況など

### 移動式テーブルリフターなどの仕様

（1）「移動式リフターの仕様」(a) テーブル寸法：90cm × 90cm、(b) テーブル高：56cm × 240cm、(c) 全長：120cm、(d) 車輪：直径 20cm（ストッパー付き自在キャスター）、(e) 自重：220kg、(f) 油圧シリンダーで上昇・下降、(g) 過負荷防止装置付き、(h) 安全装置：「緊急時はレリーズハンドル（安全装置）の手を離す」だけで下降が停止。

（2）「移動式作業台の仕様」(i) 作業床高：60cm、(j) 作業床寸法：幅 60cm × 奥行き 40cm、(k) 作業台上段の作業床には手すりなし（事業所では、内規で作業床の高さ 90cm 以下は手すりなし）。

（3）「商品整理棚」(l) 高さ 2.1 m、(m) 棚 2 段、(n) 奥行き 80cm、(o) 商品入りの段ボール箱は、質量 30kg ～ 40kg。

### 災害発生時の状況

　精密機器の製造工場に隣接して商品倉庫があり、当事業所では商品入りの段ボール箱は、腰痛予防のためにリフターで運搬し、商品整理棚（整理棚）に仮置き（搬出方法も同じ）している。災害発生の当日も、段ボール箱をリフターで運搬して、高さ 1.4 m の整理棚の上棚に仮置きしていた。最初はいつもの通り、作業者A〔＊ 1〕は、整理棚の前に高さ 60cm の移動式作業台（作業台）を置き、リフターのテーブルを同じ高さにリフトして作業台に乗り、テーブルから上棚に滑らせて仮置きを行っていた。

　〔＊ 1〕作業者Aは協力会社の責任者で、Bは協力会社に所属する派遣社員。

## ● テーブル端部につま先が

　災害発生の当日、作業者Aは、派遣社員Bの実技教育のため、リフター操作と仮置き方法を教えていた。災害発生の時、Aは高さ 1.4 m の上棚と同じ高さにテーブルをリフトし、Bにリフターのテーブル降下方法を教えてから、作業台に乗って上棚へ商品の収納後に、Bにテーブルを降下させるように指示をした。この時Aは、作業台端部から左足のつま先を出した状態で、Bの顔を見ながら下降の指示をしていたので、作業台端部とテーブルの間に、右足のつま先をはさまれた（イラストA）。悲鳴を聞いたBは、上昇させる方法を知らなかったので、緊急対応ができなかった。近くを通行中の事業所の社員Cが、駆け付けてテーブルを上昇させて

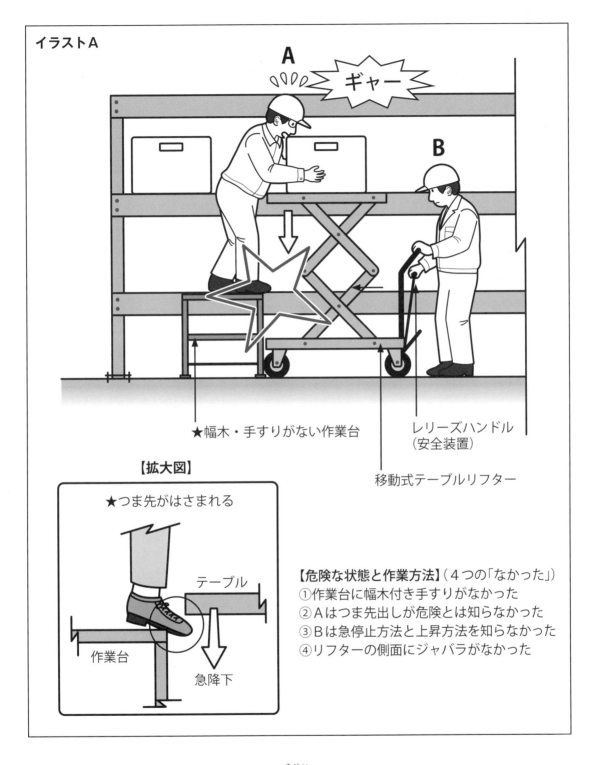

イラストA

A
ギャー

B

★幅木・手すりがない作業台

レリーズハンドル
（安全装置）

移動式テーブルリフター

【拡大図】

★つま先がはさまれる

テーブル

作業台

急降下

【危険な状態と作業方法】（４つの「なかった」）
①作業台に幅木付き手すりがなかった
②Aはつま先出しが危険とは知らなかった
③Bは急停止方法と上昇方法を知らなかった
④リフターの側面にジャバラがなかった

Aを救出した。出血が多かったので、左足の鼠径部をロープで止血〔＊２〕し、救急車で病院に
搬送された。救急処置が良かったので多量出血は免れたが、左足の指４本の爪がはがれて、
かつ、複雑骨折となり長期入院した。
　〔＊２〕「太股の付け根」の内側に当て物を行い、ロープなどで圧迫して多量出血を防ぐ。

**不安全な状態**：（a）リフターを作業台に接触させて設置。

（b）作業台の作業床の側面に、幅木付き手すりがなかった。

**不安全な行動**：（c）Ａの靴は運動靴だった。

（d）Ａは、操作方法が未熟のＢに降下するように指示。

（e）Ａは、作業台の端部から左足のつま先を出したままの状態だった。

**不安全な管理**：（f）照度は７０ｌｘ程度と薄暗かった。

（g）リフターは、事業所の運搬機械であるが、作業方法は協力会社任せだった。

（h）リフター作業の作業手順書はなく、ＲＡも実施していなかった。

---

■**リスク基準**（Ｐ９〜10 参照）

①危険状態が発生する頻度は時々「２」、②ケガをする可能性が高い「４」、③災害の重篤度は重傷「６」です。

■**リスクレベル**（P10 参照）

リスクポイントは「２＋４＋６＝12」なので、リスクレベルは「Ⅳ」となります。

---

## ● リスク低減措置

イラストＢのような「安全な状態・行動・管理」が必要である。

**安全な状態**：（a）リフター〔＊３〕は、作業台に接して設置できないように、作業台の両側面に幅５cm 程度の防舷材などを設置。

（b）作業台には幅木付き３面手すりを設置〔幅木付きは、つま先が作業床の端部から出ないし、手すり（高さ 110cm）があれば寄り掛かれる〕。

〔＊３〕４面にジャバラと、両側の台盤下にフロアストッパーを取り付ける。

**安全な行動**：（c）リフターの作業者は安全靴を着用。

（d）リフターの操作と、商品の棚への仮置きは単独作業とする。

（e）作業者は、幅木上に足を乗せない。

**安全な管理**：（f）作業場所は 200 ｌｘ程度の照度を確保。

（g）事業所の運搬機械はリフターを含め、協力会社任せにしないで、安全な作業方法の確認を行う。

（h）事業所のフォークリフトを含む運搬機械は、作業手順書を作成しＲＡも実施。

---

■**リスク基準**（Ｐ９〜10 参照）

（a）〜（h）などの対策を実施して作業を行えば、①危険状態が発生する頻度は滅多にない「１」、②ケガをする可能性がある「２」、③災害の重篤度は軽傷「３」です。

■**リスクレベル**（P10 参照）

リスクポイントは「１＋２＋３＝６」なので、リスクレベルは「Ⅱ」となります。

---

## イラストB

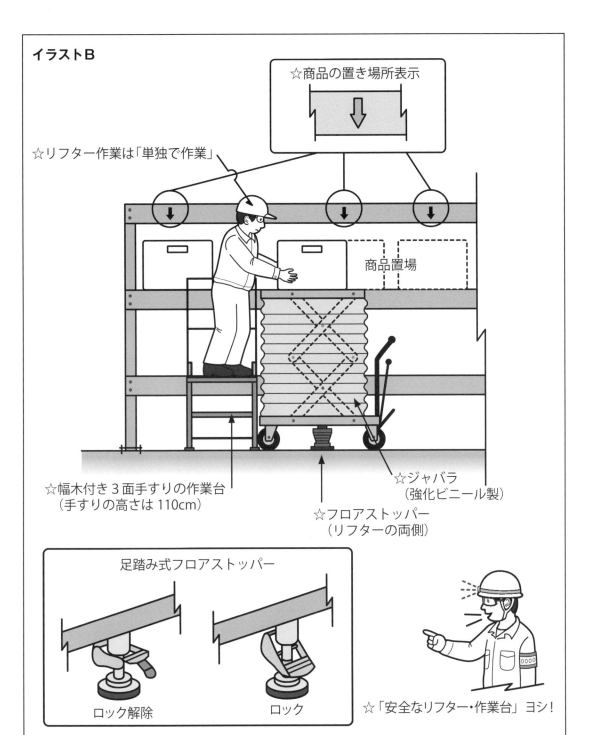

☆商品の置き場所表示

☆リフター作業は「単独で作業」

商品置場

☆幅木付き３面手すりの作業台
（手すりの高さは 110cm）

☆ジャバラ
（強化ビニール製）

☆フロアストッパー
（リフターの両側）

足踏み式フロアストッパー

ロック解除　　　　　ロック

☆「安全なリフター・作業台」ヨシ！

☆リフターは４面にジャバラと、両側の台盤下にフロアストッパーを設置〔推奨〕

「油圧式テーブルリフターの安全装置など（例）」〔Ｈ社のＧＨＬシリーズ〕
① 　レリーズハンドル〔＊〕にスプリングバック機能を付け、緊急時には手を離すだけ
　　で下降が停止
　　〔＊〕リフト上昇時には、レリーズハンドル〔Release handle〕を必ず締める
② 　自在キャスターはストッパー付き。☆「足踏み式のフロアストッパー」の設置を推奨
③ 　過負荷防止装置付き

**Column ③** 　　　**災害発生のメカニズム**〔災害は人とエネルギーとの衝突（接触）〕

　**災害**とは、「異常な自然現象や人為的原因によって、人間の社会生活や人命に受ける被害」（広辞苑）です。厚生労働省では、労働災害の「事故の型」〔＊1〕を20に分類（その他）していますが、それらを大分類すると、「No.1 ～ No.4」のようになります。
　〔＊1〕傷病を受けるもととなった起因物（機械・装置・その他の物等）が関係した事象。

## 【No.1】　人にエネルギーが暴走

①火災、②爆発〔＊2〕、③交通事故（道路）〔＊3〕、④交通事故（その他）〔＊4〕、⑤崩壊、倒壊、⑥破裂、⑦飛来、落下、⑧激突され
　〔＊2〕圧力の急激な発生または開放の結果として、爆音をともなう膨張等が起こる場合
　〔＊3〕公道上の道路交通法適用事故
　〔＊4〕事業場内における事故（フォークリフト、トラック等）

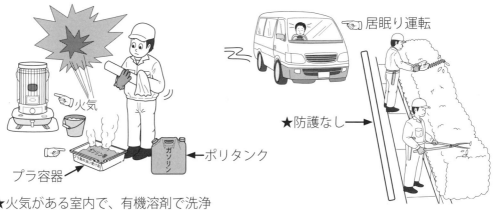

★火気がある室内で、有機溶剤で洗浄をしていて爆発〔ガソリン等は、爆発すると瞬時に1万倍の空積になる〕

★居眠り・酔っぱらい運転の車が植木の剪定作業者に激突

## 【No.2】　人がエネルギーの活動区域に侵入

⑨感電、⑩はさまれ、巻き込まれ〔＊5〕、⑪高温・低温の物との接触〔＊6〕、⑫切れ、こすれ、⑬おぼれ
　〔＊5〕物にはさまれる状態、および巻き込まれる状態でつぶされ、ねじられる等
　〔＊6〕高温は、火災、アーク、溶融状態の金属、湯、水蒸気等に接触した場合

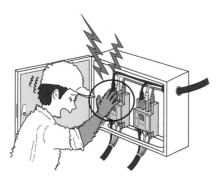

★漏電遮断器（上下端子に防護なし）に素手で接触し感電

手袋の使用禁止！

〔則第101条〕

★手袋を着用して加工作業中、ボール盤のドリルに触れて巻き込まれる

## 【No.3】 人がエネルギーとなって衝突

⑭墜落、転落〔＊7〕、⑮動作の反動、無理な行動、⑯激突、⑰踏み抜き、⑱転倒〔＊8〕
〔＊7〕「墜落は傾斜角40度以上」から・「転落は傾斜角40度未満」から落ちる
〔＊8〕人がほぼ同一平面上で転ぶ場合

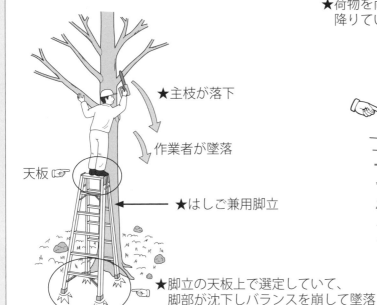

★主枝が落下

作業者が墜落

天板☞

★はしご兼用脚立

★脚立の天板上で選定していて、
脚部が沈下しバランスを崩して墜落
〔保護帽・安全帯を着用せず！〕

★荷物を両手で抱えて、階段を
降りているとき踏み外して転落

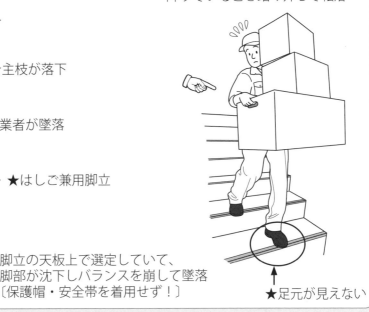

★足元が見えない

## 【No.4】 人がエネルギーに包囲される

⑲有害物等との接触〔※放射線による被ばく・有害光線による障害・酸素欠乏症等〔＊9〕・
有機溶剤中毒〔＊10〕・一酸化炭素中毒・高気圧等有害環境下にばく露〕
〔＊9〕酸素濃度18％以下、硫化水素濃度10ppm以上（column ⑦・⑧を参照！）

★狭い室内等で、有害物の環境下にばく露
【酸欠の空気は臭わない・
硫化水素は腐った卵のような臭い！】

〔各種ガス等の特性（空気比）〕
（a）酸欠状態の空気は軽い　（b）硫化水素はやや重い　（C）有機溶剤のガスは重く低迷

〔＊10〕有機溶剤等は「ＳＤＳ」に基づき管理
（化学物質の危険性・有害性の知識〔＊11〕を！）
〔＊11〕不可欠の規則の知識
（a）酸欠則　（b）有機則
（c）特化則　（d）粉じん則

有機溶剤

## 【大きなエネルギーは危険・エネルギーが大きいことが人にとって危険】

# 12 手押し台車の逸走による激突災害

　運搬とは、ある場所から他の場所へ荷物などを運び移す、運び届けることである。

　人力による運搬、動力による運搬、自動搬送システムなど運搬・搬送する物の質量、運搬経路、運搬距離などによって区分される。機器を使用しない人力運搬は、軽量の物で、かつ、運搬距離が短い事務所内などに限定する。

　ここでは、身近で使用する人力運搬機器の手押し台車・ハンドトラックをテーマとする。

　動力を用いない手押し台車は、荷物の質量が10kg以下の軽量の物で、運搬距離が長く大容量・多量で運搬機器が使用できない場所、都市部での運送業の小口配達など複数の事業場で手押し台車を使用している。皆さんの職場では、台車による災害は重篤な災害にならなくても、重大ヒヤリは複数あったと想定される。

## ● 徐行せず傾斜路に進入し暴走

　台車を押す派遣会社の女性作業者Ａは、急ぎ足で運搬をしていて、徐行しないままこう配12度の傾斜路（スロープ）に進入したので、バランスを崩し手が台車から離れて台車が傾斜路を暴走した。たまたま、Ｔ字路を曲がった作業者Ｂと台車に激突した（イラストＡ）。

　通行者が顧客や見学者だった場合、会社の信用損失は計りしれない。

　この災害には次のような複数の要因が考えられる。

**不安全な状態**：(a) 女性作業者Ａの台車にはハンドブレーキ・コボレ止めがなかった。

　　　　　　　　(b) スロープの下部に暴走止めの柵がなかった、(c) スロープの端部に脱輪防止の縁石などがなかった、(d) スロープの前後の水平部に注意喚起の床表示なし。

**不安全な行動**：(e) 女性作業者Ａの台車の積荷は荷締めをしていなかったので、積荷を気にしながら運搬をしていた、(f) 女性作業者Ａは急いでいたので、傾斜面に気づかず徐行せずにスロープに進入した。

**不安全な管理**：(g) 台車運搬の注意事項などの教育は、派遣会社任せだった、(h) スロープの運搬の危険性に対する認識がほとんどなかった、(i) 台車運搬の作業手順書がなかった。

> **■リスク基準**（P 9〜10 参照）
>
> ①危険状態が発生する頻度は頻繁「４」、ケガをする可能性がある「２」、
> ③災害の重篤度は重傷「６」です。
>
> **■リスクレベル**（P10 参照）
>
> リスクポイントは「４＋２＋６＝12」なので、リスクレベルは「Ⅳ」となります。

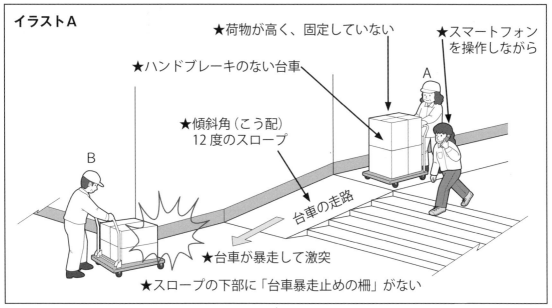

**イラストA**

★荷物が高く、固定していない

★スマートフォンを操作しながら

★ハンドブレーキのない台車

★傾斜角(こう配)12度のスロープ

A

B

台車の走路

★台車が暴走して激突

★スロープの下部に「台車暴走止めの柵」がない

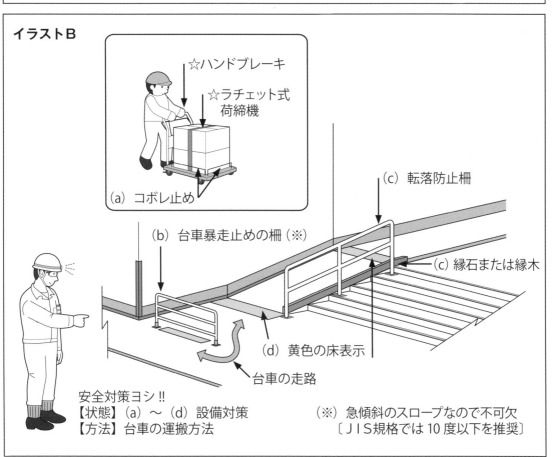

**イラストB**

☆ハンドブレーキ

☆ラチェット式荷締機

(a) コボレ止め

(c) 転落防止柵

(b) 台車暴走止めの柵(※)

(c) 縁石または縁木

(d) 黄色の床表示

台車の走路

安全対策ヨシ!!
【状態】(a)〜(d) 設備対策
【方法】台車の運搬方法

(※)急傾斜のスロープなので不可欠
〔JIS規格では10度以下を推奨〕

## ● リスク低減措置

イラストBのような「安全な状態・行動・管理」が必要である。

**安全な状態**：(a) 台車は、ハンドブレーキ・コボレ止め付きを採用。

　　　　　　　(b) 傾斜路の下部に暴走止めの柵を設置。

　　　　　　　(c) 傾斜路の端部に脱輪防止の縁石と転落防止柵を設置。

　　　　　　　(d) 傾斜路前後の水平部に床表示を行い、さらに台車通路の矢印表示も行う。

**安全な行動**：(e) 台車の積荷の高さを取っ手の高さ以下とし、必ず荷締めを行う。

　　　　　　　(f) 運搬は床面の安全を確認しながら行う、特に傾斜の変化面・曲がり角では、徐行する。

**安全な管理**：(g)・(h) 社員・派遣会社に台車運搬の注意事項などの教育を行う。

　　　　　　　(i) 現場の状況を加味したイラスト付き作業手順書を作成。

> ■**リスク基準**（P 9〜10 参照）
>
> 　(a)〜(i) などの対策を実施して作業を行えば、①危険状態が発生する頻度は滅多にない「1」、②ケガをする可能性がある「2」、③災害の重篤度は軽傷「3」です。
>
> ■**リスクレベル**（P10 参照）
>
> 　リスクポイントは「1＋2＋3＝6」なので、リスクレベルは「Ⅱ」となります。

## ● 台車使用の3原則

① 　台車は手前に引かない。

② 　積荷を直接押さない。

③ 　凹凸のある床面では使わない。

🎓 マメ知識

　「動力を用いない運搬機器」には、ハンドトラック、特製四輪車、特製五輪車、金網パレット台車、自在移動回転台車、長尺物運搬台車、板台車、リフト台車、キャリアアップ（階段運搬車）、ドラム缶運搬車、ボンベキャリーがあります。「手押し台車」には、樹脂製とスチール製があり、樹脂製台車の荷台寸法は、幅46〜60cm、長さ72〜92cmで四輪が多いです。フットブレーキ・ハンドブレーキ・コボレ止めはオプションで、駅の構内、外資系スーパー、飛行場などでは、「**ハンドブレーキ付きは標準仕様**」になっています。

## 13 カゴ台車が傾斜路で逸走の災害

　ここでは人力運搬機器のうち、全産業の倉庫等で多用されている「ロールボックスパレット（カゴ台車・カゴ車）」〔＊１〕の災害をテーマとする。

　〔＊１〕人力運搬機器には、カゴ台車以外に「金網台車・自在移動回転台車・長尺物運搬車・アルミ製6輪台車・ボード台車・2段片袖台車・樹脂台車・ハンドパレット」など多数ある。

### ● ロールボックスパレット（カゴ台車）について

　カゴ台車は、ばら物等を運搬するためにパレット上部の3面、または4面にパイプ・金網・鉄板等で囲いを設けた車輪付き〔＊２〕で、「囲いはL型に折り畳み可能な物」が主流。形状は2種類〔＊３〕あり、積載荷重は共に500kg。「**利点**」は500kg未満まで人力運搬が可能で、L型に折り畳めば収納が嵩張らず、中間棚を設営すれば整理棚として活用可能。「**難点**」は、ハンドブレーキがないので、積載状態で「傾斜路移動は逸走」、また、4隅の支柱をつかんでの移動なので「壁面に指が激突〔＊４〕と、他の台車に激突して手をはさまれる」危険性がある。

　〔＊２〕2つのゴム車輪は旋回車（ストッパー付き）で、他の2つの車輪は固定車。

　〔＊３〕間口：80cmと110cm、奥行き：60cmと80cm、高さ：170cmと170cm、質量：48kgと60kg。

　〔＊４〕床面から20cm程度の壁面に「幅5cm程度の車止め（帯板・パイプ等）設置」を推奨。

#### カゴ台車使用の床面の状況

　カゴ台車使用の増築した倉庫は、フラットで大断面の床面が2面あるが、両床面は40cm程度の段差がある。両床間の中央に、緩傾斜〔こう配4％（1：25）〕の連絡通路〔＊５〕があり、連絡通路横には倉庫内の倉庫事務所兼休憩所がある。

　〔＊５〕フォークリフト走路と歩行者通路兼用の連絡通路で、幅3m・スロープ長は約5m。

### ● 積載状態のカゴ台車が傾斜路で暴走し、通行者に激突

　転勤間もない新任の職長Aは新入社員Bに、上部床面から下部床面に300kg積載のカゴ台車を運搬するように命じて、倉庫事務所に戻った。Bは積載状態の「カゴ台車を手押し」で、縦傾斜の連絡通路を移動していたときカゴ台車が逸走し、偶然、倉庫事務所から出てきた「Aにカゴ台車が激突」、Aは弾き飛ばれて「カゴ台車に下肢」をはさまれた。

**不安全な状態**：(a) 連絡通路下に暴走止めの柵がなかった（☆上床面の路肩は車止めを設置）。

**不安全な行動**：(b) 下り傾斜の連絡通路で、積載状態のカゴ台車を、Bは1人で手押しで移動、

　　　　　　　　(c) 職長Aは、「カゴ台車の傾斜路運搬は危険」と認識せずに、Bに傾斜路運搬を命じた。

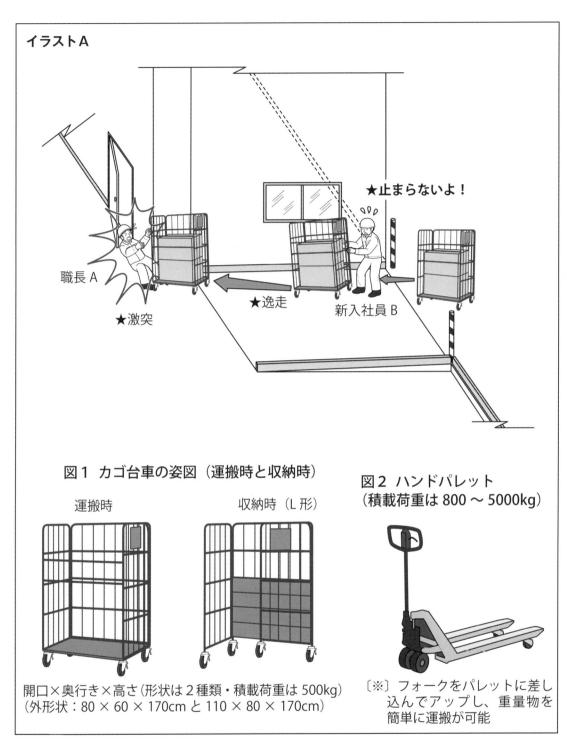

**イラストA**

★止まらないよ！

職長A
★激突
★逸走
新入社員B

**図1 カゴ台車の姿図（運搬時と収納時）**

運搬時　　　　　　　　収納時（L形）

開口×奥行き×高さ（形状は2種類・積載荷重は500kg）
（外形状：80 × 60 × 170cm と 110 × 80 × 170cm）

**図2 ハンドパレット**
**（積載荷重は 800 〜 5000kg）**

〔※〕フォークをパレットに差し
　　込んでアップし、重量物を
　　簡単に運搬が可能

**不安全な管理**：(d)「カゴ台車の作業手順書」はなく、協力会社任せだった、(e) 作業開始前の
KY活動は実施しなかった、(f) 協力会社は、職長教育を未受講のCを職長に
任命、(g) 事業場のカゴ台車作業に詳しい社員は定年で退職し、倉庫内作業
の協力会社も契約変更で変わったので、倉庫内作業の危険性等を認識している
人はいなかった、(h) 当事業場では、危険な作業は皆無（**絶対安全**）と思い、
RA〔＊6〕は、他の荷役作業も実施しなかった。

〔＊6〕「危険な状態・行動」を、危険と感じないのは危険。RA を行い、「設備対策・作業方法の改善」を重視し、残留リスクを KY 活動で活用しましょう。なお、「人依存・否定語の羅列」は RA ではない。（☆ RA は「**先取り安全**」の手法！）

■**リスク基準**（P 9〜10 参照）
　①危険状態が発生する頻度は時々「2」、②ケガをする可能性がある「2」、
③災害の重篤度は致命傷（下肢の複雑骨折）「10」です。

■**リスクレベル**（P10 参照）
　リスクポイントは「2＋2＋10＝14」なので、リスクレベルは「Ⅳ」となります。

## ● リスク低減措置

　イラストBのような「安全な状態・行動・管理」が必要である。

**安全な状態**：(a) 連絡通路上部に、「カゴ台車（以下、**台車**）通行止めの防護柵」と「傾斜路は人力によるカゴ台車運搬禁止」の表示。

**安全な行動**：(b) 台車に禁止事項を貼り付け、傾斜路は「台車の走行禁止〔＊7〕」を周知、「空荷状態でも傾斜路の移動は2人作業」、(c)職長は、「台車の傾斜路移動は危険」を認識し、作業関係者は、台車の傾斜路運搬の危険性を実技で体験し危険性を認識する。

**安全な管理**：(d)「倉庫内作業の作業手順書〔＊9〕」を作成し周知、(e) 作業開始前の KY 活動を実施し記録に残す、(f) 協力会社は、職長教育を受講した人を職長に任命、(g) 実務に詳しい外部の安全指導を受け、「倉庫内作業の危険性を洗い出し、優先順位を付け具体的な対策」を講ずる、(h)危険性のある作業は予め RA を行い、残留リスクは KY 活動でフォロー。

　〔＊7〕積載状態のカゴ台車は「フォークリフトに載せバック走行で運搬」、または「テルハで運搬〔＊8〕」。折り畳んだ状態のカゴ台車の複数移動も、同様の危険性がある。

　〔＊8〕つり上げ荷重 500kg 未満のテルハは、「**適用の除外**（クレーン則第2条）」なので便利なクレーンですが、「無知識の作業者が玉掛け・テルハ操作は危険」なので、特別教育修了者の指名を推奨。

　〔＊9〕人力運搬機器は、派遣社員等が作業することが多いので、「作業手順書の作成」が必要。

■**リスク基準**（P 9〜10 参照）
　(a)〜(h) を行えば、①危険状態が発生する頻度は滅多にない「1」、
②ケガをする可能性が高い「2」、③災害の重篤度は軽傷「3」です。

■**リスクレベル**（P10 参照）
　リスクポイントは「1＋2＋3＝6」なので、リスクレベルは「Ⅱ」となります。

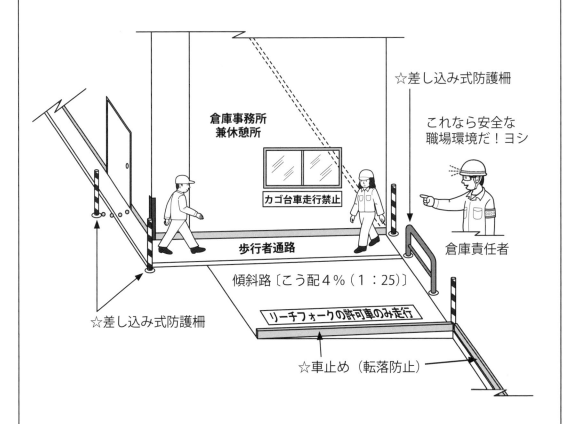

**イラストB**

倉庫事務所兼休憩所

カゴ台車走行禁止

歩行者通路

傾斜路〔こう配4％（1：25）〕

リーチフォークの許可車のみ走行

☆差し込み式防護柵

これなら安全な職場環境だ！ヨシ

倉庫責任者

☆差し込み式防護柵

☆車止め（転落防止）

### 図3　傾斜路・段差部はテルハで運搬

〔※〕天井にＩ形鋼を固定し巻上機を設置

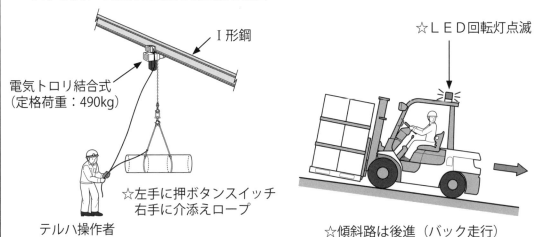

Ｉ形鋼

電気トロリ結合式
（定格荷重：490kg）

☆左手に押ボタンスイッチ
　右手に介添えロープ

テルハ操作者

☆ＬＥＤ回転灯点滅

☆傾斜路は後進（バック走行）

〔記〕テルハ操作はつり上げ荷重 0.5ｔ未満は、法定資格不要だが、
　　　内部規定で特別教育受講者を推奨

# 第3章
# 電気設備・電気火災等・溶接作業・送電線等

## ● 電気に関わる知識と重大な電気火災

### A 電気について

　電気は現代社会では、「生活・公共・産業の場」において「エネルギー源として必要不可欠」〔＊1〕なので、電気に関する「危険性〔＊2〕を再認識」して取り扱う必要がある。

〔＊1〕平成29年9月6日北海道胆振東部地震は、北海道のほぼ全域が停電（ブラックアウト）となった。平成28年4月14日と16日熊本地震・平成23年3月11日東日本大震災は、「長期間停電と多数の家屋等が倒壊」し、生活・産業等に甚大な被害をもたらした。これらの自然災害以降、電力会社・不動産会社・マスコミ等では「オール電化・永久構造物」とあまり言わなくなった。

〔＊2〕主な危険性は、「①感電 ②引火爆発 ③電気火災（静電気含む）〔＊3〕」。①の感電は設備改善等により激減。②・③の火災・爆発は、時々社会問題を引き起こしている。

〔＊3〕感電によって昭和49年（安衛法制定直後）には「203人が死亡し、休業4日以上の死傷者は561人」でしたが、「平成26年には15人が死亡し、休業4日以上の死傷者は101人」にまで減少。平成15年から平成24年までの10年間における171人の感電死亡災害の業種別では「建設業が死亡数102人で第1位、次いで製造業が47人、合計で149人と全体の約86％」を占めています。電圧別では、交流600V以下の「低圧での死亡者が105人と全体の約61％」を占めていました。起因物別では、「送配電等による死亡者が73人（全体の約42％）と最も多く、次いで電力設備の31人（約18％）、アーク溶接装置の31人（約8％）」となっています。

　　「引火爆発」は、電気設備から発生する「火花・アーク・過熱」などが点火源となって引火し爆発。「火災」は、電気設備の絶縁劣化・絶縁破壊（過熱、湿気、腐食など）で火災が発生、また、「爆発」は、静電気放電が可燃物質（可燃性ガス、粉じん）の着火源となり爆発〔＊4〕もある。静電気災害の予防対策例は、セルフのガソリン〔＊5〕給油所は除電プレートで放電、化学工場・危険物倉庫等の入口に設置の除電棒で放電等。

〔＊4〕平成28年11月、明治神宮外苑イベント会場で発生した「アート火災」は木枠構造の現代アート作品が「白熱球の熱源」で燃え、「幼稚園児が死亡、3人が死傷」する重大事故が発生。原因はアート中央の路面に白熱球投光器を上向きに設置したので、白熱球のソケットの「スパークが点火源となり、木くずが一気に燃え広がった」と想定された。

〔＊5〕令和元年（2019年）7月に発生した「京アニ放火殺人事件（死亡36人・重軽傷33人・無事1人）」は、ガソリン爆発の危険性（瞬時に1万倍の空積）を教えた大事件だった。

### B 電気火災の実態と出火要因（東京消防庁の「電気火災を防ごう」を要約）

　「東京消防庁の広報テーマ（2021年8月号）」によると、管内では令和元年・令和2年（速報値）の2年間で、「全火災件数は7,778件、電気火災件数〔＊6〕は2,446件（全火災に対する割合は31.4％）、電気火災損害状況は死者27人・負傷者は318人・建物の全半燃は64件・焼損床面積7940 m²」でした。

〔＊6「放火（疑い含む）・火遊び・無意識放火・車両本体からの火災」は除く

### C 電気火災の主な出火原因〔東京消防庁管内〕

　令和2年中の電気火災（1,163件）の出火原因は、①維持管理不適が460件（40％）、②取扱方法不良が287件（25％）、③取扱位置不適が60件（5％）、④設置（取付）工事方法不良が52件（5％）、⑨構造機構不良・改善するが45件（4％）、⑥その他でした。

令和2年中における身近な家庭電気製品〔＊7〕の火災発生状況をみると、電気ストーブ〔＊8〕が69件、充電式電池（モバイルバッテリなど）が63件、差込みプラグが60件、コンセントが59件、電子レンジが51件などとなっている。暖房器具は冬季限定だが、「コード・コンセント・差込みプラグ」は通年で、「タコ足配線・トラッキング現象〔＊9〕」が起因して発熱し、火災が発生している。

　〔＊7〕大多数の家庭電気製品は、「経年劣化するので**寿命は最大10年**」です。

　〔＊8〕電気ストーブは、見た目には直火（炎）がなく安全に思えますが、暖房器具であり高熱を発することに変わりません。使用する場合、燃えやすい物を離し、不在中・就寝中は電源を切りましょう。

　〔＊9〕「下記：D」に説明。なお、屋内配線のFケーブル（単線・3芯以下・直径2.0mm）の許容電流は24A程度ですが、「コンセントの許容電流は15A」（コンセントに表示）

## D　タコ（蛸）足配線とトラッキング現象

　「タコ足配線」は1つのコンセントに、複数の電源タップなどを使い複数の電気機器を接続することで、「コンセントをタコに、多数の配線を足に見立てて作られた俗語」。

　「トラッキング現象」は、プラグを長い期間コンセントに差し込んでおくと、プラグの差し刃とコンセント間に挨が溜まり、湿気を帯びて微小なスパークを繰り返し、発火につながる現象。

## E　電工ドラムの電圧降下 （株）アクティオのレンタル総合カタログを要約

　電工ドラムのケーブルを全部（30m）伸ばして2台重連（連結）した場合の電圧降下は、負荷電流15Aで電圧降下は17〜18V・負荷電流10Aで電圧降下は11〜12Vとなり、「連結使用は、タコ足配線状態」となり、定格容量を超えた使用となる。また、ケーブルをドラムに巻いたまま〔＊10〕、使用すると定格電流が下がり焼損の要因となる。

　〔＊10〕巻いた状態の許容電流は5A、伸ばした状態の許容電流は15A、「連結使用は禁止」。

## F　悲惨な電気火災（延長コードの過熱で死者5人）

　平成23年5月25日未明、名古屋市で2階建て家屋が全焼し「3世帯家族8人のうち**5人が死亡、2人が重体、1人無事**」の悲惨な事故が発生。原因は2階8畳間にパソコン3台が机の上に置かれていた。机の下には延長コードなどが折り重なり、その下の床に直径約20cmの焦げ跡があった。県警は「コードが過熱して出火」とみて調べた。（読売新聞：平23.5.26）

---

### 🎓 マメ知識

　**電気機器のアンペア（A）の目安**

　①エアコン（7〜10畳）：暖房13A・冷房10A　②こたつ：1〜5A（弱〜強）

　③掃除機：2〜10A（弱〜強）④電子レンジ：10A　⑤アイロン：10A

　⑥炊飯器（5.5合炊き）：5.7A　⑦全自動洗濯機（5kg）：4.2A

　⑧ドライヤー：10A（切替え5A）　⑨電磁調理器：2A〜12A

　⑩電気カーペット（2畳用）：全面7A・半面4A

　〔記〕「10A以上・長時間使用の電気機器」は、200Vの電源から受電を推奨。

# 1 身近な電気火災6事例

　当電気火災の主原因は、「不安全な状態」が多数である。各電気火災（1）～（6）の「不安全な行動」・「不安全な管理」は、ほぼ共通なので最後にまとめて記載する。

## 電気火災（1）

★粉じんが舞う職場で、20年前に製造の壁掛形扇風機のモーターが燃えて、天井に燃え広がった。火災報知機が作動し、社内の消防隊が消火。幸い人災はなかったが、天井周辺の電気器具は焼失した。火災報知機が作動しなかったら、多大な被害が想定された。

**不安全な状態**：（a）モーター部は清掃したことがなく、粉じん・挨が多数こびり付いていた、（b）扇風機は使用年数20年の物で、経年劣化が著しかった。

**安全な状態**：（a）壁掛形扇風機は定期的に（1年に1回程度）、モーター部・羽根を清掃、（b）製造から「15年以上の扇風機は処分」（家庭用電気製品の寿命は10年と言われている）。

## 電気火災（2）

★電工ドラムにコードを巻いたまま、2次側に100Vのスポットクーラー2台（20A以上）を長時間使用していたので、加熱して燃え周囲の物に燃え移ったが、前記（1）同様の措置を行い「ボヤ騒ぎ」で、人災はなかった。

**不安全な状態**：（c）電工ドラムに「コードを巻いたまま使用」していた、（d）100Vのスポットクーラー2台を電工ドラムのコンセントに差し込んで使用していた。

**安全な状態**：（c）電工ドラムに「コードを巻いたまま使用は禁止」（巻いたままの状態の許容電流は5A）、（d）スポットクーラーは200V用を使用し、壁コンセント・ファクトラインから直接受電。（電工ドラム・電源タップを介しての受電は禁止）

## 電気火災（3）

★電気コードをロッカーの下敷きにしていたので、断線して発熱し自然発火。従業員が発見し、消火器で消火を行い、「ボヤ騒ぎ」で事なきを得た。

**不安全な状態**：（e）電気コードをロッカーの下敷きにしていた。

**安全な状態**：（e）「電気コードの床上配線は禁止」とし、屋外型コンセントを床から1.2ｍ程度に設置、または、天井にファクトラインを増設し、コンセントから受電。

## 電気火災（4）

★ロッカー裏に延長コード束ねた状態で置き、負荷15A以上で長時間使用していたので、発熱して自然発火、（3）と同様に、「ボヤ騒ぎ」で事なきを得た。

**不安全な状態**：（f）延長コード束ねた状態で置き、負荷15A以上で長時間使用していた。

**安全な状態**：（f）延長コードを「巻いた状態で使用は禁止」〔★前記（2）と同様〕

## 電気火災（5）

★ 3口コンセントタップを連結して、2次側に20A以上の電気設備を長時間使用していたので、加熱して天井が燃えたが、前記同様の「ボヤ騒ぎ」で事なきを得た。

**不安全な状態**：（g）3口コンセントタップに20A以上の負荷で、長時間使用していた。

**安全な状態**：（g）研究所・製造現場内では、「ケーブルタップの使用は禁止」し、高さ1.2ｍ程度に壁コンセント、または天井にファクトラインを設置し、コンセントから直接受電。

## 電気火災（6）

★ 1年前に蛍光管をLED直管に交換したが、LED直管に適用の照明器具でなかったので、差し込み部の接触不良で加熱して天井が燃えたが、火災報知機が作動し、（1）と同様の「ボヤ騒ぎ」で事なきを得た。

**不安全な状態**：（h）「LED直管に不適合の照明器具」にLED直管を取り付けた。

**安全な状態**：（h）電気設備会社に依頼し、「LED直管に適合する照明器具」と交換。

## 電気火災（1）～（6）の不安全な行動と不安全な管理

**不安全な行動**：（i）当事業場の従業員は、誰も不安全な状態と認識しなかった。

**不安全な管理**：（j）当事業場には、「職場内の電気安全の作業手順書」はなかった。

**安全な行動**：（i）事業場は、従業員全員に「電気安全の教育」を受講させる。

**安全な管理**：（j）「職場内の電気安全の作業手順書」を作成し、その内容を周知する。

〔記〕ここでは「電気火災（1）～（6）」のリスク評価をまとめて行う。

---

**不安全な状態・行動・管理**

**■リスク基準（P 9～10 参照）**

　①危険状態が発生する頻度は滅多にない「1」、②ケガをする可能性がある「2」、③災害の重篤度は致命傷（火災は周辺を焼失）「10」です。

**■リスクレベル（P10 参照）**

　リスクポイントは「1＋2＋10＝13」なので、リスクレベル「Ⅳ」となります。

---

**安全な状態・行動・管理**

**■リスク基準（P 9～10 参照）**

　（a）～（j）などの対策を実施して作業を行えば、①危険状態が発生する頻度は滅多にない「1」、②ケガをする可能性がある「2」、③災害の重篤度は軽傷「3」です。

**■リスクレベル（P10 参照）**

　リスクポイントは「1＋2＋3＝6」なので、リスクレベル「Ⅱ」となります。

---

**イラストA－1**

## （1）壁掛形扇風機のモーターが燃える

★モーターから発火

ワァー

★この扇風機は「粉じんまみれ」だ!!

## （2）コードを巻いた電工ドラムが過熱

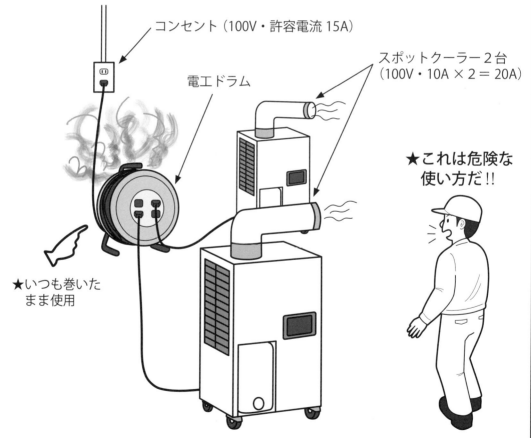

コンセント（100V・許容電流 15A）

電工ドラム

スポットクーラー2台
（100V・10A × 2 = 20A）

★これは危険な
使い方だ!!

★いつも巻いた
まま使用

〔特記〕今回の電気火災の事例は、「ボヤ騒ぎ」だったが、夜間で社内の消防隊も
いない時間帯だったら工場が焼失し、しばらく操業不能になった事例。

**イラストA-2**

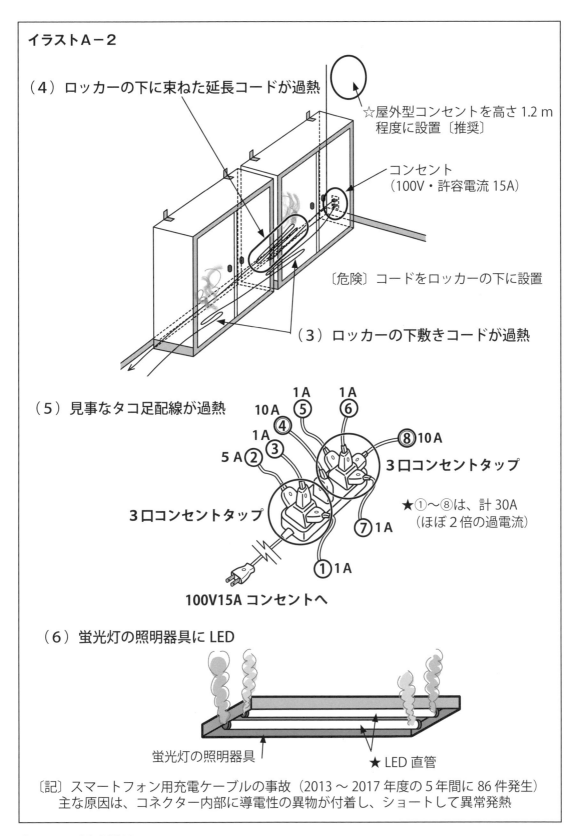

（4）ロッカーの下に束ねた延長コードが過熱

☆屋外型コンセントを高さ 1.2 m 程度に設置〔推奨〕

コンセント
（100V・許容電流 15A）

〔危険〕コードをロッカーの下に設置

（3）ロッカーの下敷きコードが過熱

（5）見事なタコ足配線が過熱

10A ④
1A ⑤　1A ⑥
1A ③
5 A ②
⑧10A

**3口コンセントタップ**

**3口コンセントタップ**

★①～⑧は、計 30A
（ほぼ 2 倍の過電流）

⑦1A

①1A

**100V15A コンセントへ**

（6）蛍光灯の照明器具に LED

蛍光灯の照明器具

★LED 直管

〔記〕スマートフォン用充電ケーブルの事故（2013 ～ 2017 年度の 5 年間に 86 件発生）
　　主な原因は、コネクター内部に導電性の異物が付着し、ショートして異常発熱

## 〇リスク低減措置

　リスク低減措置は、各文中の**安全な状態・行動・管理**を行う。

# 2 タコ足配線等による電気火災

## 製造工場と事務所の状況

当製造工場は築40年。工場・倉庫・事務所・更衣室内の100V電源は、壁面下部のコーナーに数カ所あるだけで、壁面側に工場は中量棚・軽量棚、倉庫は重量棚・中量棚。事務所内は書庫棚・書類棚。更衣室内は衣類・靴のロッカーを多数配置し、各棚の背面下部に、複数口の電源タップを床置き・上向きに這わせて、連結使用かつ複数のコンセントタップを使用していた。

## ● タコ足配線により発火

工場内の壁面側の事務机の下部は「図1」の状態で、スポットエアコン2台・工場扇2台〔＊1〕を使用し、昼食時間帯も各電気機器を使用していたので、タコ足配線により発火して事務机の書類近くのダンボールに燃え移り、火災報知機が作動し、消防自動車の出番となった。ダンボール包装の商品は、全て水浸しで商品価値が無くなり、お客様への納品が不可（信用失墜）となった。

〔＊1〕 1人用スポットエアコン（以下、**エアコン**）（10A/台）、工場扇（1.3A程度/台）。
　　　厨房の食器洗い乾燥機（50L）は12A程度/台、電気魔法瓶（3L）は7A程度/台。

**不安全な状態**：(a) 壁面下部のコーナーから床上配線で、4つの事務机間の下に5m電源タップを引込んで、複数のコンセントタップ（以下、**Cタップ**）を差し込んでいた。
　　　　　　　(b) 電源タップの周囲は、ほこりにまみれた新聞紙などが散乱していた。
　　　　　　　(c) 熱中症対策として、整理机の横に「エアコンを2台設置」（10A×2台）し、事務机側に常時送風していた。

**不安全な行動**：(d) 昼食時間に整理机を離れるとき、エアコンのスイッチをオフにしなかった。
　　　　　　　(e) 職長を含め作業者は全員（5人）、タコ足配線との認識はなかった。

**不安全な管理**：(f) 当工場では、「電気火災注意」の認識で、2次配線の標準図はなかった。
　　　　　　　(g) 壁面コンセント増設の要望はあったが、電源タップ・Cタップの使用は、各職長任せだった。

> **■リスク基準**（P9〜10参照）
> ①危険状態が発生する頻度は時々「2」、②ケガをする可能性が高い「4」、③災害の重篤度は重傷「6」です。
>
> **■リスクレベル**（P10参照）
> リスクポイントは「2＋4＋6＝12」なので、リスクレベルは「Ⅳ」となります。

**イラストA**

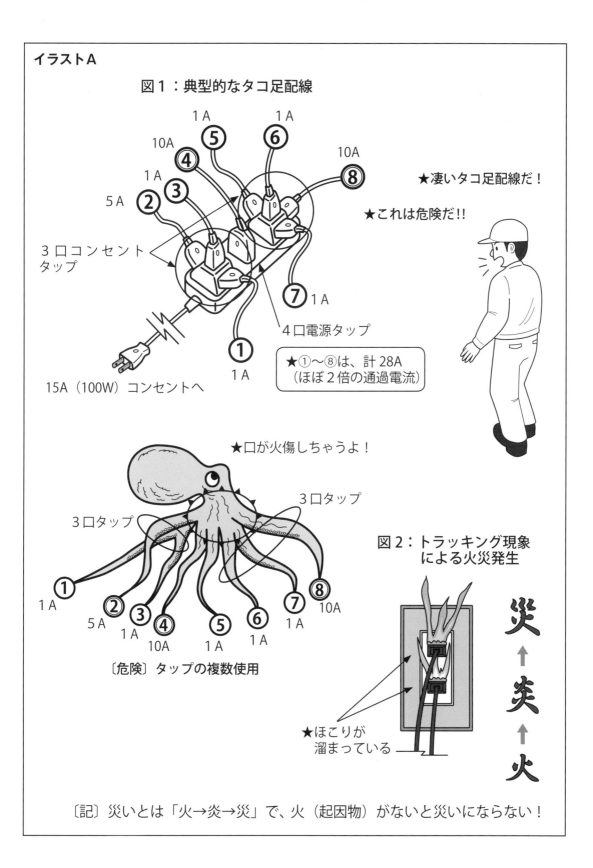

図1：典型的なタコ足配線

1 A ⑤
1 A ⑥
10A ④
10A ⑧
1 A ③
5 A ②
③ 口コンセント
タップ
⑦ 1 A
4口電源タップ
①
1 A
15A（100W）コンセントへ

★凄いタコ足配線だ！

★これは危険だ!!

★①〜⑧は、計28A
（ほぼ2倍の通過電流）

★口が火傷しちゃうよ！

3口タップ
3口タップ
① 1 A
② 5 A
③ 1 A
④ 10A
⑤ 1 A
⑥ 1 A
⑦ 1 A
⑧ 10A
〔危険〕タップの複数使用

図2：トラッキング現象
による火災発生

★ほこりが
溜まっている

災 ↑ 炎 ↑ 火

〔記〕災いとは「火→炎→災」で、火（起因物）がないと災いにならない！

## ● リスク低減措置

イラストBのような「安全な状態・行動・管理」が必要である。

**安全な状態**：(a) 壁面の床から高さ1.2 mに「屋外型コンセント」を増設、また島状の場所には
ファクトラインを新設し、所々に「ライティング・リーラーコンセントプラグ〔＊2〕」
をつり下げる、(b)「電源タップを複数・Cタップの使用は禁止」し、事務机の
背面も1月に1回程度清掃を行う、また、電源タップ〔＊3〕はライト付き・
抜け止めコンセントを横向き・下向きに設置、(c) 熱中症対策の「エアコンは
200V」とし、エアコン専用の200Vのライト付き電源コンセントを増設
（☆扇風機は100V用でも消費電力が少ない）。

〔＊2〕これらは、見える安全化対策・転倒予防として、最新の工場だけでなく
大型店舗のレジ周辺・展示品周辺でも多用されている（床上配線は不要）。

〔＊3〕近年、プラグを差すと扉が開く物、15A遮断装置付きの物、プラグカバー
などがある。

**安全な行動**：(d) 職場を暫く離れるときは、エアコンのスイッチをオフにする、(e) 作業者は
全員、タコ足配線は危険との認識を持つ。

**安全な管理**：(f)「電気火災は危険」なので「具体的な2次配線の標準図」を提示、(g) 各職長
の意見を汲み取り、高さ1.2m以上の壁面コンセント増設を順次行う。

> **■リスク基準**（P 9〜10参照）
> 　(a)〜(g) などの対策を実施して作業を行えば、①危険状態が発生する頻度は滅多に
> ない「1」、②ケガをする可能性がある「2」、③災害の重篤度は軽傷「3」です。
>
> **■リスクレベル**（P10参照）
> 　リスクポイントは「1＋2＋3＝6」なので、リスクレベルは「Ⅱ」となります。

**※筆者推奨の「受電安全の事業場」**

　小生が20年以上、安全指導をしている某研究所では、有機溶剤〔＊4〕の使用は不可欠
なので、25年前から研究室内では、「延長コード・電源タップ・電光ドラム〔＊5〕の持込み
禁止」を周知。受電の安全化として、床から高さ1.2mの壁面に100Vと200Vのコンセント
を設置、天井にはファクトラインを設置して、リーラーコンセントを取り付けて受電。

〔＊4〕キシレンは空気より重く（蒸気密度1.7）、低所に滞留し爆発性混合ガスを作りやすい。
なお、「ガソリンの蒸気密度は3〜4」で、「プロパンガスの蒸気密度は1.6」。

〔＊5〕特に、「テーブルタップ」を研究員が無断で持ち込んで使用していた場合、安全担当者
が没収し（厳重注意）、コンセントの必要箇所と数を聞き出し、前記の高さ1.2mの壁面に
増設。これらの周知に3年位を要した。また、保全会社の持込みは、条件付き許可制とし
常時自然換気を行い、「ケーブルは全て伸ばして使用」を周知。（☆気化した有機溶剤は、
「ドライアイスの昇華した状態」と同じように低い場所に低迷する！）

**イラストB**

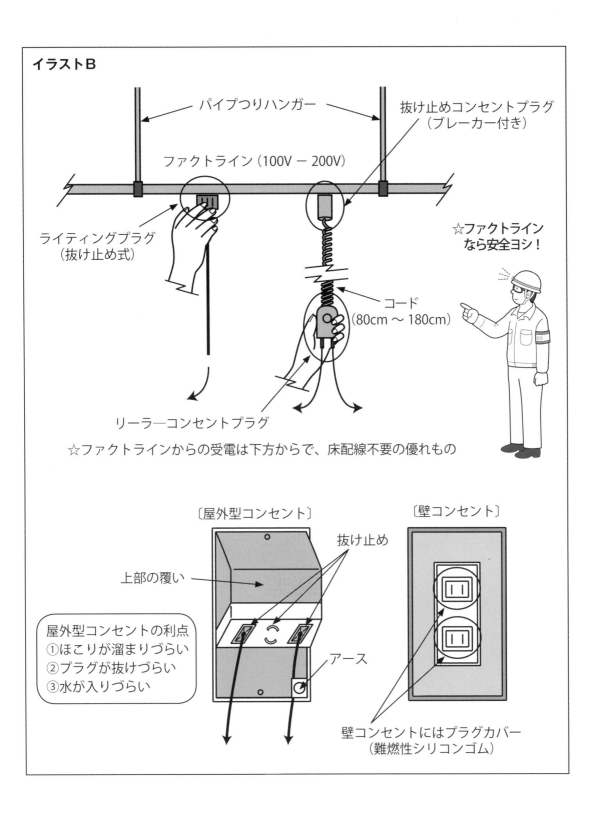

パイプつりハンガー

抜け止めコンセントプラグ
（ブレーカー付き）

ファクトライン（100V － 200V）

ライティングプラグ
（抜け止め式）

☆ファクトライン
　なら安全ヨシ！

コード
（80cm ～ 180cm）

リーラ―コンセントプラグ

☆ファクトラインからの受電は下方からで、床配線不要の優れもの

〔屋外型コンセント〕　　　　　〔壁コンセント〕

抜け止め

上部の覆い

屋外型コンセントの利点
①ほこりが溜まりづらい
②プラグが抜けづらい
③水が入りづらい

アース

壁コンセントにはプラグカバー
（難燃性シリコンゴム）

113

# 3 分電盤の感電災害

　夏期は感電災害が多い（6～9月に年間の約70%で、8月が最高）ので、注意が必要である。ここでは保全関係者だけでなく工事関係者も使用する分電盤をテーマとする。

　感電による死亡災害は、100 V・200 V程度の低圧（交流で600 V以下、直流750 V以下）の電気取扱いで多く発生しており、月別では7～8月の2カ月間で、低圧電気による死亡災害の75%を占めている。

　背後要因は、職場の主電源が200 V・400 Vとなっているのに、家庭で使用する主電源が100 V、15 Aであるため、「感電の危険性を認識していない」ことが考えられる。100 V・200 Vの活線部はリスクの高い危険源である（ドイツ・イギリスの安全電圧は24V、オランダは50V）。

## ● ケーブルを接続する活線作業

　イラストAは、作業者が2次側の負荷ケーブルを漏電しゃ断器に接続するために、200 Vの元電源を遮断しようとした時、「指が滑って活線の端子に接触し」電撃で飛ばされて被災した状況である。

　設備面の不安全な状態としては次のようなものが考えられる。

（a）ケーブル接続盤の絶縁板がない。

（b）全漏電しゃ断器の端子カバーがない。

（c）アースの設置なし。

（d）ケーブルを接続盤に活線で接続。

（e）監督者の知識不足により職場巡視でも、分電盤内を点検しない。

作業者の服装を含む不安全な行動は次のとおり。

（f）長袖を腕まくりしたり金属性のブレスレット装着など保護具の着用が不適切。

---

**■リスク基準**（P 9～10 参照）

　①危険状態が発生する頻度は頻繁「4」、②感電の可能性が高い「4」、③災害の重篤度は重傷「6」です。

**■リスクレベル**（P10 参照）

　リスクポイントは「4＋4＋6＝14」なので、リスクレベルは「Ⅳ」となります。

---

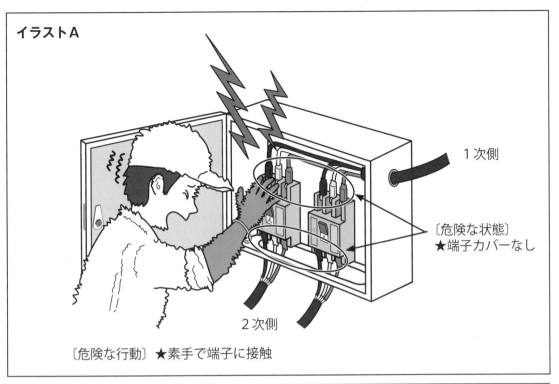

**イラストA**

1次側

〔危険な状態〕
★端子カバーなし

2次側

〔危険な行動〕★素手で端子に接触

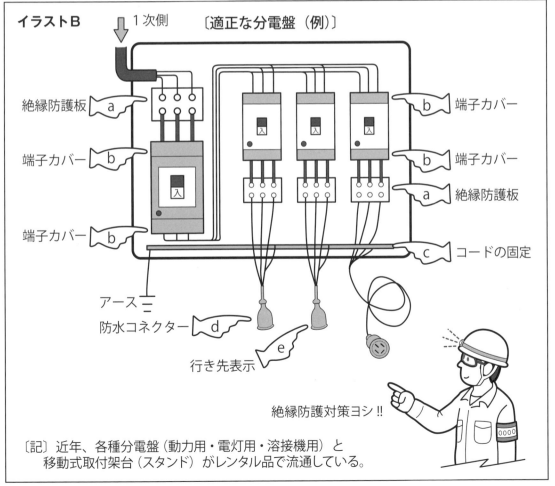

**イラストB**

1次側 〔適正な分電盤（例）〕

絶縁防護板 —a

端子カバー —b

端子カバー —b

b— 端子カバー

b— 端子カバー

a— 絶縁防護板

c— コードの固定

アース
防水コネクター —d

—e

行き先表示

絶縁防護対策ヨシ!!

〔記〕近年、各種分電盤（動力用・電灯用・溶接機用）と
　　　移動式取付架台（スタンド）がレンタル品で流通している。

## ● リスク低減措置

イラストBはリスク低減措置を施した例。

（a）ケーブル接続部は絶縁防護板で覆う。

（b）全漏電しゃ断器の端子カバーを設置。

（c）アースを設置し、設置抵抗測定値を扉に表示。※ 200 Vは 100 Ω以下。

（d）負荷ケーブルに防水コネクター（受側）を付け、端部を漏電しゃ断器に接続。

（e）負荷ケーブルに行き先表示を行う。

（f）このほか、安全スタッフは電気の知識を特別教育の図書で学び、「**観る目（inspect）**」
　　を養うようにする。

（g）作業者の服装を含む安全行動の例。

　・電気取扱い者は「素手作業・長袖の腕まくりは禁止！」とし、作業者は長袖・長ズボン・
　　ゴム手袋・保護帽等の絶縁用保護具を着用。

　・低圧電気作業者は特別教育（安衛則第 36 条）を受講。

感電災害防止の決め手は、「**活線の危険源を2重に防護**」することである。

> **■リスク基準**（P 9 ～ 10 参照）
>
> 　（a）～（g）などの対策を実施して作業を行えば、①危険状態が発生する頻度は時々「2」、
> ②ケガをする可能性は「2」、③災害の重篤度は「1」です。
>
> **■リスクレベル**（P10 参照）
>
> 　リスクポイントは「2＋2＋1＝5」となりますので、多少問題がある「Ⅱ」となります。

🎓 マメ知識

### 照明の推奨値：事務所と工場

〔表1〕事務所

| 照度 lx | 場所 |
|---|---|
| 1500 ～ 750 | 事務室〔＊1〕・営業室・設計室・製図室・玄関ホール（昼間） |
| 750 ～ 300 | 事務室・役員室・会議室・受付・電気機械室の配電盤及び計器盤 |
| 500 ～ 200 | 応接室・食堂・玄関ホール（夜間）・守衛室・エレベータホール |
| 300 ～ 150 | 書庫・金庫室・電気室・講堂・機械室・エレベータ・雑作業室 |
| 150 ～ 75 | 喫茶室・休養室・宿直室・更衣室・倉庫・玄関（車寄せ） |
| 75 ～ 30 | 屋内非常階段 |

〔＊1〕細かい視作業を伴う場合など

〔表2〕工場

| 照度 lx | 場所 |
|---|---|
| 3000 ～ 1500 | 制御室などの計器盤および制御盤（極めて細かい視作業） |
| 1500 ～ 750 | 設計室・製図室（細かい視作業） |
| 750 ～ 300 | 制御室（普通の視作業） |
| 300 ～ 150 | 電気室・空調機械室（粗な視作業） |
| 150 ～ 75 | 出入口・廊下・通路・階段・洗面所・便所・作業を行う倉庫〔＊2〕 |
| 75 ～ 30 | 屋内非常階段・倉庫・屋内動力設備 |
| 30 ～ 10 | 屋外（通路・構内警備用） |

〔＊2〕ごく粗な視作業

〔出展：「JIS Z 9110」を抜粋〕

# 4 扇風機の電気火災

　8月は「電気使用安全月間」である。職場・家庭でも、電気火災は多数発生しているので、ここでは「扇風機の不適切な設置」による電気火災をテーマとする。

### 電気火災の主な原因と再発防止対策（100 V電源）

　主な電気火災は、①電気回路の接続箇所の発熱〔＊1〕、②延長コードに細い電線を使い発熱、③電工ドラムにコードを巻いたまま使い（許容電流は5 A）発熱、④トラッキング現象〔＊2〕、⑤地震による電線の断線・潰れて変形してショート・漏電〔＊3〕などがある。

〔＊1〕コンセント（※）に差し込んだプラグが緩いなどで接触抵抗が大きくなり、電流が流れると発熱。（※）100 Vのコンセントは、「定格容量は15 A」である。

　　⇒水などを扱う職場では、高さ1.2 m以上に屋外型のロック式コンセント（アース付き）を設置、かつ、天井にファクトラインを設置しリーラーコンセント・防水コネクターをつるす。

　　⇒「細い電線とコードを電工ドラムに巻いたまま使用は禁止」とし、大電流が流れる電気製品〔＊4〕は、延長コードを使わずに専用コンセントから直接受電。

〔＊2〕コンセントとプラグの隙間に、ほこりなどが堆積して発熱・炭化・発火に至る現象。

　　⇒プラグは時々抜いて掃除を行う、ほこりが溜まり易い部屋は、壁コンセントを高さ1.2 m程度に移設し、防水コネクター・屋外型（ロック式）と交換。

〔＊3〕日本火災学会の調査によると、東日本大震災で発生の火災は、地震の揺れによる火災のうち、約半数は「電気器具や配電盤から出火」する電気火災だった。

　　⇒地震で家を離れる時は、「停電でも配電盤の主幹ブレーカーを切り、電気製品のプラグをコンセントから抜く」。

〔＊4〕出力の多い電気製品（100 V）

　　（a）スポットクーラー（1人用）〔消費電力：1.1kW〜1.2kW（10 A〜12 A）〕

　　（b）電気ポット（3ℓ）出力：1.3kW（13 A）

　　（c）乾燥機付洗濯機　出力：1.4kW（14 A）〔最大容量：洗濯機9kg・乾燥6kg〕

　　（d）卓上食洗機　出力：1.3kW（13 A）

　　※（b）〜（d）は洗濯室・厨房などで人不在での使用が多い。

　☆事務所内で消費電力の大きいもの（10 A以下）はできるだけ200 Vを使用する。

## ● 逆設置でほこりがたまり発火

### 卓上型扇風機を逆設置の経緯

　電気火災（ぼや）発生の倉庫は、40年前に建設の鉄板屋根（黒色塗布）の建物（イラストA）。電気設備は20年前に一斉に交換したが、以後は交換せず使用していたものが多数あった（☆ただし、煙感知火災報知器だけは、7〜8年ごとに交換して定期点検を行っていた）。

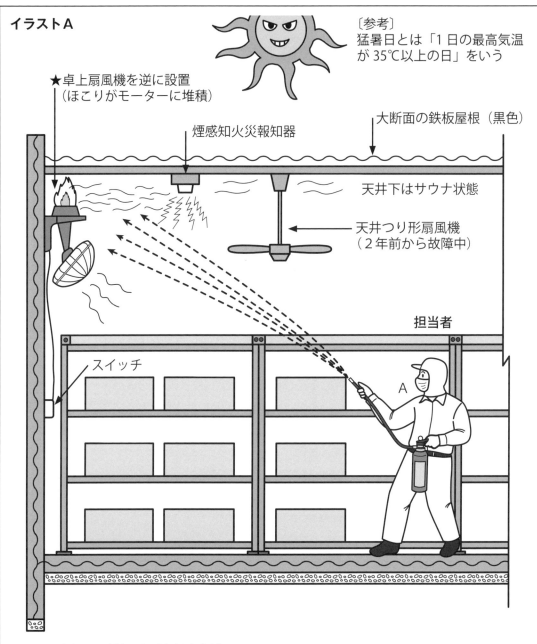

**イラストA**

〔参考〕
猛暑日とは「1日の最高気温が35℃以上の日」をいう

★卓上扇風機を逆に設置
（ほこりがモーターに堆積）

煙感知火災報知器

大断面の鉄板屋根（黒色）

天井下はサウナ状態

天井つり形扇風機
（2年前から故障中）

担当者

スイッチ

A

※消火器の種類別の消火適応性について

(1) 木製品、紙・繊維製品など、合成樹脂類によるＡ火災（普通）では、水消火器と強化液消火器（中性）が最適とされている。

(2) 引火性油脂類等、動物性油脂類によるＢ火災（油）では、水消火器は不適正で、強化液消火器（中性）、粉末消火器〔＊5〕（ＡＢＣ粉末・ナトリウムＢＣ粉末・その他）が良いとされている。

(3) Ｃ火災（電気）では、二酸化炭素消火器〔＊6〕が最適とされている。

参考：「日本ドライケミカル㈱：総合カタログの技術資料編」

〔＊5〕精密機械・電子機器等がある部屋で使用すると、「飛散薬剤による損害が多大」となる。
〔＊6〕地下室・無窓階で使用すると、「酸素欠乏状態」になるので、極めて危険。

当倉庫はほこりが溜まりやすく、夏期は暑いので天井つり形扇風機の故障は、応急的に２年前保全担当者が古い卓上型扇風機２台（製造は 20 年前）を、壁面の上部に壁掛けしていた。

## 電気火災の発生

　夏期出荷の季節物を扱う当倉庫の卓上型扇風機は、倉庫内作業の時間帯は連続使用をしていた。モーター部は高さ 3.4 ｍの天井近くにあったので、当扇風機のほこりが燃えたとき、煙感知火災報知器の警報音で倉庫内の担当者Ａは火災発生に気が付いた。Ａは粉末消火器で消火させたが、煙と飛散薬剤を多量に吸い込み、しばらく入院した。また、薬剤が室内に飛び散って出荷商品に被ったので、納品がしばらく停止し、多大な損害となった。

**不安全な状態**：（a）卓上型扇風機を不適切な逆使いで壁面の上部に設置。

　　　　　　　　（b）倉庫内に飛散薬剤損害が生じる粉末消火器を配置（☆火災報知器の警報で最悪の事態は回避された）。

**不安全な行動**：（c）前任の保全担当者は、卓上型扇風機を壁面上部に逆さに設置。

　　　　　　　　（d）Ａは、粉末消火器を使用するとき防じんマスクなどを着用しなかった（他の製造部門内に強化液消火器はあったが、消火器はどれも同じと考えていた）。

**不安全な管理**：（e）管理者は卓上型扇風機の「逆設置は不適正」を知らなかった。

　　　　　　　　（f）管理者は、「消火器はどれでも同じ」と思い、狭い部屋で粉末消火器の使用方法（保護具の着用）を教えていなかった。

> **■リスク基準**（Ｐ９～10 参照）
> 　①危険状態が発生する頻度は滅多にない「１」、②ケガをする可能性が高い「４」、③災害の重篤度は致命傷（粉じん障害と商品が粉末被害）「10」です。
>
> **■リスクレベル**（P10 参照）
> 　リスクポイントは「１＋４＋10＝15」なので、リスクレベルは「Ⅳ」となります。

## ● リスク低減措置

　イラストBのような「安全な状態・行動・管理」が必要である。

**安全な状態**：（a）早急に天井つり形扇風機は交換、かつ、壁掛形扇風機を設置。

　　　　　　　（b）倉庫内は飛散薬剤の損害のない強化液消火器などを配置。

**安全な行動**：（c）保全担当者は、卓上型扇風機を逆さに設置すれば、ほこりが溜まりやすいことを認識する。

　　　　　　　（d）室内での粉末消火器の使用は、ゴーグル・防じんマスクを着用。

**安全な管理**：（e）・（f）管理者は、連続稼働には天井つり形扇風機、排熱対策として「壁掛形扇風機と排煙装置」を設置、また適正な消火器の配置と使用方法を従業員に教育。

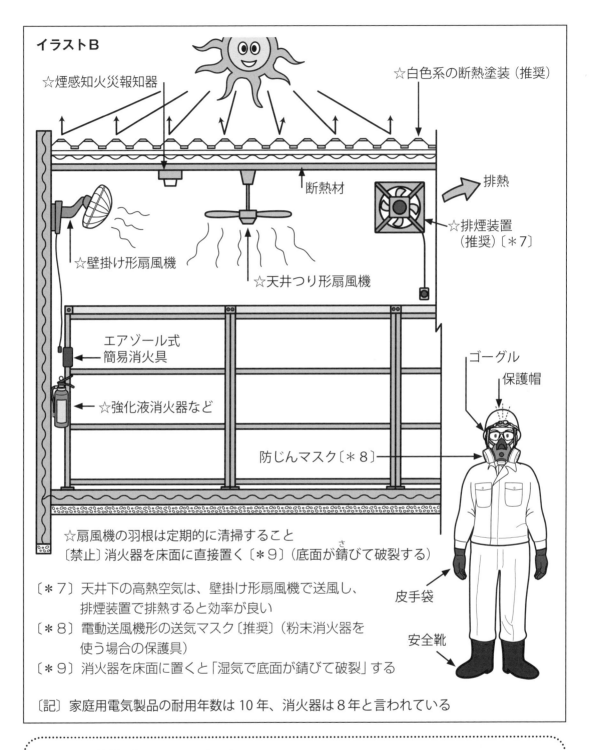

**イラストB**

☆煙感知火災報知器

☆白色系の断熱塗装（推奨）

断熱材

排熱

☆排煙装置（推奨）〔＊7〕

☆壁掛け形扇風機

☆天井つり形扇風機

エアゾール式簡易消火具

☆強化液消火器など

ゴーグル

保護帽

防じんマスク〔＊8〕

皮手袋

安全靴

☆扇風機の羽根は定期的に清掃すること
〔禁止〕消火器を床面に直接置く〔＊9〕（底面が錆びて破裂する）

〔＊7〕天井下の高熱空気は、壁掛け形扇風機で送風し、排煙装置で排熱すると効率が良い

〔＊8〕電動送風機形の送気マスク〔推奨〕（粉末消火器を使う場合の保護具）

〔＊9〕消火器を床面に置くと「湿気で底面が錆びて破裂」する

〔記〕家庭用電気製品の耐用年数は10年、消火器は8年と言われている

■**リスク基準**（P 9～P10 参照）

（a）～（f）などの対策を実施して作業を行えば、①危険状態が発生する頻度は滅多にない「1」、②ケガをする可能性がある「2」、③災害の重篤度は軽傷「3」です。

■**リスクレベル**（P10 参照）

リスクポイントは「1＋2＋3＝6」なので、リスクレベルは「Ⅱ」となります。

# 5 金属製換気扇の巻き込まれ災害

　ここでは、製造工場・工作室・倉庫・温泉などの壁面上部にある、金属製換気扇〔＊1〕をテーマとする。高窓用の金属製換気扇は、天井に近い高所に設置し連続使用するので、「丈夫で熱に強く、防護カバーがない」ものが多い。

　〔＊1〕換気扇は、「英国規格BS5304」の機械的危険源8つのうち、「せん断」に該当。

## 換気扇について

　換気扇は、室内の空気の入れ換えを簡易に行うために取り付けるプロペラ形のファンである。換気扇には金属製換気扇以外に、一般用換気扇、天井埋め込み形換気扇、床下用換気扇、浴室用換気扇、窓用換気扇、トイレ用換気扇、フラット形レンジフードなどがある。

## 金属製換気扇（以下、換気扇）設置場所周囲の状況

　物品倉庫（以下、**倉庫**）の天井高は300cmで、壁面側に高さ・間口180cm・奥行62cm・4段のステンレス棚〔＊2〕（以下、**棚**）を3列設置。下の1段目と2段目には重量物を、3段目には軽量物を、最上段の棚には空段ボールを置くルールにしていた。なお、天井の蛍光灯は球切れで、棚上の照度は30lx程度で暗かった。

　〔＊2〕当棚は重量物を載せるので、均等耐荷重は棚1連当たり1250kg・棚板1枚当たり250kgの頑丈なもの。床面・棚上部もL型金具で、かつ、左右も金属板で固定。

## ● 棚下ろしで作業台から墜落

　社員A・Bは上司Cから、実地棚下ろしのため棚上の空段ボール〔＊3〕を下ろすように命じられた。棚の手前に可搬式作業台（以下、**作業台**）〔＊4〕を設置し、空段ボールは手押し台車（以下、**台車**）に積み込んで、倉庫の中央に運搬する段取りとした。社員A（身長170cm）が作業台に乗り、空段ボールを作業台の正面から順に手渡しで社員Bに渡し、台車に積み2箱ずつ運搬していた。Aは左端部の1つを取るため、2段目の棚に左足を掛け、右足はつま先立ちで取ろうとしたとき、左手が回転中の換気扇の金属羽に触れて指3本を切り落とした。Aは激痛でバランスを崩して背中から床面に落ちて、頭が床面に激突（2重災害）。Bは倉庫の中央で空段ボールの下ろしで不在だった（イラストA）。

　〔＊3〕形状は高さ40cm・幅50cm・奥行50cm。

　〔＊4〕作業床の形状は奥行30cm・横幅83cm、手掛かり棒はない。

**不安全な状態**：（a）連続回転の換気扇に防護カバーはなかった。

　　　　　　　　（b）換気扇の近くは、「物置き禁止！」の表示はあったが、空段ボールを置いていたので、表示は見えなかった。

　　　　　　　　（c）天井の蛍光灯は、球切れで棚上の照度は30lx程度。

　　　　　　　　（d）作業台を空段ボールの正面下に設置しなかった。

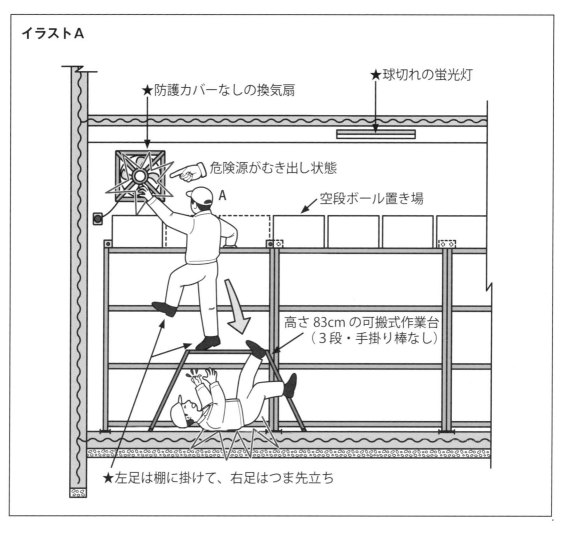

**イラストA**

★防護カバーなしの換気扇

★球切れの蛍光灯

危険源がむき出し状態

A

空段ボール置き場

高さ83cmの可搬式作業台
（３段・手掛り棒なし）

★左足は棚に掛けて、右足はつま先立ち

**不安全な行動**：（e）社員Ａは作業帽を着用していたが、ヘッドランプは着用していなかった。

（f）左足を２段目の棚に乗せ、右足はつま先立ちだった。

**不安全な管理**：（g）作業開始前のＫＹ活動をしなかった。

（h）当事業所では、ＲＡは実施しなかった。

**■リスク基準**（P 9〜10 参照）

　①危険状態が発生する頻度は時々「２」、②ケガをする可能性が高い「４」、
③災害の重篤度は重傷「６」です。

**■リスクレベル**（P10 参照）

　リスクポイントは「２＋４＋６＝12」なので、リスクレベルは「Ⅳ」となります。

## ● リスク低減措置

イラストBのような「安全な状態・行動・管理」が必要である。

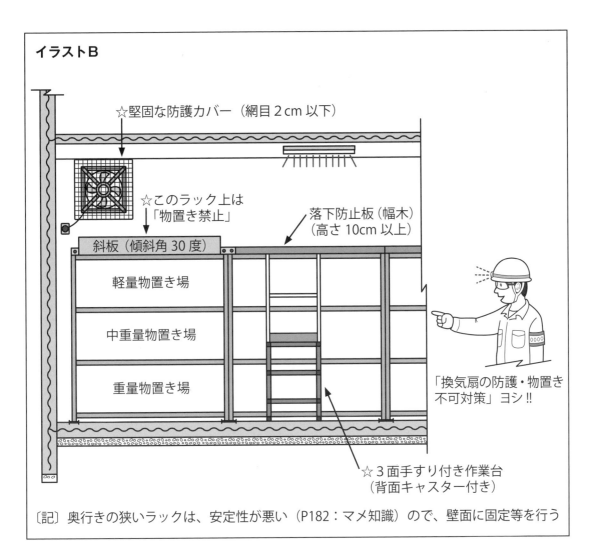

**イラストB**

☆堅固な防護カバー（網目2cm以下）

☆このラック上は「物置き禁止」

落下防止板（幅木）（高さ10cm以上）

斜板（傾斜角30度）

軽量物置き場

中重量物置き場

重量物置き場

「換気扇の防護・物置き不可対策」ヨシ!!

☆3面手すり付き作業台（背面キャスター付き）

〔記〕奥行きの狭いラックは、安定性が悪い（P182：マメ知識）ので、壁面に固定等を行う

**安全な状態**：（a）指が羽に届かない堅固な防護カバーを設置、（b）換気扇の近く（真下と1m範囲）の最上段の棚には、物が置けないように斜板を設置、（c）天井の蛍光灯は長寿命のLED球に交換し、200 lx程度を確保、（d）安定性の良い3面手すり付き作業台（高さ90cm・横幅60cm・奥行40cm）を使用。

**安全な行動**：（e）暗い場所での作業は、ヘッドランプ付き保護帽の着用、（f）「棚板足掛け作業」は禁止し、作業床上でつま先立ちをしなくても良いように、作業台は荷下ろしの正面に設置。

**安全な管理**：（g）作業開始前に現場でKY活動を行う、（h）当作業もRAを行う。

**■リスク基準**（P9〜10参照）

（a）〜（h）などの対策を実施して作業を行えば、①危険状態が発生する頻度は滅多にない「1」、②ケガをする可能性がある「2」、③災害の重篤度は軽傷「3」です。

**■リスクレベル**（P10参照）

リスクポイントは「1＋2＋3＝6」なので、リスクレベルは「Ⅱ」となります。

# 6 研究室内の床上配線で転倒災害

　ここでは、実験用のガラス器具を多く扱う研究室内での転倒災害をテーマとする。

**転倒災害の主要原因の３タイプとは**（「STOP！転倒災害プロジェクト 2015」を参考に作成）

（1）「滑り」による転倒災害

　（a）床が滑りやすい素材で傾斜、あるいは床が凍結、また、滑りやすい底面の靴、（b）床に水・油・粉末が飛散している（食料品製造業・飲食店に多い）、（c）ビニールや紙など滑りやすい異物が床に散乱。

（2）「つまずき」による転倒災害

　（d）床の凹凸や段差がある通路、（e）通路に放置された荷物や商品などがある〔＊〕、（f）足元が暗く、かつ、同色で段差が識別しづらい。

　　〔＊〕高さ・深さ 20 ～ 35cm までは昇降しやすいが、40cm 以上は昇降しづらい。

（3）「踏み外し」による転倒災害

　（g）スロープで大きな荷物を抱えるなど、「足元が見えない」状態で運搬作業。

**転倒災害防止の特効薬はある？**

　トレッキング（山歩き）では「ポール（杖）が、転ばぬ先の杖」となる。荷物は、リュックサックに入れてハンズフリーとし、両手にポール（先端は滑り止め）を持ち、足腰への負担軽減を

　しながら、バランスをとって歩くのが基本だが、事業場では「転ばぬ先の杖」はない。特効薬はないので、複数の転倒防止のルールを守って歩くしかない。

**視力と転倒の時刻は？**

　加齢により、視力の程度（暗い場所でものが見えにくくなる）は、「20 歳を 1（基準）」としたとき「40 歳で 0.77」・「50 歳で 0.59」・「60 歳で 0.5」なので、20 歳の頃と同じ視力を得るためには、「50 歳で 1.7 倍」・「60 歳で 2 倍」の明るさが必要となる。

　また、年齢によって転ぶ時刻帯は、「30 歳以下の人は 14：00 と 17：00」・「30 ～ 50 歳の人は 11：00」・「50 歳以下の人は 9：00・13：00・16：00」で時間に関係がなく転倒しており、年齢によって転ぶ時間帯が異なる調査研究報告書（中災防）がある。

## ● 床上配線のコードでつまずく

　研究室内で、女性研究員Ａは洗浄するためのガラス器具を入れたプラ箱（コンテナー）を両手で抱えて運搬中に床上配線のコードでつまずいて転倒し、Ａは飛散したガラスで指・手を複数カ所切創した（イラストＡ）。

**不安全な状態**：（a）コンセントが少ないので、電工ドラムから受電したコードを、作業台周囲に床配線、（b）省エネ対策で、通路の照度は 75 lx 程度で暗かった。

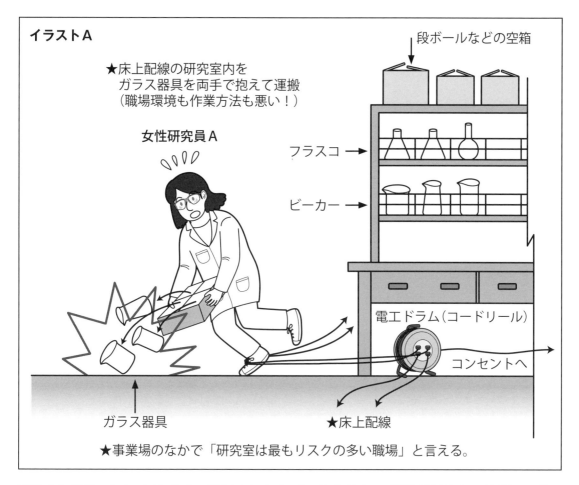

イラストA

★床上配線の研究室内を
ガラス器具を両手で抱えて運搬
（職場環境も作業方法も悪い！）

女性研究員A

段ボールなどの空箱

フラスコ

ビーカー

電工ドラム（コードリール）

コンセントへ

ガラス器具

★床上配線

★事業場のなかで「研究室は最もリスクの多い職場」と言える。

**不安全な行動**：(c) Aはガラス器具を入れたプラ箱を抱え、足元が見えない状態で運搬、
　　　　　　　　(d) Aは靴底が滑りやすい靴を着用、かつ、手袋は着用していなかった。

**不安全な管理**：(e) ガラス器具運搬のルール（作業手順書）はなかった、(f) 研究室の安全衛生
　　　　　　　　管理は担当者任せで、安全パトロールも行っていなかった。

**■リスク基準**（P 9〜10 参照）
　①危険状態が発生する頻度は頻繁「4」、②ケガをする可能性がある「2」、
③災害の重篤度は重傷「6」です。

**■リスクレベル**（P10 参照）
　リスクポイントは「4＋6＋2＝12」なので、リスクレベルは「Ⅳ」となります。

## ● リスク低減措置

イラストBのような「安全な状態・行動・管理」が必要である。

**安全な状態**：(a) コンセントを増設（高さ 1.2 m程度の壁面に設置・天井にファクトライン
　　　　　　　を設置し、リーラーコンセントをつるす）、研究室内は、「電工ドラムとテーブル
　　　　　　　タップの使用」は禁止とし周知、(b) 通路の照度は 150 lx 程度を確保。

**イラストB**

〔研究室内の禁止事項〕
　①電工ドラムの使用は禁止（タコ足配線と床上配線となる）
　②テーブルタップの使用（タコ足配線と床上配線の恐れ）
　③コードを通路上に床上配線
　④両手で物を抱えて運搬（とくにガラス器具）
　⑤静電気が生じる服を着用、保護眼鏡を着用せず
　⑥「プロパンのボンベを室内に持込み」（☆屋外設置）

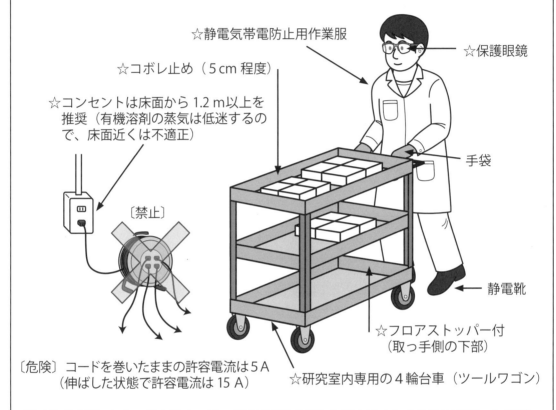

☆静電気帯電防止用作業服

☆保護眼鏡

☆コボレ止め（5 cm 程度）

☆コンセントは床面から 1.2 m 以上を
　推奨（有機溶剤の蒸気は低迷するの
　で、床面近くは不適正）

手袋

〔禁止〕

静電靴

☆フロアストッパー付
（取っ手側の下部）

〔危険〕コードを巻いたままの許容電流は 5 A
　　　　（伸ばした状態で許容電流は 15 A）

☆研究室内専用の 4 輪台車（ツールワゴン）

〔参考〕「手押し台車の災害防止」は、第2章「⑫手押し台車の逸走による激突災害」に記載

**安全な行動**：(c) 両手に物を抱えての運搬は禁止し、ガラス器具はコボレ止め付き手押し台車
　　　　　　　で運搬、(d) 靴は靴底が滑りづらい靴を着用し、手袋を着用。※作業靴は事業場
　　　　　　　の貸与品だが、各人が管理。〔自分の靴は自分で管理（靴底で判断可能）！〕

**安全な管理**：(e) ガラス器具運搬のルール（作業手順書）を作成し、周知する、(f) 研究室の
　　　　　　　安全衛生管理は担当者任せでなく、安全スタッフが安全パトロールも行う。

**■リスク基準**（P 9〜10 参照）
　(a)〜(f) などの対策を実施して作業を行えば、①危険状態が発生する頻度は滅多に
ない「1」、②ケガをする可能性がある「2」、③災害の重篤度は軽傷「3」です。

**■リスクレベル**（P10 参照）
　リスクポイントは「1＋2＋3＝6」なので、リスクレベルは「Ⅱ」となります。

# 7 アーク溶接の感電災害

　全産業の工作室・保全作業などで使用する交流アーク溶接作業の感電災害は時々あるので、ここでは「アーク溶接の感電災害」をテーマとする。

　この作業での感電災害（マメ知識）はアーク溶接作業者だけではなく、第三者が被災する危険性の高い事例といえる。アーク溶接は低圧電気だからと軽んじてはいけない。「（9mA：42Ｖ）苦しみに合って死にボルト」といわれるくらい、低圧電気（交流で600Ｖ・直流で750Ｖ以下をいう）でも死亡する危険性が高い。〔★アーク溶接は、電流が高い（強い）〕

　日本では交流アーク溶接が多く使用されており、損傷した溶接用ホルダーやホルダーにつけたままの溶接棒に触れることによる感電の危険性があるので、労働安全衛生規則では船舶の２重底もしくは狭あいなタンク内部、高さ２ｍ以上の鉄骨などの場所などに溶接用ホルダーの絶縁効力、自動電撃防止装置の使用を義務づけている（安衛則第331条、第332条）。

　なお、特化則等の改正により、令和３年４月（一部令和４年４月）から、金属アーク溶接作業〔＊〕を含む規制が厳しくなりました。

　〔＊〕「溶接ヒューム」が神経障害等の健康障害を及ぼすおそれがある。

### 🎓 マメ知識

　誤って充電部分をつかんでも自分の意思で離せる「**離脱電流は10mA**」、人体が濡れていない状態での「**許容接触電圧は50Ｖ以下（第３種）**」。欧米では人体に危険とならない程度とされる「**安全電圧はドイツ、イギリスで24Ｖ、オランダで50Ｖ**」とされています。

## ● 交流アーク溶接の作業

　イラストＡは、作業の中断時に溶接用ホルダーを掛ける物がないので、作業者Ａは近くにあるアルミ製のはしごなど（鋼材や足場）に溶接棒をつけたままのホルダーを掛けている。この状態は、建設の現場でもよく見る光景で、極めて危険な状態である。

　溶接棒はいつもホルダーにつけたままの状態で、自動電撃防止装置の設置の義務はない場所での作業なので、この装置はついていない。また、装置が故障したままの場合も考えられる。

**■リスク基準（P9〜10参照）**

　①危険状態が発生する頻度は時々「2」、②感電の可能性が高い「4」、③災害の重篤度は致命傷「10」です。

**■リスクレベル（P10参照）**

　リスクポイントは「2＋4＋10＝16」なので、リスクレベル「Ⅳ」となります。とくに危険性の高い状況にあるといえます。

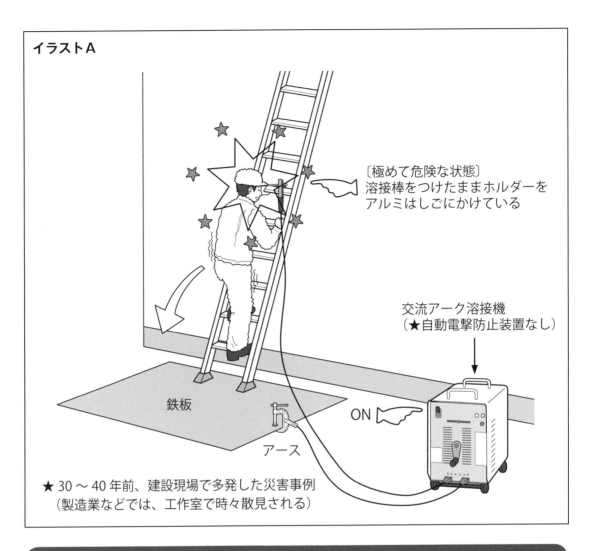

**イラストA**

〔極めて危険な状態〕
溶接棒をつけたままホルダーを
アルミはしごにかけている

交流アーク溶接機
（★自動電撃防止装置なし）

鉄板

ON

アース

★ 30 〜 40 年前、建設現場で多発した災害事例
（製造業などでは、工作室で時々散見される）

## ● リスク低減措置

　この危険な状態を改善するには、イラストBのようにする。溶接機本体の側面にパイプの「ホルダー掛け」〔＊〕を設置する。作業を中断するときは、必ず溶接棒はホルダーから外し電源はオフにすることを習慣化する。

　自動電撃防止装置の故障は直ちに修理、または交換。

　〔＊〕「ホルダーに溶接棒なし」を関係者が目視できる。

### ■リスク基準（P 9〜10 参照）

　機器の設備・作業方法の改善を実行することで、交流アーク溶接の感電災害は防げます。

　①危険状態が発生する頻度は滅多にない「1」、②ケガをする可能性は「2」、
③災害の重篤度は「3」となります。

### ■リスクレベル（P10 参照）

　リスクポイントは「1＋2＋3＝6」なので、多少問題がある「Ⅱ」に低減されます。

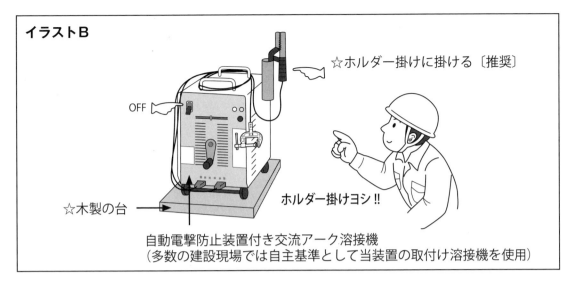

**イラストB**

OFF

☆ホルダー掛けに掛ける〔推奨〕

☆木製の台

ホルダー掛けヨシ!!

自動電撃防止装置付き交流アーク溶接機
（多数の建設現場では自主基準として当装置の取付け溶接機を使用）

🎓 マメ知識

**送配電線の離隔距離〔＊〕**

（1）電圧は、「低圧・高圧・特別高圧」の3種類（安衛則第36条、電技省令第2条）がある。

　　①低圧は、直流：750V以下・交流：600V以下。

　　②高圧は、直流：750Vを超え7000V以下・交流：600Vを超え7000V以下。

　　③特別高圧は、7000Vを超えるもの。

　　〔＊〕基発第759号（昭50.12.17）によって、送配電線などに接近した場所で移動式クレーン
　　　　などを使用する場合、ブームやワイヤーロープと送配電線との間に電路の電圧に応じて離隔
　　　　距離が示されている。〔出展：「高圧・特別高圧電気取扱者安全必携（中災防刊）を要約〕。

（2）「配電線と送電線」の安全な離隔距離

　　①低圧の離隔距離は「1m」

　　②高圧の離隔距離は「1.2m」

　　③特別高圧は「2m」。但し、60,000V以上は10,000Vまたはその端数増すごとに20cm増。

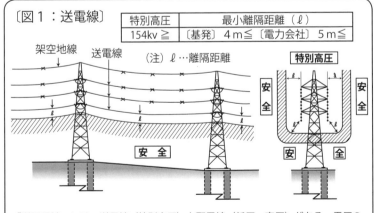

〔図1：送電線〕

| 特別高圧 | 最小離隔距離（ℓ） | |
|---|---|---|
| 154kv ≧ | 〔基発〕4m≦ | 〔電力会社〕5m≦ |

架空地線　送電線　（注）ℓ…離隔距離

特別高圧

安全

安全

安全

「送配電線」には、送電線（特別高圧）と配電線（低圧・高圧）がある。電圧の
違いにより、法規制で、安全離隔距離（労働基準局長通達第759号 S50.12.17）
と電力会社の目標値がある。なお、「充電路に対する接近限界距離」は「安衛
則第344条」で規制

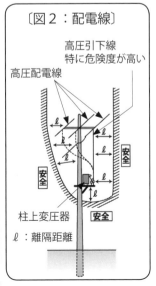

〔図2：配電線〕

高圧引下線
特に危険度が高い

高圧配電線

安全

柱上変圧器

安全

ℓ：離隔距離

〔記〕詳細は「高圧・特別高圧電気取扱者安全必携（中災防刊）」を参照。

# 8 アーク溶接の火花による災害

ここでは、「アーク溶接の火花による災害」をテーマとする。

アーク溶接の歴史は古く、20世紀初頭に被覆アーク溶接法（マメ知識）はすでに開発され、日本での実用化は昭和初期ごろ。アーク溶接機には交流と直流があり、日本では交流が多用されている。交流アーク溶接機は構造が簡単、価格が安価、保守が容易だが、直流アーク溶接機に比べてアークの安定性はやや劣り、極性の選択が不可能、電撃の危険性は高くなる。

## 🎓 マメ知識

溶接は、材料に機械的圧力を加えずに溶融接合する「**融接**」、溶接継手に大きな機械的圧力を加えて加圧溶接する「**圧接**」、溶接しようとする部材間にろうを溶融添加して接合する「**ろう接**」に分類される。

アーク溶接は電極棒と金属母体との間に発生させたアーク熱を利用して、金属を加熱し溶融接合する「融接」の一種で、**被覆アーク溶接**、ガスシールドアーク溶接、サブマージドアーク溶接などがある。〔安全衛生用語辞典（中災防）より抜粋〕

### 《アーク溶接に関する主な法規制》

アーク溶接は、溶接棒ホルダーや溶接棒に身体が触れることによる感電の危険性があるため、安衛則では複数の規制がある。感電防止としては「規格に適合した機械等の使用（第27条）」「電気機械器具の囲い等（第329条）」「溶接棒等のホルダー（第331条）」「交流アーク溶接機用自動電撃防止装置（則第332条）」を義務付け、「電気機械器具等の使用前点検等（第352条）」「交流アーク溶接機についての措置（則第648条）」をしなければならない。爆発・火災の防止（第261条・第279条・第285条・第286条）、有害光線からの防護（第325条）、教育（第36条）を定め、また、ヒュームによるじん肺予防として、粉じん障害防止規則（第1条〜第27条）がある。

## ● 着衣に燃え移って火傷

作業者Aは大型機械設備（以下、**機械**）の保守作業で、ヘルメット型溶接面を被り、胴ベルト型安全帯を使用、機械外周に組み立てた簡易型建わく足場の3層目の布わくに座り、機械接合部の補強鉄板の溶接を行っていた（イラストA）。

Aは高所作業の認識はあったが、短時間で終わりそうなので、不燃性の前掛けなどで前面を防護せずに溶接作業を行っていたところ、溶接の火花が大腿部に飛び散り、防寒ズボンが燃えて上着まで燃え移った。Aの悲鳴を聞いた監視人Bが、粉末消火器を持って駆けつけて作業服の火を消し、応援者CとBでAを救出し、救急車で病院へ搬送し手当てをしたが、Aは全身の5割を火傷し、複数回の手術を行い長期入院となった。

**イラストA**

【簡易型建わく足場（幅60cm）の使用例】

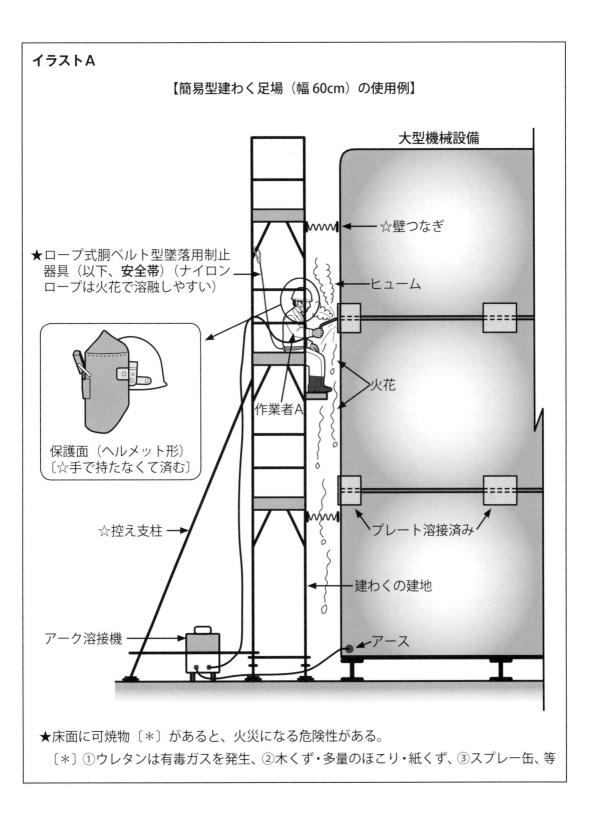

大型機械設備

☆壁つなぎ

★ロープ式胴ベルト型墜落用制止器具（以下、**安全帯**）（ナイロンロープは火花で溶融しやすい）

ヒューム

火花

作業者A

保護面（ヘルメット形）〔☆手で持たなくて済む〕

☆控え支柱

プレート溶接済み

建わくの建地

アーク溶接機

アース

★床面に可焼物〔＊〕があると、火災になる危険性がある。
　〔＊〕①ウレタンは有毒ガスを発生、②木くず・多量のほこり・紙くず、③スプレー缶、等

**不安全な状態**：(a) 建わくの建地と機械間は 55cm 離れていたので作業者は布わくに座らないと溶接作業ができない状態だった、(b) 不燃性の前掛けなどで身体の前面を覆わなかった、(c) 溶接箇所の近くに消火設備を置いてなかった。

**不安全な行動**：(d) 寒期の為、Aは防寒ズボンを着用したが、短時間作業だったので、溶接服・溶接用の前掛けを着用せず、かつ、身体の前面を溶接シートで覆わなかった。

**不安全な管理**：(e) Bは床面で片付け作業をしていた、(f) 足場上でのアーク溶接の作業手順書はなく、保全担当者任せだった、(g)アーク溶接作業のリスクアセスメントもKY活動も行っていなかった。

> **■リスク基準（P 9～10 参照）**
>
>  ①足場上の溶接作業は時々なので、「2」、②溶接服などを着用していないのでケガをする可能性が高い「4」、③災害の重篤度は重傷「6」です。
>
> **■リスクレベル（P10 参照）**
>
>  リスクポイントは「2＋4＋6＝12」なので、リスクレベルは「Ⅳ」となります。

## ● リスク低減措置

　イラストBのような安全な状態・行動・管理が必要である。

**安全な状態**：(a) 高さ調整しやすい昇降式移動足場を設置（控えなどのブレ止めが不可欠）し、木の椅子に座る、(b) 作業者の前側と溶接箇所の下部に溶接シートを張る、(c) 溶接箇所の近傍に消火設備を配置。

**安全な行動**：(d) 溶接服・足カバー・防塵マスク・防火タレ付き保護帽・溶接面（液晶式を推奨）・編み上げ安全靴・耐熱手袋・溶接用の前掛けなどを着用。

**安全な管理**：(e) 監視人は溶接箇所の同一面で監視、(f) 高所での溶接の作業手順書を作成、(g) 溶接作業のリスクアセスメント（以下、RA）も行い、残留リスクをKY活動でフォロー。

> **■リスク基準（P 9～10 参照）**
>
>  (a) ～ (g) などの対策を実施して作業を行えば、①危険状態が発生する頻度は滅多にない「1」、②ケガをする可能性がある「2」、③災害の重篤度は軽傷「3」となります。
>
> **■リスクレベル（P10 参照）**
>
>  リスクポイントは「1＋2＋3＝6」なので、リスクレベルは「Ⅱ」となります。

## ● 溶接作業のルール

　引火の危険性があるので、溶接作業の周辺と下部には有機溶剤（洗浄缶含む）と可燃物（空ダンボール・ウェスなど）を置かず、かつ持ち込まないこと。

**イラストB** ☆適正な保護具の着用・溶接火花の飛散防止・初期消火・監視人を近くに配置

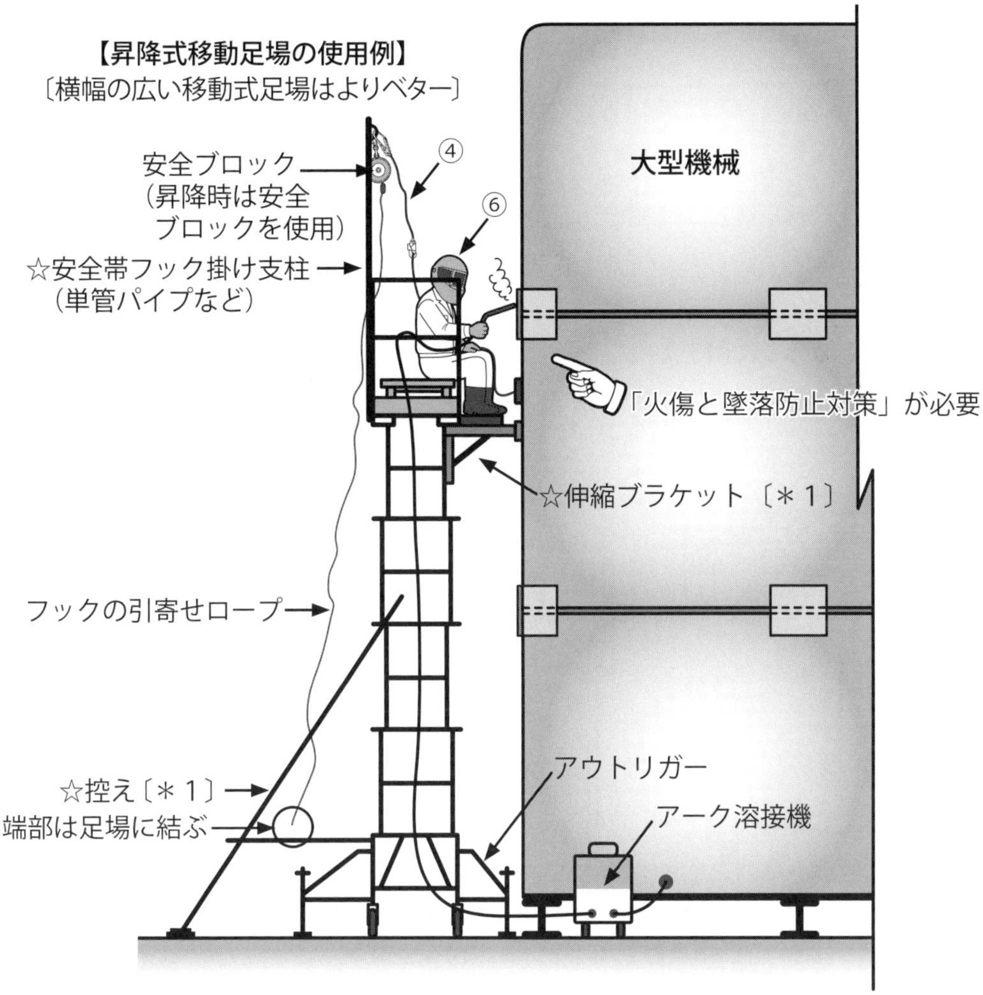

**【昇降式移動足場の使用例】**
〔横幅の広い移動式足場はよりベター〕

大型機械

安全ブロック
(昇降時は安全
ブロックを使用)

☆安全帯フック掛け支柱
（単管パイプなど）

④

⑥

「火傷と墜落防止対策」が必要

☆伸縮ブラケット〔＊1〕

フックの引寄せロープ

☆控え〔＊1〕
端部は足場に結ぶ

アウトリガー
アーク溶接機

**高所でのアーク溶接用保護具（例）**

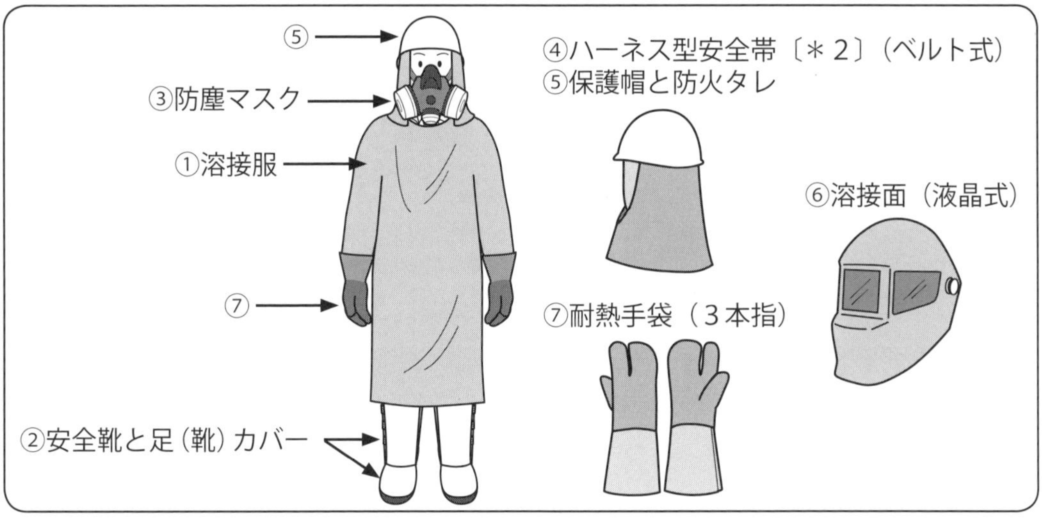

⑤
③防塵マスク
①溶接服
⑦

②安全靴と足（靴）カバー

④ハーネス型安全帯〔＊2〕（ベルト式）
⑤保護帽と防火タレ

⑥溶接面（液晶式）

⑦耐熱手袋（3本指）

〔＊1〕足場の揺れ止め対策が不可欠!!　〔＊2〕溶接服の下に着用し、D環は衿後方から出す

# 9 高所での半自動溶接時の墜落災害

　製造業の屋内では手溶接の被覆アーク溶接に比べ、炭酸ガスアーク溶接（溶極式）は溶融速度が早く高性能、かつ、効率的な溶接が可能なので、主流となっている。ここでは、「屋内の高所で半自動アーク溶接（下図）の重大ヒヤリ」をテーマとする。

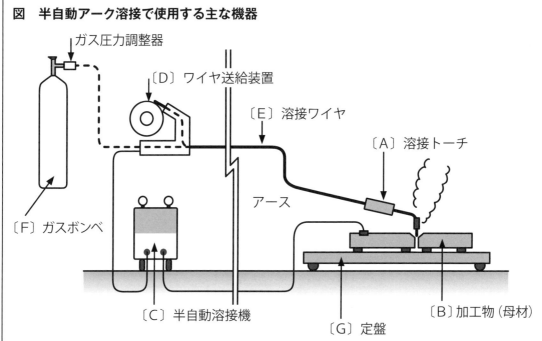

**図　半自動アーク溶接で使用する主な機器**

ガス圧力調整器
〔D〕ワイヤ送給装置
〔E〕溶接ワイヤ
〔A〕溶接トーチ
アース
〔F〕ガスボンベ
〔C〕半自動溶接機
〔G〕定盤
〔B〕加工物（母材）

◆**解　説**◆
**半自動アーク溶接で使用する主な機器**
〔A〕溶接は溶接トーチ（以下、**トーチ**）で行う。〔B〕溶接を行う加工物（母材）に溶接機の電極につながっている太いアース線のクランプで接続。溶接電源の溶接機〔C〕は数 kw の電力を供給するだけでなく、送給装置、ガスなどのコントロールを行う。送給装置〔D〕は溶接ワイヤーをトーチに送り込む装置で、ワイヤーの送給速度は溶接機で緻密に制御される。溶接ワイヤー〔E〕は糸巻き状に巻かれており、送給装置により引き出され、ホースを経由してトーチに送り込まれる。トーチにはガスボンベ〔F〕から送られてくるシールドガスが供給される。シールドガスは、溶接機を経由して溶接ワイヤーと同じホースの中を通り、トーチに供給される。

## ● フック掛け替えで墜落

**ポジショナー〔＊1〕上での製缶作業〔＊2〕の重大ヒヤリ**

**製缶作業の状況**（イラストA）：昇降式作業台（以下、**作業台**）は最大 2.5 m まで上昇でき、任意の高さで停止させることが可能。工作物は最大縦 1.7 m・横 2.7 m・高さ 40cm で

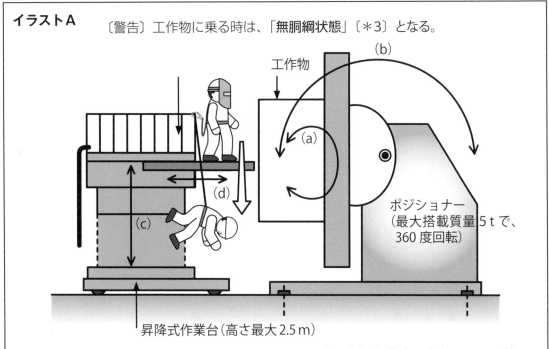

イラストA

〔警告〕工作物に乗る時は、「無胴綱状態」〔＊3〕となる。

(b)

工作物

(a)

ポジショナー
（最大搭載質量5tで、
360度回転）

(c)

(d)

昇降式作業台（高さ最大2.5m）

(a) 360度回転、(b) 180度回転、(c) 上下に昇降、(d) 作業床は左右にスライド

〔＊3〕「無胴綱状態」とは、フック〔＊4〕が掛け止めされず、人体と構造物が連結されていない状態

〔＊4〕フックには口開き50㎜と18㎜程度があり、ランヤードのロープ等にはストラップ（帯）と
　　　ロープがあり、帯には伸縮自在と伸縮なしがある。

質量は最大5トン。作業方法は工作物を定盤上で仮組溶接した後、ポジショナーのテーブル
上にクレーンで搭載し、ポジショナーで工作物を傾けたり回転させたりしながら、溶接を行う
作業者（以下、**作業者**）自身も作業位置・姿勢を変えながら本溶接を行う。作業位置の高さ
は最大4mになる。

〔＊1〕テーブル上に工作物を搭載しその位置を変えたり所定の速度で円滑に回転させる
　　　機能を備えたもの。

〔＊2〕ボイラを製作する作業であるが、このほか各種タンク・鉄骨構造・橋梁・クレーン
　　　などを作るとき厚鋼板、形鋼、鉄骨などを加工する作業も広く製缶作業と呼ばれている。

## 想定される重大な危険性

（1）作業者は、作業位置を変えるごとに、ロープ式胴ベルト型墜落制止用器具（以下、**安全帯**）
　　　のフックを、作業台の手すりなどに掛け替えるので、「**無胴綱状態**」になったとき墜落の
　　　危険性がある。

（2）作業範囲が広いので、安全帯の掛け替えを省略して移動すると墜落の危険性がある。

（3）溶接作業の火花で安全帯のフック＋ランヤードのロープ等（以下、**フック等**）が溶解し、
　　　その状態で移動すると墜落の危険性がある。

（4）作業台の高さ90cmの手すりに安全帯を掛けたまま墜落すると、1.7m墜落し宙づり
　　　になる危険性がある。

**不安全な状態**：(a) 溶接用革手袋で、フック等の掛け替えをしなければならない。

(b) 水平親綱ワイヤがなく、「安全帯を常時使用」の状態になれない。

(c) フック等がロープ式の安全帯は、ロープが常に足元に垂れる状態になる。

**不安全な行動**：(d) 作業者は安全帯のフックを手すりの上部に掛けて作業。

**不安全な管理**：(e) 床面上の溶接作業の作業手順書はあっても、ポジショナー上での具体的な作業方法は明記しておらず、職長と作業者任せにしていた。

**■リスク基準**（P 9〜10 参照）

　①ポジショナー上の溶接作業は時々なので「2」、②作業範囲が広く、移動もあるので可能性が高い「4」、③災害の重篤度は重傷「6」です。

**■リスクレベル**（P10 参照）

　リスクポイントは「2＋4＋6＝12」なので、リスクレベルは「Ⅳ」となります。

## ● リスク低減措置

　イラストBのような「安全な状態・行動・管理」が必要である。

**安全な状態**：(a) と (b) 前後・左右に移動する固定ガイドを設置し安全器付きの安全ブロックを設置する。

**安全な行動**：(c) と (d) 作業者はハーネス型安全帯を着用し、安全帯のD環に安全ブロックを直接掛ける。

**安全な管理**：(e) 具体的な内容のリスクアセスメントを行い、残留リスクはＫＹ活動でフォロー。

**■リスク基準**（P 9〜10 参照）

　(a)〜(e) などの対策を実施して作業を行えば、①危険状態が発生する頻度は滅多にない「1」、②ケガをする可能性がある「2」、③災害の重篤度は軽傷「3」です。

**■リスクレベル**（P10 参照）

　リスクポイントは「1＋2＋3＝6」なので、リスクレベルは「Ⅱ」となります。

　この事例は、筆者が数年間継続して安全診断を行っていた製造業の某精密機械会社の実例で、平成 19 年8月の『安全と健康』（中災防）に掲載し、筆者執筆の『なくそう！　墜落・転落・転倒』（同）にも、良好な事例（設備全体のコンセプト（視点や考え方）は、安全帯を常時使用の作業方法）として写真で紹介（数年後、同社は業務内容の変更に伴い、同設備は不要となり撤去）。

　ハーネス型安全帯を着用した作業者は、床面で安全ブロックのフックをハーネス型安全帯のＤ環に掛け、ハーネス型安全帯を常時使用した。⇒結果として、「高所での安全が確保されて、**作業能率も 30%以上**（作業者が喜んだ！）」向上した。

## イラストB

☆安全帯の常時使用は、墜落の危険性がなくなるので、
　安全な作業方法となり、「作業能率は何割もアップ」。

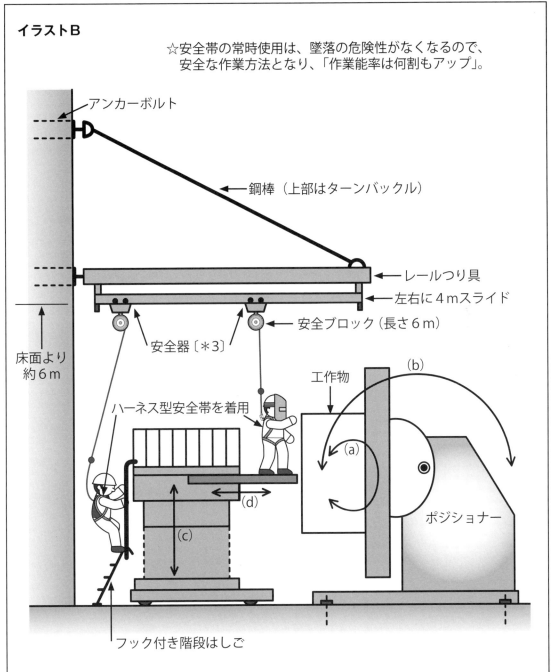

アンカーボルト

鋼棒（上部はターンバックル）

レールつり具

左右に4mスライド

安全ブロック（長さ6m）

安全器〔＊3〕

床面より
約6m

ハーネス型安全帯を着用

工作物

(b)

(a)

(d)

(c)

ポジショナー

フック付き階段はしご

〔＊3〕トロリーに安全ブロック付き安全器（前後に3mスライド）

☆作業者は、フルハーネス型安全帯を着用し、溶接ワイヤもバランサーでつっている。
☆安全ブロックは常に背中の真上にある状態。
☆レールに安全ブロックなど2器を設置しておけば、補助作業者の昇降時も安全帯の
　常時使用となり、安全が確保される〔推奨〕。

137

**安全衛生等に関わる「３のことば」**

（１）「コロナ禍」の感染拡大防止対策では「３つの密（密閉空間．密集場所．密接した会話）」を避け、
　　不要不急の外出（外出時はマスク着用）自粛を呼びかけている。

（２）「三方良し」は、近江（おうみ）商人の経営理念とされる。「売手よし・買手よし・世間よし」。
　　売手の収益、買手の満足、地域社会への貢献の３つのすべてを重視する。（広辞苑）。

（３）「燃焼の３要素」〔図１〕
　　　燃焼とは「物質が熱と光を発して酸素と化合する現象」。３要素とは、「①可燃性物質〔＊１〕・
　　②点火源（熱源）・⑨酸素供給体」で、自然環境・室内環境も多分に影響を受ける。
　　〔＊１〕粉じん（小麦粉も爆発する）・可燃性ガス（比重が「空気：１」より大・小がある）など。

（４）大規模災害の時は「自助・共助・公助〔＊２〕」の３つが大切
　　〔＊２〕①自助とは「自分で自分の身を助ける」　①共助とは「互いに助け合う」　③公助とは「公的
　　　対応」で、周辺の自治体・国の応援が必要となり、早くても３日間は遅れ優先順位が生ずる。

（５）自動車の「危険な運転方法：３急〔＊３〕」【★酒気帯び運転・無免許運転は論外！】
　　〔＊３〕３急とは、「急発進・急制動・急ハンドル」。

（６）①令和３年の建設業の死傷者数は 16,079 人（墜落・転落 30％、はさまれ・巻き込まれ 10％、
　　転倒 10％）。②死亡者数は 288 人（墜落・転落 38％、崩壊・倒壊 11％、はさまれ・巻き込まれ９％）。
　　③墜落・転落災害死亡者の起因物は、「仮設物・建築物・構築物等 85 人（29％）、環境等 45 人（16％）、
　　建設機械等 35 人（12％）、動力運搬機 29 人（10％）。〔記〕出展：「安全の指標：令和４年度版（中災防）」

（７）はしご・段ばしご（通称：階段はしご）〔＊４〕は「３点支持〔＊５〕」の動作で昇降する用具
　　〔＊４〕はしごには、はしご「75 度＜傾斜角≦ 90 度」と、段ばしご「45 度＜傾斜角≦ 75 度」がある。
　　〔＊５〕「３点」とは、「両手・両足（４点）のうち３点」をいう。

（８）行動の教えに「３現・３即・３徹」がある。
　　　①３現とは「現場・現物・現実（現場で・現物を見ながら・現実的な内容）」　②３即とは「即時・
　　即座・即応」　③「３徹」とは「徹頭・徹尾・徹底」で、職場重視の教えといえる。

（９）全事業場の職場は「整理（Seiri）・整頓（Seiton）・清掃（Seisou）〔３Ｓ〕」〔図２〕。
　　「清潔を含めた４Ｓ」はよく言われるが、建設業・製造業（食品・医薬等は別）・運輸業・サービス
　　業等の職場に、「清潔」まで求められない。全事業場共通は「整理・整頓・清掃」で、「トイレ・厨房・
　　食堂・玄関〔＊６〕」は清潔が求められる。「トイレ・厨房・食堂が汚い」と衛生上好ましくない、
　　「玄関が汚い」と事務所・職場内が汚れる、また、事業場のイメージが低下。
　　〔＊６〕トイレ・玄関等がきれいな職場は、「女性の定着率が高く、全従業員は礼儀正しい」。

（10）安全教育には、基本３本柱（知識教育・技能教育・態度教育）がある。

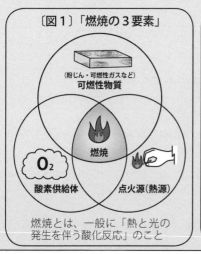

〔図１〕「燃焼の３要素」

（粉じん・可燃性ガスなど）
可燃性物質

O₂
酸素供給体

燃焼

点火源（熱源）

燃焼とは、一般に「熱と光の
発生を伴う酸化反応」のこと

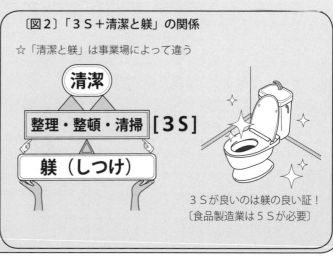

〔図２〕「３Ｓ＋清潔と躾」の関係

☆「清潔と躾」は事業場によって違う

清潔

整理・整頓・清掃　[３Ｓ]

躾（しつけ）

３Ｓが良いのは躾の良い証！
〔食品製造業は５Ｓが必要〕

# 第4章
# 玉掛け・クレーン等・開口部

# 1 玉掛け不良による災害

　昭和47年以前は、クレーンの能力不足（作業半径×定格荷重）、地耐力不足などによるクレーンの転倒災害が多発していた。近年は油圧技術（特に油圧ホースの強度増大）の進歩などにより大型クレーン（陸上では最大1200t・海上では最大4000t）が普及し、クレーンの能力不足による災害は減少した。最近のクレーン災害は、「設置方法不良による移動式クレーンの転倒と玉掛け方法不良によるつり荷の落下災害」が多い傾向にある。

　玉掛けとはクレーン・移動式クレーンなどに、荷を安定した状態でつるために行う荷掛けおよび荷外しの作業である。玉掛け作業は「玉掛け作業責任者・玉掛け者・合図者・クレーン等運転者」等の作業者が連携をとり、周囲の安全を確認しながら適正な方法で、玉掛けを行い、はっきりと明確な合図で作業を進めることが重要である。

　ここではクレーンフックへの「玉掛け方法の不良」をテーマとする。

　皆さんの職場で使用している玉掛け用具は、玉掛け用ワイヤロープ、つりチェーン、繊維スリング、特殊なものでは最大つり上げ能力が4点つり400tの超軽量繊維スリングがある。かつて日本では、玉掛け用ワイヤロープが主流だったが、近年は「繊維スリング（ベルトスリング）とつりチェーン」が多く使用されている。

## ● つり荷が外れ作業者に激突

　質量2tのつり荷をつり上げ荷重5tの天井クレーンでつろうとして、クレーンのフックにⅢE−50（下表）の繊維スリングを使い、「半掛け2本つり」にし、つり角度20度で掛けてつり上げた（イラストA）。ところが、一気につり上げたのでつり荷が傾き、あわてて床面に降ろそうとした時、繊維スリングのアイ部が踊り、フックから外れて玉掛け作業者につり荷が激突し下敷きになった。

**表　繊維スリングの種類と基本使用荷重**

※ストレートつりの場合　Ⅲ等級、両端アイ形（ⅢE）【JISB：8818】　Mi社の仕様

| JIS表示<br>（スリング幅） | ⅢE形（両端アイ部） | | アイ部の幅<br>（アイ部の断面） |
|---|---|---|---|
| | 最大使用荷重 | 破断荷重 | |
| ⅢE−25（25mm） | 0.8 t以下 | 50kN以上 | 27mm（1重） |
| ⅢE−35（35mm） | 1.25 t以下 | 75kN以上 | 18mm（2重） |
| ⅢE−50（50mm） | 1.6 t以下 | 100kN以上 | 30mm（2重） |
| ⅢE−75（75mm） | 2.5 t以下 | 150kN以上 | 37mm（2重） |
| ⅢE−100（100mm） | 3.2 t以下 | 200kN以上 | 37mm（3重） |

　この災害の主な原因は、次のようなことが考えられる。

**不安全な状態**：（a）フックの外れ止めのスプリングが損傷していた、（b）繊維スリングのアイ部4本（合計の幅：4×3cm＝12cm）を狭いフックに無理に押し込んだ、

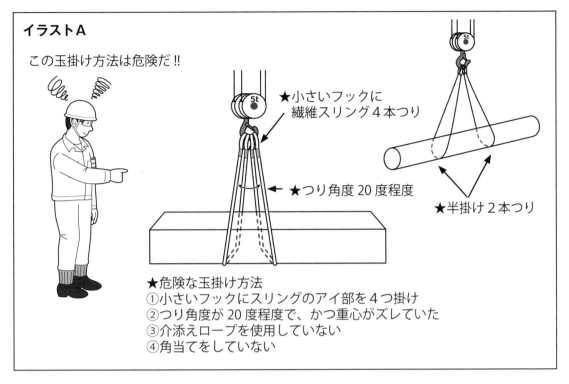

イラストA

この玉掛け方法は危険だ!!

★小さいフックに
繊維スリング4本つり

5t

★つり角度20度程度

★半掛け2本つり

★危険な玉掛け方法
①小さいフックにスリングのアイ部を4つ掛け
②つり角度が20度程度で、かつ重心がズレていた
③介添えロープを使用していない
④角当てをしていない

(c) 半掛け2本つりで重心がずれていた、(d) 立入禁止措置をしていない。

**不安全な行動**：(e) クレーン運転者は「地切り三寸」〔＊〕をしなかった、(f) 玉掛け者は介添え
ロープを使用しなかった、(g) 玉掛け作業者はつり荷の真下の近くにいた。

**不安全な管理**：(h) 玉掛け作業は協力会社の玉掛けの法定資格者任せ、(i) 繊維スリングを含め、
玉掛け作業の具体的な作業手順書がない。

〔＊〕地切り後、一旦停止して玉掛けの状態（つり荷の傾き・荷の重心など）
を確認する。

■**リスク基準**（P 9～10 参照）
　①危険状態が発生する頻度は時々「2」、②ケガをする可能性が高い「4」、
③災害の重篤度は重傷「6」です。

■**リスクレベル**（P10 参照）
　リスクポイントは「2＋4＋6＝12」なので、リスクレベルは「Ⅳ」となります。

● **リスク低減措置**

イラストBのような安全な玉掛け作業が必要である。

**安全な状態**：(a) フックに堅固な外れ止め装置の5t用絶縁フックを掛け、繊維スリングは絶縁
フックに重心振り分け（重心の左右）で玉掛けを行う、(b) と (c) 繊維スリング
はあだ巻き2本つりまたは目通し2本つりとし、フックには繊維スリングのアイ部
は2本以下。つりビームの専用つり具とし、クレーンのフックには1つだけ掛け、
共につり角度は60度程度とする、(d) 作業区域の近くは立入禁止措置を行う。

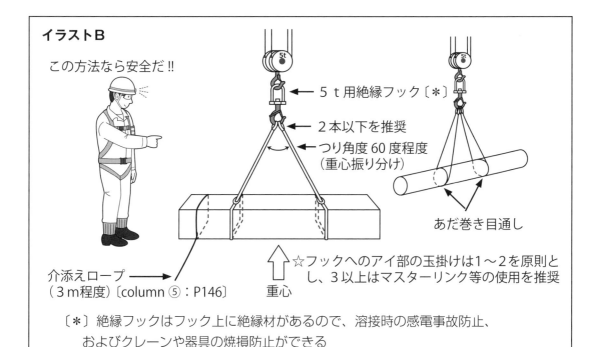

**イラストB**

この方法なら安全だ!!

5 t 用絶縁フック〔＊〕

2本以下を推奨

つり角度 60 度程度
（重心振り分け）

あだ巻き目通し

介添えロープ
（3 m程度）〔column ⑤ : P146〕

重心

☆フックへのアイ部の玉掛けは1～2を原則とし、3以上はマスターリンク等の使用を推奨

〔＊〕絶縁フックはフック上に絶縁材があるので、溶接時の感電事故防止、およびクレーンや器具の焼損防止ができる

**安全な行動**：(e) 天井クレーン運転者は必ず「**地切り三寸**」を行い、つり荷の安定を確認する、また危険な玉掛け方法と認識したら作業を中止し改善させる、（f）玉掛け者は介添えロープを使用してつり荷の誘導を行う、(g)「**つり荷の下は立入禁止**」とし、「近くに立ち入らない・立ち入りさせない」。

**安全な管理**：(h) 監督者も玉掛け作業の危険性を勉強し（観る目を養う）、協力会社が行う玉掛け作業の安全な方法を確認、（i）玉掛けワイヤだけでなく繊維スリング〔22kN 以上（筆者は 30kN を使用）〕を含め玉掛け作業のイラスト付き作業手順書を作成または見直す。

**■リスク基準（P 9～10 参照）**

　(a)～(i) などの対策を実施して作業を行えば、①危険状態が発生する頻度は滅多にない「1」、②ケガをする可能性がある「2」、③災害の重篤度は軽傷「3」です。

**■リスクレベル（P10 参照）**

　リスクポイントは「1＋2＋3＝6」なので、リスクレベルは「Ⅱ」となります。

🎓 **マメ知識**

　安全な玉掛け方法には **5 つのポイント** がある。①フックへのアイ掛けは 2 つ以下、②つり荷に適した玉掛け用具の選定と使用、③適正な荷のつり方と**介添えロープ**〔＊〕の使用、④クレーン運転者は「地切り三寸」で安全確認、⑤「つり荷下の近くは立入禁止措置を行い、**立入厳禁**」。玉掛け作業のワンポイントは「**つり荷の下に入らない、入らせない！**」。〔＊〕本書では「**介添えロープ**」に統一。

# 2 長尺物の玉掛け時の災害3事例

　クレーン作業で不可欠なのが、玉掛け作業である。**玉掛け作業**とは、クレーン・移動式クレーンなどに荷を安定した状態でつるために行う荷掛けおよび荷外しの作業をいう。玉掛け作業は、荷にワイヤロープなどを巻き付け、ワイヤロープをクレーンなどのフックへ掛ける作業および荷の運搬完了時に行う荷からのつりワイヤロープを外す作業で、使用している主な玉掛け用具には、ワイヤロープ、チェーン、繊維ロープなどがある。

　**ワイヤロープ**には、端部にアイスプライス・圧縮加工・ソケット加工など両端を端末加工したもの、両端アイスプライス・片端フック・片端リング付きのもの、エンドレスタイプがある。アイスプライスは補強材のシンブル入りとシンブルなしの2種類である。

　ここでは長尺の単管パイプの不適切な玉掛け方法により多発した災害を取り上げる。

## ● 単管パイプがばらけて作業者に

　イラストＡでは長尺物の玉掛け災害のうち3つの事例を取り上げる。

〈事例1〉

　フックに複数の単管パイプをワイヤロープで1本つりで玉掛けし、クレーンで一気に高さ5mまでつり上げた。単管パイプがばらけて落下し、つり荷の下にいた玉掛け者に数本の単管パイプが激突し下敷きになった。玉掛け者は、玉掛け作業の技能講習修了者だった。

〈事例2〉

　フックに多数の単管パイプをワイヤロープで半掛け（目掛け）2本つりで玉掛け。移動式クレーンの運転者は地切りをしないで、一気に高さ5mまでつり上げた。衝撃でつり荷がくずれて、単管パイプが落下し飛び跳ねて、近くで作業をしていた作業者の背中に複数の単管パイプが激突した。〔★第三者に激突し、社会問題（マスコミで公表）になった事例も多数ある。〕

〈事例3〉

　フックにワイヤロープで数多くの単管パイプをつり角度の狭いあだ巻き2本つりで行い、クレーンの運転者が地切りをしないで高さ5mまで一気につり上げた。その際の衝撃で単管パイプがばらけて落下、近くにいた通行者の背中に単管パイプが激突した。

　この3つの災害に共通する主たる要因には、次のようなことが考えられる。

**不安全な状態**：（a）ワイヤロープで不適正な玉掛け方法を行った、（b）単管パイプは番線で簡単に束ねただけだった、（c）立入禁止措置をしていなかった。

**不安全な行動**：（d）クレーンの運転者は「地切り三寸」をしなかった、（e）玉掛け者は介添えロープを使用しなかった、（f）つり荷の真下、または近くに作業者・通行者がいた。

**不安全な管理**：（g）玉掛け作業は協力会社任せ、（h）玉掛け方法の作業手順書がない。

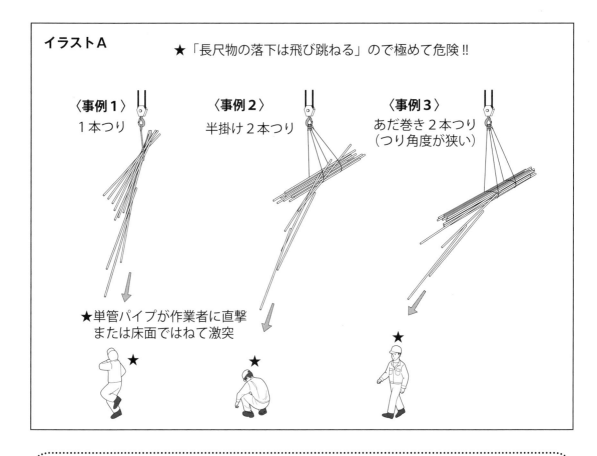

イラストA

★「長尺物の落下は飛び跳ねる」ので極めて危険!!

〈事例1〉
1本つり

〈事例2〉
半掛け2本つり

〈事例3〉
あだ巻き2本つり
（つり角度が狭い）

★単管パイプが作業者に直撃
または床面ではねて激突

■**リスク基準**（P 9～10 参照）

　リスク基準は3事例とも共通しています。①危険状態が発生する頻度は時々「2」、②ケガをする可能性が高い「4」、③災害の重篤度は致命傷「10」です。

■**リスクレベル**（P10 参照）

　リスクポイントは「2＋4＋10＝16」なので、リスクレベルは「Ⅳ」となります。

## ● リスク低減措置

　イラストBのような安全な玉掛け作業が必要である。

**安全な状態**：(a) ワイヤロープは「あだ巻き2本つり」とする（対策例イ）、繊維ロープを目通し2本つりとする（対策例ロ）、人力で移動ができる専用台車に載せて台車にワイヤロープを目通し2本つりとする（対策例ハ）、ともにつり角度は60度程度とする。

　　　　　　(b) 単管パイプは、荷締めベルトなどで束ねる。

　　　　　　(c) 作業半径内と近傍は関係者以外の立入禁止措置（ガードスタンド等）を行う。

**安全な行動**：(d) クレーンの運転者は必ず「**地切り三寸**」を行い、つり荷の安定を確認、またクレーンの運転者は危険な玉掛け方法と認識したら直ちに作業を中止し、改善させる。

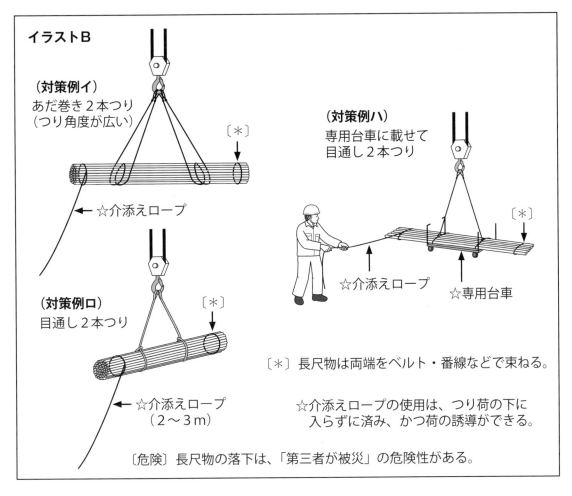

**イラストB**

**（対策例イ）**
あだ巻き2本つり
（つり角度が広い）

〔＊〕

←☆介添えロープ

**（対策例ロ）**
目通し2本つり

〔＊〕

←☆介添えロープ
　（2～3m）

**（対策例ハ）**
専用台車に載せて
目通し2本つり

〔＊〕

☆介添えロープ　☆専用台車

〔＊〕長尺物は両端をベルト・番線などで束ねる。

☆介添えロープの使用は、つり荷の下に
　入らずに済み、かつ荷の誘導ができる。

〔危険〕長尺物の落下は、「第三者が被災」の危険性がある。

　　　　　（e）玉掛け者は「介添えロープ」を使用して、つり荷の誘導を行う。
　　　　　（f）つり荷の真下と近傍は**立入禁止**。
**安全な管理**：（g）協力会社から玉掛け作業の具体的な方法を書面で確認。
　　　　　（h）作業手順書の内容を見直す（年月と氏名を記入）。

**■リスク基準（P9～10参照）**
　（a）～（h）などの対策を実施して作業を行えば、①危険状態が発生する頻度は滅多にない「1」、②ケガをする可能性がある「2」、③災害の重篤度は軽傷「3」です。

**■リスクレベル（P10参照）**
　リスクポイントは「1＋2＋3＝6」なので、リスクレベルは「Ⅱ」となります。

🎓　マメ知識

　玉掛けの災害防止対策として、次の5つをポイントとしてください。
　①作業半径内は立入禁止措置、②安全な玉掛け用具の使用、③適正な玉掛け方法と介添えロープの使用、④「**つり荷の下は立入厳禁**」―長尺物は落ちると、飛び跳ねる、⑤クレーンの運転者は「**地切り三寸（約9cm）**」でつり荷の安定を確認しましょう！

**玉掛け用具と玉掛けの方法**

# 1．玉掛け用具の主な種類

## （1）玉掛け用ワイヤロープ〔安全係数6以上〕

（a）両端アイスプライス

（b）両端圧縮止め

（c）両端圧縮止め（両シンブル入り）、
　　片端リング、片端フック

←──── シンブル ────→

## （2）ベルトスリング〔最大使用荷重以下〕

（a）両端アイ形
※アイとはいわゆる蛇口（へびぐち）をいう。

（b）エンドレス形

（c）両端金具付き（丸環とフック）

## （3）つりチェーン〔安全係数5以上〕

マスターリンク　→

チェーン径（mm）
〔6.0・8.0・10.0・13.0・16.0〕

ベルトスリングに比べて
熱に強く伸びが少ない。
ただし少し重い。

## （4）その他（絶縁フック、クランプ、ハッカー、シャックル、つりビーム等）

最大使用荷重
〔1t・2t・3t・5t〕

絶縁フックの例
（溶接時の作業も安全、
　感電・漏電防止用フック）

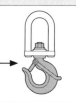

※（3）と（4）はＥＣ社の商品の仕様

# 2．玉掛けの方法

## （1）クレーンのフックにワイヤロープを掛ける主な方法

①目掛け（アイ掛け）

（a）1本つり〔＊1〕　（b）2本つり　（c）4本つり〔＊2〕

②半掛け　③あだ巻き掛け　④肩掛け

〔＊1〕「ワイヤロープの1本つり」はつり荷が回転しやすく、ロープの縒（よ）りが戻るので「原則禁止」。
〔＊2〕「小さいフックに4本つり」は、フックから外れる危険性がある。

## （2）つり荷にワイヤロープを掛ける主な方法

①目通しつり（チョークつり）　　②半掛け

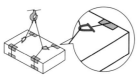
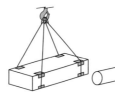

③あだ巻きつり

はかま（つり袋〔＊3〕）
長尺物を狭いところでつり上げるのに便利
〔＊3〕帆布製の袋

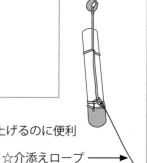

☆介添えロープ　→

# 3 構台端部のテルハ作業での墜落災害

　テルハとは、荷の上げ下げとランウェイと呼ばれるレールに沿った線を横に移動する**二次元運動**（平面運動）〔＊〕のクレーンのことをいい、ホイストを使ったものが多い。テルハのランウェイには通常Ⅰ形鋼またはこれに類したものが使用されている。類したものとは、例えば某社の「ＫＢＫシステム」があり、これは特殊な形状のレールを採用し**三次元運動**（立体運動）が可能、定格荷重は 60 ～ 1000kg である。床面の運搬作業が少なくなり、極めて効率が良いのが特長である。

　テルハの用途としては、機械工場での材料、製品の取扱い運搬用や倉庫などにおける小規模の運搬用など、簡単で取扱いが容易なため広く用いられている。

　テルハのうち、鉄道で手荷物を積んだ台車などをつり上げ、線路を越えて運搬されるものを、特に「跨線テルハ」と呼んで区別される。しかし、最近ではエレベーター、エスカレーター、階段運搬車の普及によって、国内では数セットになった。

　〔＊〕直線は一次元、平面は二次元、立体は三次元

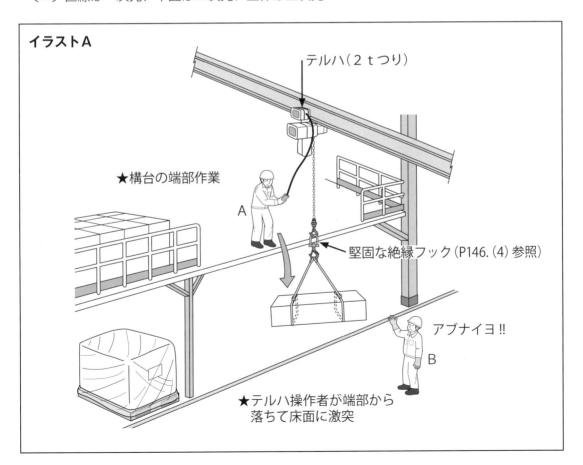

**イラストA**

テルハ（２ｔつり）

★構台の端部作業

A

堅固な絶縁フック（P146.（4）参照）

アブナイヨ‼

B

★テルハ操作者が端部から落ちて床面に激突

# ● 荷揚げ中に操作者が足を滑らせ

　荷受け台の下にトラックで運搬してきた荷物を、高さ３mにある棚（構台）に揚げる作業を２ｔつりテルハの操作者と玉掛け作業者の２人で行っていた（イラストA）。ともに法定資格者だが２人作業なので、テルハの操作者Aが構台上に昇って押しボタンスイッチを操作し、床面で玉掛け作業者Bが玉掛けしていた。

　最初、テルハの操作者Aは手すり内でスイッチの操作をしていたが、荷振れがするので開口部中央の端部からのぞき込みながら荷揚げをしていたとき、Aは足を滑らせ３m下の床面に背中から落ち、頭を強打した。

　この災害の主たる要因は、次のようなことが考えられる。

**不安全な状態：** (a) 墜落制止用器具（以下、**安全帯**）を掛ける場所が近くになかった、(b) 照度が７０lx程度と薄暗かったので、構台の端部が識別できなかった。

**不安全な行動：** (c) Aは安全帯を着用していたが使用しなかった、(d) Aは構台の端部からのぞき込んだ、(e) Bは介添えロープを使用しなかった。

**不安全な管理：** (f) テルハの作業は全て協力会社任せだったので内容を把握していなかった、(g) テルハの作業手順書はなかった、(h) 協力会社の緊急連絡体制がなかったので、「家族への連絡は警察」からとなった。

---

**■リスク基準（P 9～10 参照）**

　①危険状態が発生する頻度は時々「２」、②ケガをする可能性が高い「４」、③災害の重篤度は重傷「６」です。

**■リスクレベル（P10 参照）**

　リスクポイントは「２＋４＋６＝12」なので、リスクレベルは「Ⅳ」となります。

---

# ● リスク低減措置

　イラストBのような安全な状態・行動・管理が必要である。

**安全な状態：** (a) 堅固な安全帯を掛ける設備を設け、安全帯の使用を周知する。

　　　　　　　(b) 作業場所に照明器具を設置し、300 lx程度の照度を確保、また構台の端部に「赤／白の危険区域を強調した安全マーキング」を塗布。

**安全な行動：** (c) 操作者はハーネス型安全帯を着用し、常時使用。

　　　　　　　(d) 構台の端部の「赤／白の安全マーキング」内は立入厳禁を周知。

　　　　　　　(e) 荷振れ防止の「介添えロープ」を使用、軽い物ほど荷振れしやすいことを理解させる。

**安全な管理：** (f) リスクの高い作業は、協力会社の作業内容を把握する。

　　　　　　　(g) リスクの高い作業は「現場で・現物を観ながら・現実的な内容」を意味する〝三現主義〟で、安全な作業方法の作業手順書を作成する。

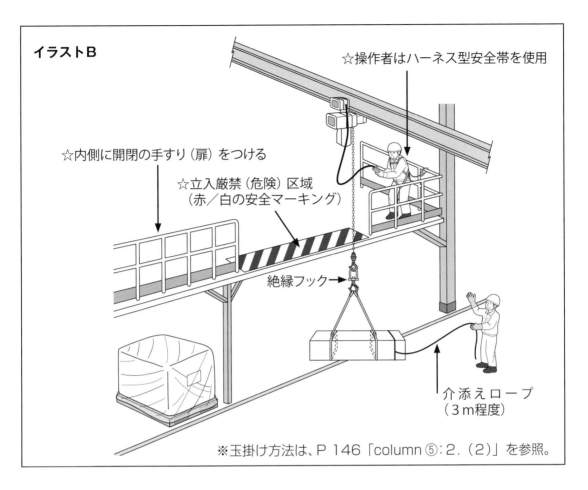

イラストB

☆操作者はハーネス型安全帯を使用

☆内側に開閉の手すり（扉）をつける

☆立入厳禁（危険）区域
（赤／白の安全マーキング）

絶縁フック

介添えロープ
（3m程度）

※玉掛け方法は、P 146「column ⑤：2.（2）」を参照。

（h）「**頭を打った時は脳外科**」など具体的な内容の協力会社の緊急連絡体制も
整備する。

**■リスク基準（P 9 〜 10 参照）**
（a）〜（h）などの対策を実施して作業を行えば、①危険状態が発生する頻度は滅多に
ない「1」、②ケガをする可能性がある「2」、③災害の重篤度は軽傷「3」です。

**■リスクレベル（P10 参照）**
リスクポイントは「1＋2＋3＝6」なので、リスクレベルは「Ⅱ」となります。

🎓 マメ知識

テルハ作業の危険性については、この事例のほかにも、次のようなものがあります。
①フックの口が小さいので、玉掛け用具のアイ部を2本以上入れると、地切りのときや
運搬の途中でアイ部がフックから外れて**つり荷が落下**、②運転者がつり荷に触りながら
移動すると、**つり荷と壁面などの間にはさまれる**、また荷崩れした荷が身体に激突など
があり、適正な玉掛け方法が必要です。

# 4 敷鉄板の玉掛け作業での災害

　ここでは、大型車が通行する進入路、建設工事で大型機械が作業を行う場所で「不可欠な敷鉄板の設置・撤去時の災害」をテーマとする。

　クレーン等による「荷取り・荷置き作業は、無人化が限定」されるので、玉掛け作業は作業者がつり荷の近くにいることが多く〔＊1〕被災する確率が高い。一度玉掛けによる災害が発生するとエネルギー〔＊2〕が大きいので、重篤度が高く（致命傷・重傷）なる。

　玉掛けは、「つり荷の形状と質量の違い」があり奥深い。まず、身近にある「適正な玉掛け用具・玉掛け方法（column ⑤：P146）」を、作業関係者が知り、「適正な作業方法で作業を行う」ことが大切である。「担当者・協力会社に任せていた、想定外だった」は許されない。

　〔＊1〕玉掛け作業は「十分な安全間隔の確保」が難しく、リスクが多い。

　〔＊2〕災害は「人とエネルギーとの衝突（接触）」・大きなエネルギーは人体に危険。

## 敷鉄板の形状・規格等

☆敷鉄板等はレンタル品が多く、規格は尺（30.5㎜）表示。連結はリングプレートがある。
（1）敷鉄板（t＝22㎜）①3×6（914×1829）：289kg ②4×8（1219×2438）513kg
　　③5×10（1524×3048）：802kg ④5×20（1524×6096）：1604kg
（2）敷鉄板（t＝25㎜）⑤5×10（1524×3048）：911kg (f) 5×20（1524×6096）:1823kg

## ● 砂利道（幅6cm）に敷鉄板設置の状況と作業者

〔略字〕クレーンは「Ｃr」。
　砂利道に工事用道路の路面覆工として、敷鉄板〔＊3〕を設置する作業。仮置場から11tトラックで運搬（6枚/回）してきた敷鉄板を4.9tクローラＣr〔＊4〕で、「覆工板専用のつりフック〔＊5〕」でつり、旋回して順次設置。なお、作業員はＣr運転者Ａ、トラック運転者Ｂ、職長Ｃ、玉掛け作業は2人（Ｄ・Ｅ）の5人。

　〔＊3〕敷鉄板は板厚：22㎜・規格：5尺×20尺・質量：1604kg/枚。

　〔＊4〕クローラは硬質ゴム製、全幅2.35ｍ。利点は「つり荷状態で走行が可能」。7.4ｍブーム長（静止つり）で、つり荷1.60ｔの最大作業半径4.5ｍ。

　〔＊5〕当フックは「鋼製覆工板の穴に掛ける専用フック」で、外れ止め装置は無い。なお鋼製覆工板は地下埋設工事用の仮設桟橋上の荷重を直接受ける床板および床組に用いられる。

## ● 災害：仮置きのとき、フックが外れて敷鉄板が転倒

　玉掛け者Ｄはトラックの荷台上で覆工板専用のつりフック（以下、**覆工板用フック**・フック）を、敷鉄板の穴に掛け、Ｃr運転者Ａは設置場所に敷鉄板を180度旋回させて、玉掛Ｅの合図で着地を複数回行った。同じ作業方法の繰り返しだったので、Ａは設置場所に敷鉄板を

急いで降ろすとき、フックに遊びができて、敷鉄板の穴からフックが外れたので敷鉄板が倒れて、Dの「下肢に敷鉄板が激突」した。

**不安全な状態**：（a）敷鉄板のつり具に「外れ止め装置のない覆工板用フック」を使用

**不安全な行動**：（b）職長Cは適正なフックの選択をしなかった、（c）Dは敷鉄板の転倒範囲内にいた、（d）Dは敷鉄板に介添えロープを取り付けなかった、（e）Aは敷鉄板を急降下で降ろした。

**不安全な管理**：（f）作業開始前に作業者全員で、KY活動をしなかった、（g）敷鉄板の設置作業は、協力会社任せだった、（h）協力会社に、「敷鉄板設置の作業手順書」はなかった。

> **■リスク基準**（P9～10参照）
> ①危険状態が発生する頻度は時々「2」、②ケガをする可能性がある「2」、
> ③災害の重篤度は致命傷（下肢の複雑骨折）「10」です。
>
> **■リスクレベル**（P10参照）
> リスクポイントは「2＋2＋10＝14」なので、リスクレベルは「Ⅳ」となります。

## ● リスク低減措置

イラストBのような「安全な状態・行動・管理」が必要である。

**安全な状態**：（a）敷鉄板のつり具は、外れ止め装置付き「鉄板つり専用のフック〔＊6〕（以下、**鉄板用フック**）」を使用。

**安全な行動**：（b）職長は事前に玉掛者と相談し、適正な鉄板用〔＊7〕のつりフックを選択、（c）玉掛け者は、敷鉄板の転倒範囲外でつり荷の誘導を行う、（d）敷鉄板〔＊8〕は「幅が6mで1本つり」なので、介添えロープ2本を使用〔敷鉄板には小型ブルマン等で固定〕、（e）Cr運転者は、「敷鉄板はゆっくりと旋回して降下」させる。

**安全な管理**：（f）作業開始前に作業者全員で、KY活動を行う、（g）敷鉄板の設置作業も、協力会社任せにせず、「事前に作業方法の打合せ」を行い記録に残す、（h）協力会社と合同で「敷鉄板設置の作業手順書」を作成。

〔＊6〕「敷鉄板フック掛けは1本つり」となるので、外れ止め装置付き専用つりフックを使用。

〔＊7〕敷鉄板・鉄板・覆工板の専用つりフックはそれぞれ違う

〔＊8〕敷鉄板は幅が広いので、敷鉄板の両端上部に小型ブルマン等で固定。

> **■リスク基準**（P9～10参照）
> （a）～（h）などの対策を実施して作業を行えば、①危険状態が発生する頻度は滅多にない「1」、②ケガをする可能性がある「2」、③災害の重篤度は軽傷「3」です。
>
> **■リスクレベル**（P10参照）
> リスクポイントは「1＋2＋3＝6」なので、リスクレベルは「Ⅱ」となります。

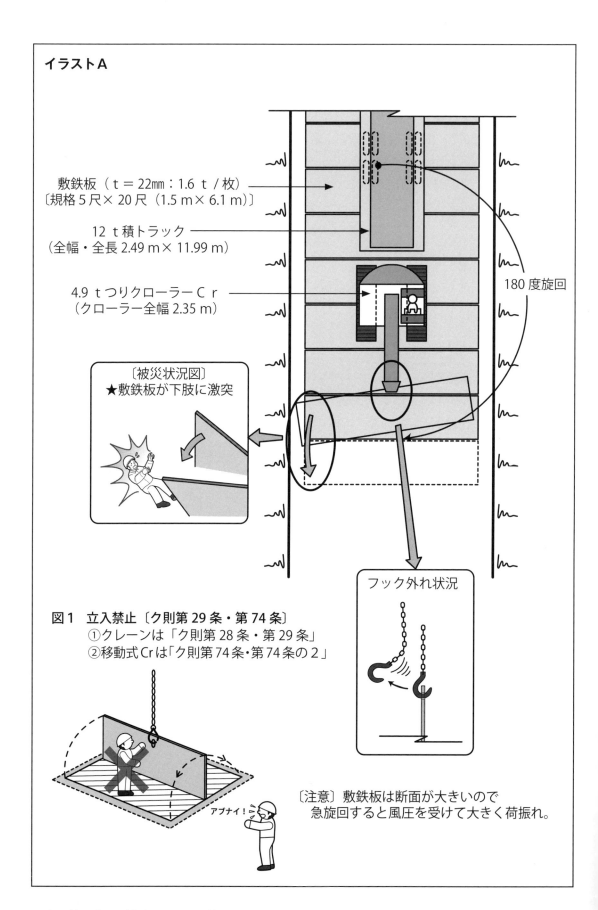

**イラストA**

敷鉄板（t＝22mm：1.6 t／枚）
〔規格5尺×20尺（1.5 m×6.1 m）〕

12 t積トラック
（全幅・全長 2.49 m×11.99 m）

4.9 tつりクローラーCｒ
（クローラー全幅 2.35 m）

180度旋回

〔被災状況図〕
★敷鉄板が下肢に激突

フック外れ状況

**図1　立入禁止〔ク則第29条・第74条〕**
　①クレーンは「ク則第28条・第29条」
　②移動式Crは「ク則第74条・第74条の2」

アブナイ！

〔注意〕敷鉄板は断面が大きいので
　　　　急旋回すると風圧を受けて大きく荷振れ。

## イラストB

〔**図2**〕「鉄板つり用フックの1本つり」で、敷鉄板をつり上げる方法〔手順〕

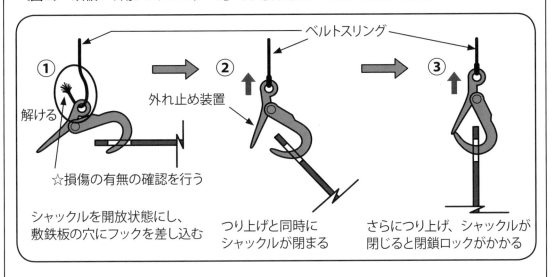

ベルトスリング

① 解ける
☆損傷の有無の確認を行う
シャックルを開放状態にし、敷鉄板の穴にフックを差し込む

② 外れ止め装置
つり上げと同時にシャックルが閉まる

③ さらにつり上げ、シャックルが閉じると閉鎖ロックがかかる

〔**図3**〕敷鉄板を3枚ずつ玉掛けする方法
「イーグルハッカーEH型」の例

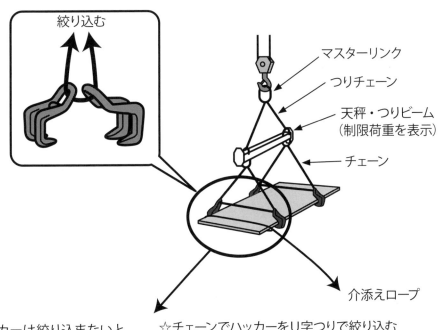

絞り込む

マスターリンク
つりチェーン
天秤・つりビーム
（制限荷重を表示）
チェーン
介添えロープ

〔注意〕ハッカーは絞り込まないと外れるおそれがある

☆チェーンでハッカーをU字つりで絞り込む
（ハッカーの飛び跳ね防止）

【参考】資機材置場で、敷鉄板をトラックの荷台に積荷する方法〔図3〕

　リース会社からの「搬入・搬出はオントラック」なので、荷受けの事業場が実施。この際、荷台上での玉掛け作業は大変危険を伴うので、「玉掛け用具の選択と作業方法を誤らない」ように。筆者推奨は「図2」に示す通り、「ハッカー使用の敷鉄板の水平積みの専用つり具」。

# 5 積載形クレーンの激突され災害

## 積載形トラッククレーンについて

〔**略字**〕積載形トラッククレーンは「**積載形Ｃｒ**」、アウトリガーは「**ｏｒ**」。

積載形Ｃｒは、汎用トラックに油圧式のクレーン装置を装備し、１台で「積み込み・運搬・積み卸し」ができる便利な車両機械である。しかし、荷台とクレーン装置の近くで作業を行うことが多いので、過信して作業方法を誤ると危険な機械に一変〔＊１〕する。

積載形Ｃｒの３大災害は、①作業半径内にいて、「機体の転倒ではさまれる（下敷き）」、②「つり荷と機体にはさまれる」、③「つり荷に激突される」。

ここでは、②と③に関わる「積載形Ｃｒで激突され災害」をテーマとする。

〔＊１〕積載形Ｃｒの真横つりは、両側の「**ｏｒ２脚が転倒支点**」となるが、後方つり時は「**後輪が転倒支点**」となる。前方つりは「**前輪が転倒支点**」となるので、前輪への反力が大きくなりつり上げ荷重は小さく（25％以下）なる。（★ｏｒ４脚のラフターとは違う）

## 小型移動式Ｃｒの用途外使用

時折、造園会社がブームの先端にバスケットを装着して、高所作業車のような作業をしているが、「明らかな用途外使用」。安衛法が改訂されて早々に、クレーン則第73条にいう「作業の性質上やむを得ない場合」に該当しないとの通達が出された。（クレーン等安全規則：第73条の疑義に対する局長通達）

## ● 積載形Ｃｒとつり荷にはさまれる災害

運転者Ａは職長から、自社の積載形Ｃｒ〔＊２〕で資材置場から長さ3.5ｍのＨ形鋼〔＊３〕を、3km離れた工事現場に、6本だけ運搬して来るように頼まれた。Ａは少数なので、「１人で運搬」すると、職長に申し出て資材置場に行った。Ｈ形鋼は他の鋼材の上に乱積みだったので、横つり用クランプ（以下、**クランプ**）２個で、Ｈ形鋼６本を「手前引き」で崩してから、各Ｈ形鋼にクランプを２個取り付け、２本つりで順次５本を荷台に積み込んだ。最後の１本は作業半径外だったので、更に手前引きしながら〔＊４〕ブームを一気に起こして、荷台に近づけようとしたとき荷振れして「Ｈ形鋼がＡに激突」した。工事現場にいた職長は、いつまで経ってもＡが戻って来ないので、資材置場に行ったら、ＡはＨ形鋼の下敷きになっていた。

〔＊２〕４トン車の３段ブームで、最大作業半径は7.5ｍ、最大つり上げ荷重は500kg程度。

〔＊３〕Ｈ形鋼（300×300）、１本の質量は329kg（94kg/ｍ×3.5ｍ）。

〔＊４〕「横つり用クランプの手前引き」は、Ｈ形鋼フランジの縦つりとなるので、外れやすく・外れた時、運転者に「クランプが飛んで来て激突」する危険性もある。

**不安全な状態**：（a）置場の鋼材は乱積み状態で、積載形ＣｒをＨ形鋼に横付けできなかった。

**不安全な行動**：（b）職長は、Ｈ形鋼の積み込み作業をＡだけにさせた、（c）Ａは日頃から、鋼材等は手前引きしていた、（d）Ａは玉掛けの特別教育修了者〔＊５〕だった。〔＊５〕特別教育は「つり上げ荷重１ｔ未満」なので、小型ホイストなどに限定される。

**不安全な管理**：（e）当社では、日頃から「鋼材の手前引き・横引きを黙認」していた、（f）当社では法定資格を、本証で確認しなかった（職長任せ）、（g）当社に「クレーン作業の手順書」はなく、クレーン能力向上教育も行っていなかった。

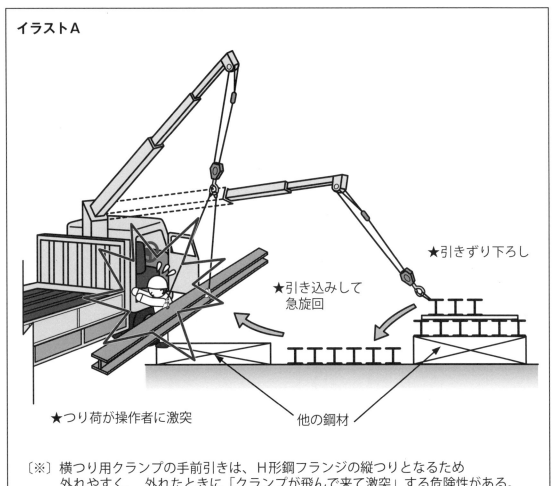

**イラストＡ**

★引きずり下ろし

★引き込みして
急旋回

★つり荷が操作者に激突

他の鋼材

〔※〕横つり用クランプの手前引きは、Ｈ形鋼フランジの縦つりとなるため
外れやすく、外れたときに「クランプが飛んで来て激突」する危険性がある。

**■リスク基準**（Ｐ９～１０参照）

①危険状態が発生する頻度は時々「２」、②ケガをする可能性がある「２」、
③災害の重篤度は致命傷（下肢の複雑骨折）「１０」です。

**■リスクレベル**（Ｐ１０参照）

リスクポイントは「２＋２＋１０＝１４」なので、リスクレベルは「Ⅳ」となります。

## ● リスク低減措置

イラストBのような「安全な状態・行動・管理」が必要である。

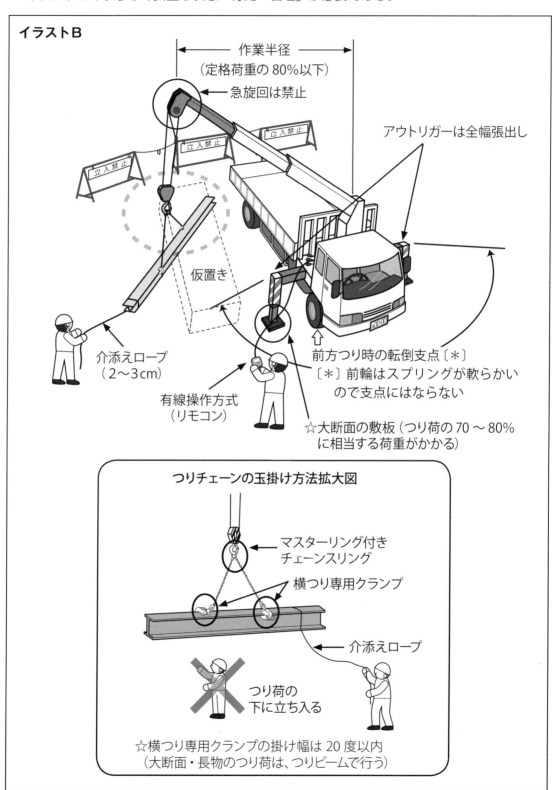

**イラストB**

作業半径
（定格荷重の80%以下）

急旋回は禁止

立入禁止　立入禁止　立入禁止

アウトリガーは全幅張出し

仮置き

介添えロープ
（2～3cm）

有線操作方式
（リモコン）

前方つり時の転倒支点〔＊〕
〔＊〕前輪はスプリングが軟らかい
　　ので支点にはならない

☆大断面の敷板（つり荷の70～80%
　に相当する荷重がかかる）

**つりチェーンの玉掛け方法拡大図**

マスターリング付き
チェーンスリング

横つり専用クランプ

介添えロープ

つり荷の
下に立ち入る

☆横つり専用クランプの掛け幅は20度以内
　（大断面・長物のつり荷は、つりビームで行う）

安全な状態：（a）置場の鋼材は、日頃から積載形Ｃｒが鋼材に横付けが可能な状態にする。

（積載形Ｃｒの作業半径は小さいので、空車時の定格総荷重・作業半径の８割以内とする）

安全な行動：（b）積載形Ｃｒでの Ｈ 形鋼の積み込みは、２人作業（単独作業は禁止）とする。

（c）Ｈ 形鋼には「介添えロープ」を取り付け、玉掛け者が荷振れ防止をしながら、荷台に積み込む。

（d）玉掛けの業務は技能講習修了者（法定資格の本証は常時本人が持参）が行う。

安全な管理：（e）「鋼材の手前引きは禁止」、鋼材の真横に積載形Ｃｒを設置、Ｃｒ操作は有線操作方式で行わせる。

（f）法定資格は本証で確認し、事務所に保管。

（g）事業場は、「積載形Ｃｒ作業の手順書」を作成し、Ｃｒ能力向上教育も定期的に行う。

■**リスク基準**（P 9～10 参照）

（a）～（g）などの対策を実施して作業を行えば、①危険状態が発生する頻度は滅多にない「１」、②ケガをする可能性がある「２」、③災害の重篤度は軽傷「３」です。

■**リスクレベル**（P10 参照）

リスクポイントは「１＋２＋３＝６」なので、リスクレベルは「Ⅱ」となります。

## ● 〔法の知識〕移動式クレーンの管理と安全作業

### 法令遵守事項〔クレーン則の主な条文〕

<表１>移動式クレーンの管理

① 「検査証の備付け」（第 63 条）
② 「使用の制限」（第 64 条）
③ 「設計の基準とされた負荷条件」（第 64 条の 2）
④ 「巻過防止装置の調整」（第 65 条）
⑤ 「安全弁の調整」（第 66 条）
⑥ 「作業の方法等の決定等」（第 66 条の 2）
⑦ 「外れ止め装置の使用」（第 66 条の 3）
⑧ 「特別の教育」（第 67 条）
⑨ 「就業制限」（第 68 条）
⑩ 「過負荷の制限」（第 69 条）
⑪ 「定期自主検査」（第 76 条・第 77 条）年次は 1 年、月次は 1 カ月以内ごと
⑫ 「作業開始前の点検」（第 78 条）〔点検表で点検〕
⑬ 「自主検査の記録」（第 79 条）
⑭ 「補修」（第 80 条）
〔記〕移動式クレーン「検査証」（第 59 条）、「移動式クレーン検査証の有効期間」（第 60 条）等

<表２>移動式クレーンの安全作業

① 「傾斜角の制限」（第 70 条）
② 「定格荷重の表示等」（第 70 条の 2）
③ 「使用の禁止」（第 70 条の 3）〔地盤が軟弱・法肩の崩壊等により転倒のおそれがある場合〕
④ 「アウトリガーの位置」（第 70 条の 4）
⑤ 「アウトリガー等の張り出し」（第 70 条の 5）
⑥ 「運転の合図」（第 71 条）
⑦ 「立入禁止」（第 74 条・第 74 条の 2）
⑧ 「搭乗の制限」（第 72 条・第 73 条）
⑨ 「強風時の作業中止」（第 74 条の 3）
⑩ 「強風時における転倒の防止」（第 74 条の 4）
⑪ 「運転位置からの離脱の禁止」（第 75 条）
⑫ 「ジブの組立て等の作業」（第 75 条の 2）

# 6 積載形クレーンの転倒災害

　ここでは移動式クレーン（以下、**移動式Ｃｒ**）の中で、災害の多い積載形トラックＣｒ（以下、**積載形Ｃｒ**）の災害をテーマとする。積載形Ｃｒは、1台で「積み込み・運搬・積み卸し」ができる便利な小型移動式Ｃｒである。

### 積載形Ｃｒの知識

「前方領域では、つり上げ性能が空車時定格荷重の25％以下（☆禁止を推奨）」。フロート1脚にかかる最大荷重は、「機体質量とつり荷の質量合計の70～80％に相当」する荷重となる。

## ● 積載形Ｃｒは、「他の移動式Ｃｒと違う難点が多数ある」

### 主な難点と対応

①クレーン装置を装備しているので、荷台の積荷質量が制限される〔架装4ｔ車級に積荷を4ｔ積載すると、クレーン装置の質量（1ｔ以上）が過積載となる〕
　⇒対応：荷台横の見やすい場所に、「荷台の最大積荷質量〇〇ｔ」を、マグネットシート等で表示し周知。

②アウトリガー（以下、ｏｒ）は2脚が多く、作業領域（後方・側面・前方領域）により、「転倒支点が変わるので、定格荷重が著しく変動」。
　⇒対応：「図1」で積載形Ｃｒの各作業領域の知識を学び、定格荷重の80％以下での作業を推奨。

③ｏｒの「フロートは小断面が多い」⇒対応：「広くて丈夫な敷板設置」で広い支持面を確保。

④荷台の積荷・空荷状態で定格荷重が変動⇒対応：「都度、空荷時定格荷重表」で確認。

⑤路面が傾斜していると、つり荷状態のブームが簡単に旋回⇒対応：「水平堅土の確保」。

⑥路肩作業は、敷板が沈下し転倒する可能性が高い⇒対応：「敷鉄板を設置し、堅固な床面を確保」。

⑦レンタル車の場合、不慣れなクレーン操作になる恐れがある。
　⇒対応：積載形Ｃｒを手配する事業場は、積載形Ｃｒの機種名等をトラック運転手に教える。
　　　　また、定期的に「クレーン操作・玉掛け作業の能力向上教育」を行う。

**災害発生**：2.9ｔつり積載形クレーン〔＊1〕（P159枠内）が路肩〔＊2〕で転倒路肩に小断面の敷板を置き、積載形Ｃｒのアウトリガー（ｏｒ）を「中間張り出し」にして、側面領域で「ブームを伸ばしながら旋回」したとき、Ｕ型側溝〔＊3〕が強風で煽（あお）られて作業半径が大きくなり積載形Ｃｒが転倒して、クレーン操作者Ａが、ガードレールとの間に挟まれた。また、荷受け待ちしていた玉掛け者ＢにＵ型側溝が激突（2重災害）。
　〔＊2〕「村道の路肩」は地盤が緩く、路肩にガードレール（自転車等の転落防止）がある。
　〔＊3〕長さ2ｍのＵ型側溝（300Ｂ）の質量は267kg/個で、幅は36cm。

**不安全な状態**：（ａ）「ｏｒは中間張り出し」だった、（ｂ）荷台は空車状態だった、（ｃ）「敷板は小断面」だった、（ｄ）短時間の荷卸しだったので、「強風下で作業」を続行。

**不安全な行動**：（ｅ）操作者Ａは「中間張り出し」を忘れ、「最大張り出し」と同じ作業半径の

定格荷重で作業をした、（f）「介添えロープを使用」しなかった。

**不安全な管理**：（g）積載形Ｃｒの作業は「協力会社任せ」だった。

（h）作業開始前にＫＹ活動をしなかった。

（i）協力会社・事業場に、「積載形Ｃｒ作業の作業手順書」はなかった。

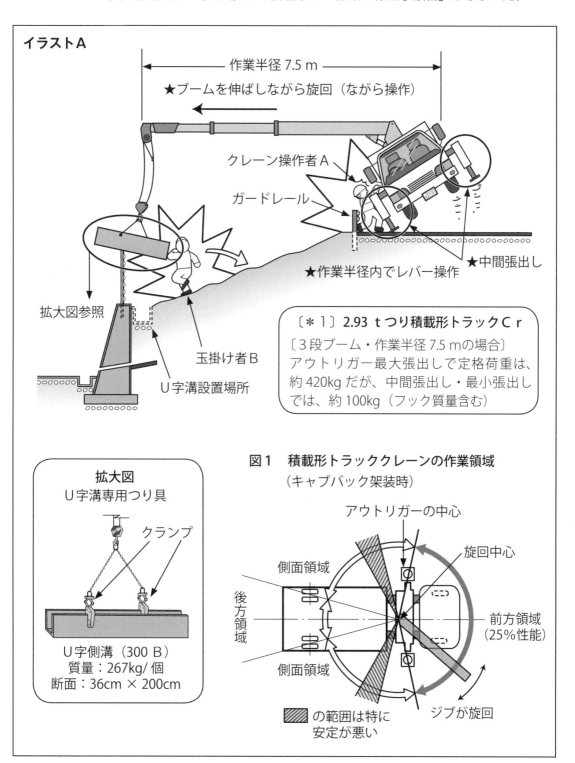

**イラストA**

作業半径 7.5 m

★ブームを伸ばしながら旋回（ながら操作）

クレーン操作者A

ガードレール

★中間張出し

★作業半径内でレバー操作

拡大図参照

玉掛け者B

U字溝設置場所

〔＊１〕**2.93 ｔつり積載形トラックＣｒ**

〔３段ブーム・作業半径 7.5 mの場合〕
アウトリガー最大張出しで定格荷重は、
約 420kg だが、中間張出し・最小張出し
では、約 100kg（フック質量含む）

**拡大図**
U字溝専用つり具

クランプ

U字側溝（300 B）
質量：267kg/ 個
断面：36cm × 200cm

**図１ 積載形トラッククレーンの作業領域**
（キャブバック架装時）

アウトリガーの中心

旋回中心

側面領域

後方領域

前方領域
（25％性能）

側面領域

ジブが旋回

の範囲は特に
安定が悪い

■**リスク基準**（P 9〜10 参照）

　①危険状態が発生する頻度は時々「2」、②ケガをする可能性がある「2」、
③災害の重篤度は致命傷（下肢の複雑骨折）「10」です。

■**リスクレベル**（P10 参照）

　リスクポイントは「2＋2＋10＝14」なので、リスクレベルは「Ⅳ」となります。

## ● リスク低減措置

　イラストBのような「安全な状態・行動・管理」が必要である。

**安全な状態**：(a)〜(c) 4.9 tつりクローラＣｒ〔＊4〕（P161枠内）をレンタルし、敷鉄板
　　　　　　　を設置。

　　　　　　(d) 強風（平均風速 10 m以上）になったら、「作業は即中止」。

**安全な行動**：(e) クレーン操作者は「作業半径は定格荷重の 80％以下」で行う。

　　　　　　(f) 玉掛け者はつり荷に介添えロープを取り付け、つり荷が荷卸し場に近づいて
　　　　　　　　から、つり荷に近づく。玉掛け作業無資格のトラック運転手が、玉掛け作業を
　　　　　　　　行う場合がある。

**安全な管理**：(g) 4.9 つりクローラＣｒはレンタルが多いので、協力会社任せにしない。

　　　　　　(h) 作業開始前には、必ず KY 活動を行う。

　　　　　　(i) 協力会社の合同で、「積載形Ｃｒ作業の作業手順書」を作成する。

■**リスク基準**（P 9〜10 参照）

　(a)〜(i) などの対策を実施して作業を行えば、①危険状態が発生する頻度は滅多に
ない「1」、②ケガをする可能性がある「2」、③災害の重篤度は軽傷「3」です。

■**リスクレベル**（P10 参照）

　リスクポイントは「1＋2＋3＝6」なので、リスクレベルは「Ⅱ」となります。

**イラストB**

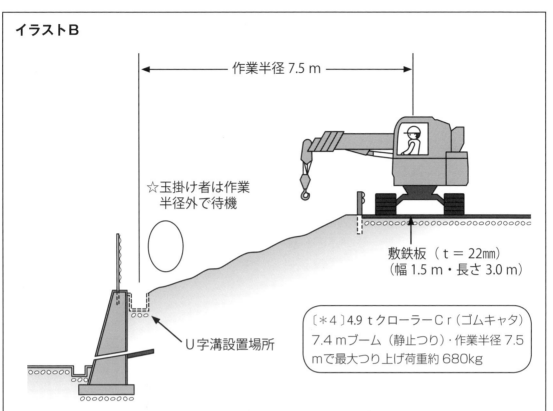

作業半径 7.5 m

☆玉掛け者は作業
半径外で待機

敷鉄板（ t = 22㎜）
（幅 1.5 m・長さ 3.0 m）

U字溝設置場所

〔＊4〕4.9 t クローラー C r（ゴムキャタ）
7.4 m ブーム（静止つり）・作業半径 7.5
m で最大つり上げ荷重約 680kg

〔記〕作業半径が 4 m 以上・つり荷が 100kg 以上・路面下への
つり下げ作業は 4.9 t クローラー C r （レンタル）を推奨

図2　吹き流しの角度で見る風速の目安

| 周囲の状況 | 吹き流し | 風速（秒） |
|---|---|---|
| 砂ぼこりが<br>立つ<br>作業注意 | 傾斜角 60 度 | 5 ～ 8m |
| 木が揺れ<br>はじめる | 傾斜角 75 度 | 9 ～ 10m |
| 電線が鳴る<br>クレーン<br>作業中止 | 傾斜角 80 度<br>グルグル回る<br>（危険表示） | 11m以上 |

☆積載形クレーン必須の知識

①「前方領域では、つり上げ性能
　が空車時定格荷重の 25％以下
　（☆つり荷状態での「前方旋回
　は禁止」を推奨）

②フロート 1 脚にかかる最大荷
　重は、「機体質量とつり荷の
　質量合計の 70 ～ 80％に相当」
　の荷重となる

# ラフターが転倒し、民家に激突

　移動式クレーン（以下、Ｃｒ）は、主に①トラックＣｒ〔＊1〕、②ホイールＣｒ（ラフターが多い）、③クローラＣｒ〔＊2〕、その他の移動式Ｃｒは浮きＣｒ〔＊3〕・鉄道Ｃｒ・油圧ショベル兼用Ｃｒがある。積載形トラックＣｒ（3 t 未満が多い）は、トラックＣｒに該当。ここでは、②の「つり上げ荷重が 16 t のホイールＣｒ（ラフター）の転倒」をテーマとする。

　〔＊1〕油圧式と機械式があり、小型（2.9 t）から超大型（1200 t）まで各種ある。
　〔＊2〕最大つり上げ能力 1250 t×10 m・最大ブーム 95 m・総質量 500 t（Ｋ社仕様）
　〔＊3〕国内では、最大つり上げ能力 4000 t（Ｆ社仕様）、世界最大はイタリアの
　　　　17,000 t つり。

## ラフターについて

　ラフターは、「自動車として運転する時の運転席と、Ｃｒとして運転する運転席は同じ」で、かつ車両の長さが短く、また、かじ取り前輪・後輪共に曲がる機種は、狭い道路でも走行ができるので、近年急速に需要が増え、運転手付きレンタルが増加。便利なＣｒだが、大型化に伴い死角も多く多数の危険性が潜在し、事故・災害も多発している。

　特に、公道に隣接の作業では、①架空の送電線に接触して近隣が停電、②電柱の倒壊、③家屋への転倒、④公道の遮断等の転倒災害が危惧される。Ｃｒの事故・災害は「公衆の安全を脅かす」ので、地元の新聞・テレビには、必ず報道される。なお、ラフターの運転は、移動式Ｃｒ運転士免許、公道の運転は大型特殊（ホイール式）自動車の免許が必要。

## ● 16 t ラフターが転倒し、民家の屋根に激突の災害

### ラフター設置場所の状況

　ラフター設置は、民家に隣接したグランドのフェンスの内側で、高木があった場所。建物工事のために伐木後に「伐根して暫く放置し雨水が溜まり、その後、ルーズな埋戻し」をした。その様な状態だった事実〔＊4〕を、事業場は地元の施工会社に伝えなかった。
　〔＊4〕伐木・伐根は 1 年前に行い、当時の担当者は数カ月前に定年で退職。

### ラフターの転倒事故

　建物の基礎工事の鋼材を置くため、グランドの最奥に 16 t ラフターを停車し地盤上に敷板を置き、トラック 3 台の荷卸しだけなので、16 t ラフター〔＊5〕のアウトリガー（以下、ｏｒ）は半出し状態で、鋼材の荷卸しを開始。最後の 1 台の荷卸しの頃、強風が吹きはじめた。

　フェンス側のｏｒの敷板が沈み始め旋回面が傾斜していたが、無理に作業を継続。民家側にブームを旋回させたとき、敷板が急に沈んでＣｒが転倒し〔＊6〕、ブームが民家の屋根に激突。復旧に手間取り〔＊7〕、近隣の民家が暫く停電した。なお、民家の家族 4 人は、たまたま全員外出中だった。事故後 2 週間、4 人はホテル住まいとなった。
　〔＊5〕車体総重量は約 20 t、最大作業半径はブーム約 28 m、最大時の路面荷重 18.4 t、

走行時寸法（全長：8.3 m・全幅：2.2 m・全高：3.2 m）の路面荷重18.4 t（T社の仕様）。

〔＊6〕旋回面が傾斜していると「旋回ブレーキは弱いので、ブーム等は低い方へ流される」。

〔＊7〕ラフターは油圧配管が多いので、専門会社を呼び油圧機器の解体と油抜きが必要で、その後にブームと車体を別々につるので大型Crが必要となり、近くに寄りつけない場合が多く、復旧に多大な時間が必要。また、報道関係のヘリ取材の対象となる。

**不安全な状態**：(a) ラフターの設置場所はルーズな埋戻しだった、(b) 敷鉄板を設置しなかった。

**不安全な行動**：(c) ラフター運転者Aは、「orを半出し状態」にした、(d) Aは、旋回面が傾斜していたが、作業を継続した、(e) 職長は、強風なのに作業を中断させなかった。

**不安全な管理**：(f) 事業場（発注者）は、軟弱な地盤の事実を施工会社に伝えなかった。
(g) 大規模の事業所なので、工事は本社の管理下で設計施工は関連会社任せだった、(h) 施工会社に「鋼材荷卸しの作業手順書」はなかった。

〔記〕ラフターは多数の危険性が潜在しているので、能力の大小に関わらず「設置方法・作業方法」のリスクアセスメント（以下、RA）を行い、作業開始前のKY活動で残留リスクをフォロー〔推奨〕。

---

**■リスク基準**（P 9～10 参照）

①危険状態が発生する頻度は滅多にない「1」、②ケガをする可能性が高い「4」、③災害の重篤度は致命傷「民家に激突」「10」です。

**■リスクレベル**（P10 参照）

リスクポイントは「1＋4＋10＝15」なので、リスクレベルは「Ⅳ」となります。

---

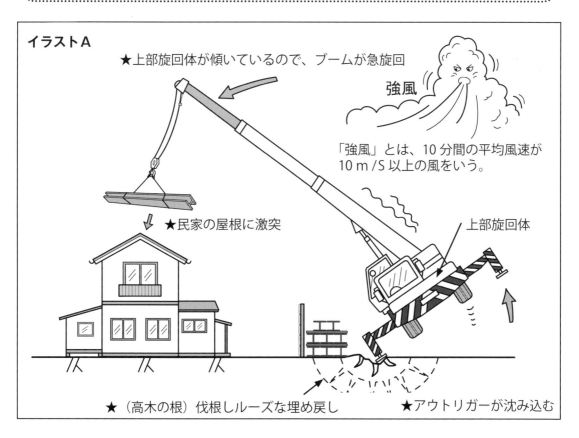

**イラストA**

★上部旋回体が傾いているので、ブームが急旋回

強風

「強風」とは、10 分間の平均風速が10 m/S 以上の風をいう。

上部旋回体

★民家の屋根に激突

★（高木の根）伐根しルーズな埋め戻し

★アウトリガーが沈み込む

## ● リスク低減措置

イラストBのような「安全な状態・行動・管理」が必要である。

**安全な状態**：(a)・(b) ルーズな埋戻し場所には敷鉄板を設置（必要に応じ、井桁状に設置）

**安全な行動**：(c) 原則としてアウトリガーは全幅張出し、(d) 旋回面が傾斜した場合は、作業を
中断して、旋回面を水平に修正、(e) 強風になったらCr作業は直ちに中止〔＊5〕
〔＊5〕「吹き流し」を設置し、風速の目安（「P161：図2」を参考に！）とする。

**安全な管理**：(f) 発注者は「軟弱な地盤だった状況」を施工会社に伝える、(g) 本社管理下の
工事は、事前の作業打合せに加わり、関連会社任せにしない、(h) 事業場と施工
会社は、事前に「鋼材の荷卸しの作業手順書」を作成。

---

**■リスク基準**（P 9〜10 参照）

(a)〜(h)などの対策を実施して行えば、①危険状態が発生する頻度は滅多にない「1」、
②ケガをする可能性がある「2」、③災害の重篤度は軽傷「3」です。

**■リスクレベル**（P10 参照）

リスクポイントは「1＋2＋3＝6」なので、リスクレベルは「Ⅱ」となります。

---

**イラストB**　　　　　　　　　　　　　　　　　　〔記〕詳細は「P161：図2」

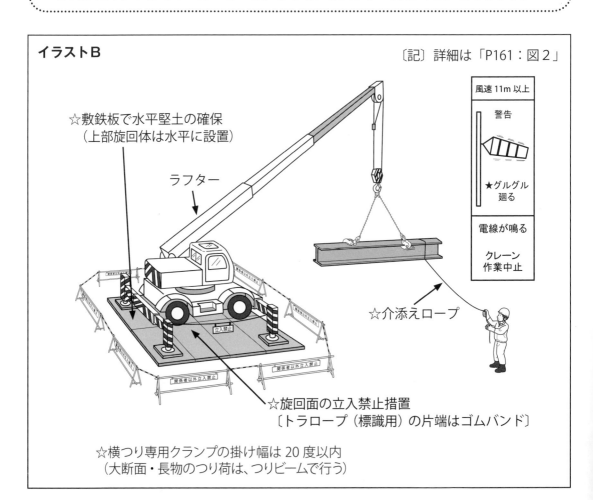

☆敷鉄板で水平堅土の確保
（上部旋回体は水平に設置）

ラフター

風速11m 以上

警告

★グルグル
廻る

電線が鳴る

クレーン
作業中止

☆介添えロープ

☆旋回面の立入禁止措置
〔トラロープ（標識用）の片端はゴムバンド〕

☆横つり専用クランプの掛け幅は 20 度以内
（大断面・長物のつり荷は、つりビームで行う）

## 8 天井クレーンからの落下災害2事例

天井クレーン（図）は、1年以内ごとに定期自主点検（クレーン則第34条）を行わなければならないが、ガーダー上の点検作業は極めて高い場所で協力会社が休日に行うことが多いので、事業場では管理が難しく不安全な状態を把握できないのが現状である。

ここでは、「天井クレーン上に工具を置き忘れたことによる落下災害」をテーマとする。

---

**図　クラブトロリ式天井クレーンの名称**

※クレーンの型式による分類は、天井クレーン・ジブクレーン・橋形クレーン・アンローダ・ケーブルクレーンなどがあります。ここでは紙幅の関係で天井クレーンの名称だけとします。

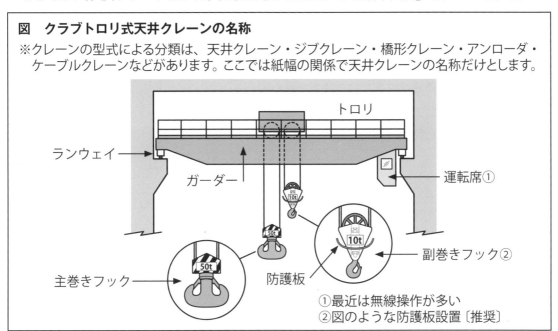

①最近は無線操作が多い
②図のような防護板設置〔推奨〕

---

### 公道上での落下災害

最近、強風・地震などで「カンバンなどが公道に落下し第三者が被災」の新聞報道が目立つようになった。これはカンバンなどの取付け金具・ボルトなどが、塩害・雨水で腐食、強風とビル風で取付けボルトに繰り返しの引抜き力が働いたことによるもの（経年劣化）と想定される。日本は高度成長時代、「見栄えを重視し、保全は二の次」で、かつバックアップ〔＊〕は少なく、保守管理は協力会社任せが多かった。

〔＊〕平成24年12月2日、山梨県大月市で発生した「**中央道笹子トンネル天井板崩落事故**」は、上り線の天井板が138mにわたりV字型に崩れ落ち、走行中の車両が巻き込まれ「**9人死亡・2人重軽傷の大災害**」となり、高速道路が長期間、下り線を利用した暫定2車線となった。事故原因は、トンネルの天井部に接着材で直線状に差し込んだケミカルアンカーボルトの経年劣化と、東日本大震災で地山が変化したので、その影響の可能性もあるとされた。昭和50年代施工の同型のトンネルは複数あり、緊急点検の対象となり大多数は撤去された。それまでの設計は「バックアップ（つり金具のV形など）の必要性は軽視」され、「保守管理が疎か」になっていたことは否めない。

165

## ● 工具がネットをすり抜けて歩行者に激突

### 点検作業の状況など

　工場内3基の天井クレーン〔昭和40年代に設置し、ガーダーのスパン20m・高さ20m、両端に高さ95cmの防護柵（中桟付き・幅木付き）で、ガーダー間は安全ネットを設置〕を1年に一度の定期自主点検（以下、**年次検査**）を行うことになり、休日の土・日を利用して点検会社3人（うち1人は見習中の新人）が年次検査を行った。クレーンは無線操作で、各トロリの主巻きフック・副巻きフックの点検は、トロリを安全通路の真上に配置して行い、試験走行は床面で行ってから年次検査は終了した。新人Aは、月曜日に別の職場でドライバーを置き忘れたことに気が付いたが、どこに忘れたか不明だったので上司に報告しなかった。

### 落下災害の発生

　月曜日の朝礼の後、各職場の従業員は3基のクレーンが工場の端にあったので、順次それぞれの職場に移動させていた。3基目に点検を行ったクレーンを走行させているとき、トロリ上に置き忘れた工具複数がガーダー間の安全ネットをすり抜けて落下し、安全通路を歩行していた通行者Bの保護帽に激突し、跳ねて隣のCの背中に激突した（イラストA−1）。

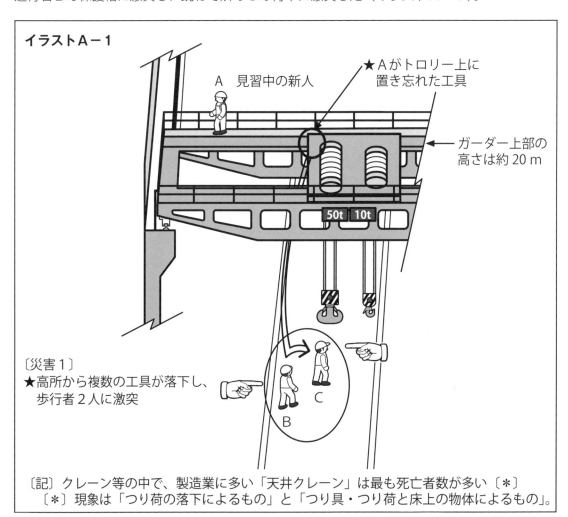

イラストA−1

A　見習中の新人

★Aがトロリー上に置き忘れた工具

ガーダー上部の高さは約20m

50t　10t

〔災害1〕
★高所から複数の工具が落下し、歩行者2人に激突

C
B

〔記〕クレーン等の中で、製造業に多い「天井クレーン」は最も死亡者数が多い〔＊〕
　　〔＊〕現象は「つり荷の落下によるもの」と「つり具・つり荷と床上の物体によるもの」。

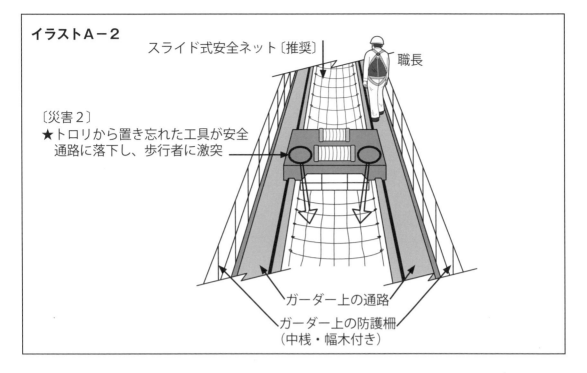

**イラストＡ－２**

スライド式安全ネット〔推奨〕

職長

〔災害２〕
★トロリから置き忘れた工具が安全
通路に落下し、歩行者に激突

ガーダー上の通路

ガーダー上の防護柵
（中桟・幅木付き）

**不安全な状態**：(a) 工具（ドライバーなど）は工具ホルダーを取り付けず、工具袋に乱雑に
収納していた、(b) 工具はトロリ上に直接置き、作業を行っていた。

**不安全な行動**：(c)点検者３人はトロリ上の工具の置き忘れの確認をしないでトロリを離れた、
(d) 職長は、トロリ上などの置き忘れなしの写真を撮影せず、事務所には書類
だけで年次検査完了の報告をした（イラストＡ－２）。

**不安全な管理**：(e) 点検会社にクレーン点検の作業手順書はあったが、工具の管理方法は職長
任せだった、(f) ３人はクレーン点検作業開始前の工具の確認は行っていたが、
作業終了時の工具の確認はしなかった、(g) 点検会社はＲＡは実施せず、作業
開始前のＫＹ活動だけ実施していた。

**■リスク基準（P 9～10 参照）**

①自主点検は滅多にないので「１」、②ケガをする可能性が高い「４」、
③災害の重篤度は致命傷「10」です。

**■リスクレベル（P10 参照）**

リスクポイントは「１＋４＋10＝15」なので、リスクレベルは「Ⅳ」となります。

## ● リスク低減措置

イラストＢのような安全な状態・行動・管理が必要である。

**安全な状態**：(a)工具（ドライバーなど）に**布ホルダー**（伸縮自在の帯）を取り付け、工具ケース
に入れるか、リュック横の工具袋に収納（作業中の落下もあるので、常時布ホル
ダーを使用）、(b)トロリ上は狭いので、工具袋はガーダー上の幅木の横（メッシュ

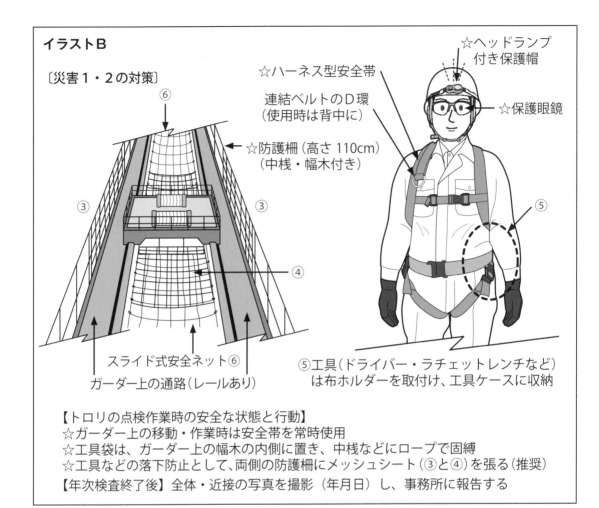

**イラストB**

〔災害1・2の対策〕

☆ヘッドランプ付き保護帽

☆ハーネス型安全帯

連結ベルトのD環（使用時は背中に）

☆保護眼鏡

☆防護柵（高さ110cm）（中桟・幅木付き）

⑤工具（ドライバー・ラチェットレンチなど）は布ホルダーを取付け、工具ケースに収納

スライド式安全ネット⑥

ガーダー上の通路（レールあり）

【トロリの点検作業時の安全な状態と行動】
☆ガーダー上の移動・作業時は安全帯を常時使用
☆工具袋は、ガーダー上の幅木の内側に置き、中桟などにロープで固縛
☆工具などの落下防止として、両側の防護柵にメッシュシート（③と④）を張る（推奨）
【年次検査終了後】全体・近接の写真を撮影（年月日）し、事務所に報告する

シートで落下防止の養生）に置き、ロープなどで固縛。

**安全な行動**：（c）点検作業の終了時などでトロリを離れるときは、忘れ物なしの安全確認を行う（作業中は、安全ネットの上にも落下防止のメッシュシートを張る）、（d）職長は点検作業の終了時、トロリ上などの置き忘れなしの写真を撮影（日時付き）し、事務所の担当者に写真で報告する。

**安全な管理**：（e）工具の管理方法の「写真付き手順書」を作成し、周知する、（f）床面で点検作業開始前の工具の確認を行い、作業の終了時にも行う、（g）事前にRAを行い、作業開始前に「服装確認・健康確認」とKY活動を行う。

■**リスク基準（P9〜10参照）**

（a）〜（g）などの対策を実施して作業を行えば、①危険状態が発生する頻度は滅多にない「1」、②ケガをする可能性がある「2」、③災害の重篤度は軽傷「3」となります。

■**リスクレベル（P10参照）**

リスクポイントは「1＋2＋3＝6」なので、リスクレベルは「Ⅱ」となります。

# 第5章
# 食品機械・工作機械等

# 撹拌機の巻き込まれ災害

ここでは、食品製造業で多数使用している電動の撹拌機〔＊１〕をテーマとする。

〔＊１〕撹拌機は、「英国規格 BS5304」の機械的危険源８つのうち「巻き込み」に該当。巻き込みには、撹拌機以外にボール盤・ロール機械・塵芥車〔＊２〕などが該当。

〔＊２〕複数の非常停止釦だけでなく、車後方に非常停止板設置が普及したので、安全性が高まり、家庭ゴミだけでなく、造園業で植木の小枝・葉の収集運搬を行っている。

## 撹拌機について

「電動の撹拌機」は、液体（流体）・粉体・粒体（ペレット）・その他（お茶の葉・比重の違う物質同士）などを撹拌・混合・分散（摩り潰す機能はない）など用途が広い機械である。身近なものでは家庭用のミキサー・ハンドミキサー、塗装業では柄の先にスクリュー羽の撹拌機、建設業では生コンクリートを運搬するコンクリートミキサー車、現場で生コンクリートを作るコンクリートミキサーもある。

## 撹拌機の主な法規制

安衛法では、「事業者の講ずべき措置等」として、「法第 20 条第１項と第 26 条」に該当し、安衛則では、粉砕機および混合機の「転落等の危険防止（則第 142 条）」と「内容物を取り出す場合の運転停止（則第 143 条）」が該当する。ただし則第 143 条のカッコ書きで、「内容物の取り出しが自動的に行われる構造のものは除く」となっている。前記のコンクリートミキサー車は、洗浄作業を外からの注水でできるので、このただし書きに該当するといえる。

## ● 回転中に残渣を除去して

### 食品工場の撹拌機の設置状況

粒体混合撹拌機（以下、**ミキサー**）はＵ型容器で、横幅 1.5 ｍ・縦幅１ｍ・深さ 90cm、２本のシャフトにＴ型回転翼 10 個を放射状に取付け。操作盤はミキサーの右横にあり、非常停止ロープは１年前にミキサーの真上に設置。操作盤の停止釦と非常停止の赤釦は、変色して紫色で識別しづらく、ミキサー周辺の照度は 100 lx 程度と薄暗かった（イラストＡ）。

### 災害発生状況

災害はミキサーの操作方法を２人の研修生に教えている時に発生し、被災者は研修生。講師Ａは、ミキサーを斜め傾斜の状態にして運転を停止させてから、講師Ａと研修生Ｂ・Ｃ〔＊３〕は素手で内容物〔＊４〕の取り出しを行い、その後、Ａは操作盤の正面に立ち、Ｂ・Ｃは操作盤のミキサー側に立たせ、操作方法を教えていた。回転翼をスロー回転させているとき、回転翼を見ていたＣは残渣（のこりかす）が付着していたので、Ａの許可を得ずに、左手で残渣

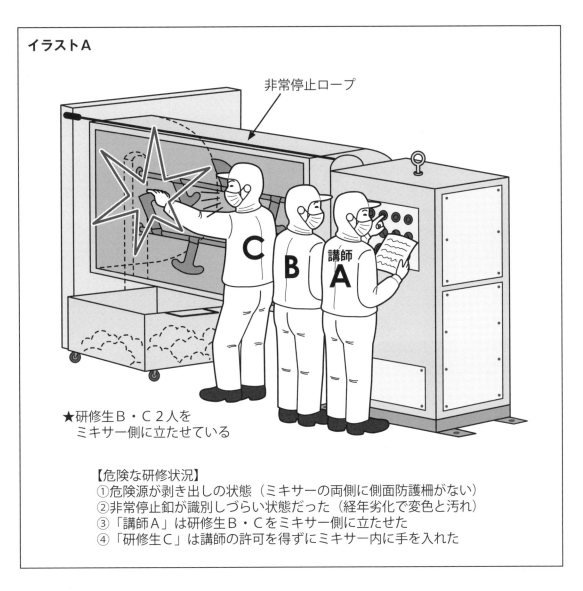

**イラストA**

非常停止ロープ

★研修生B・C 2人を
　ミキサー側に立たせている

【危険な研修状況】
①危険源が剥き出しの状態（ミキサーの両側に側面防護柵がない）
②非常停止釦が識別しづらい状態だった（経年劣化で変色と汚れ）
③「講師A」は研修生B・Cをミキサー側に立たせた
④「研修生C」は講師の許可を得ずにミキサー内に手を入れた

**表　上肢による到達を防止するための安全距離の例**

単位：mm

| 人体部位 | 図　示 | 開口部 | 安全距離 Sr 長方形 |
|---|---|---|---|
| 指　先 | | $e \leqq 4$ | $\geqq 2$ |
| | | $4 < e \leqq 6$ | $\geqq 10$ |
| 腕（指先から肩 の付け根まで） | | $30 < e \leqq 40$ | $\geqq 850$ |
| | | $40 < e \leqq 120$ | $\geqq 850$ |

〔『安全確認ポケットブック：工作・加工機械の災害の防止』（中災防）より〕

を除去しようとして巻きこまれた。Cの悲鳴を聞き、Bが非常停止ロープを引き、AとBでC
を救出して、AはCの上腕をロープで止血した。緊急連絡を受けた事務所は救急車を手配し、
病院に搬送されたが、左手の複数の指切断となった。自動停止の非常停止ロープがなく、止血
の応急措置が悪かったら、大量出血となり、最悪の状態が想定された。

　〔＊3〕Aは当作業15年以上のベテラン、B・Cは4月に入社の新人。

　〔＊4〕パン生地、ミンチ（挽肉）など

**不安全な状態**：(a) 操作盤はミキサーの右横にあり、側面防護（じゃま板）がなかった。

　　　　　　　　(b) 非常停止釦は、操作盤の右側で、変色していて識別不可能な状態。

　　　　　　　　(c) ミキサー周辺の照度は100 lx 程度だった。

**不安全な行動**：(d) 研修生Cは、講師Aの許可を得ずに回転中の回転翼に触れた。

**不安全な管理**：(e) 研修開始前のKY活動を行っていなかった、(f) 安全な研修方法の作業手順書
　　　　　　　　はなく、危険な作業のリスクアセスメント（以下、RA）は実施しなかった。

> **■リスク基準（P 9～10 参照）**
>
> 　①危険状態が発生する頻度は時々（研修の都度）「2」、②ケガをする可能性が高い「4」、
> ③災害の重篤度は致命傷「10」です。
>
> **■リスクレベル（P10 参照）**
>
> 　リスクポイントは「2＋4＋10＝16」なので、リスクレベルは「Ⅳ」となります。

## ● リスク低減措置

　イラストBのような安全な状態・行動・管理が必要です。

**安全な状態**：(a) 操作盤とミキサー間・ミキサーの通路側に光線式安全装置付き側面防護〔＊5〕
　　　　　　　　を設置、かつ、床面に「回転中：立入禁止」の表示、(b) 非常停止釦はイラスト
　　　　　　　　Bの通り、正面からだけでなく、側面からも見やすくする、(c) ミキサー周辺は、
　　　　　　　　照明器具〔＊6〕で300 lx 程度を確保。

　　　　　　　　〔＊5〕側面防護は、危険源に上肢が届かぬように安全距離を確保。

　　　　　　　　〔＊6〕眩しくない防護カバー付き蛍光灯など。

**安全な行動**：(d) 研修生B・Cは、講師Aの許可を得て行動。

**安全な管理**：(e) 研修開始前に、ミキサーの前で危険源を教えてKY活動を行う、(f) 安全な
　　　　　　　　研修方法の作業手順書を作成、かつ危険な作業と認識しRAを実施。

> **■リスク基準（P 9～10 参照）**
>
> 　(a)～(f) などの対策を実施して作業を行えば、①危険状態が発生する頻度は滅多に
> ない「1」、②ケガをする可能性がある「2」、③災害の重篤度は軽傷「3」となります。
>
> **■リスクレベル（P10 参照）**
>
> 　リスクポイントは「1＋2＋3＝6」なので、リスクレベルは「Ⅱ」となります。

# イラストB

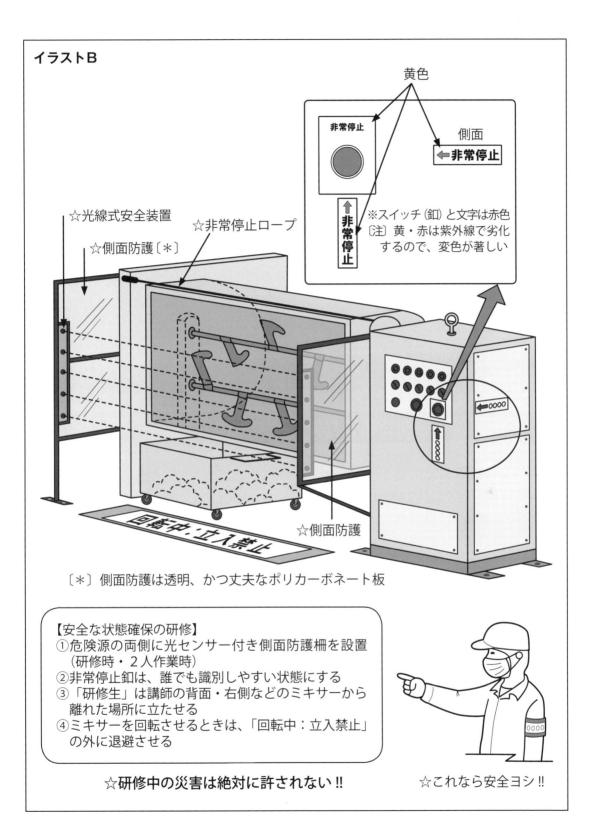

黄色

非常停止

側面
← 非常停止

↑ 非常停止

※スイッチ（釦）と文字は赤色
〔注〕黄・赤は紫外線で劣化するので、変色が著しい

☆光線式安全装置
☆側面防護〔＊〕
☆非常停止ロープ

回転中：立入禁止

☆側面防護

〔＊〕側面防護は透明、かつ丈夫なポリカーボネート板

【安全な状態確保の研修】
①危険源の両側に光センサー付き側面防護柵を設置
　（研修時・2人作業時）
②非常停止釦は、誰でも識別しやすい状態にする
③「研修生」は講師の背面・右側などのミキサーから
　離れた場所に立たせる
④ミキサーを回転させるときは、「回転中：立入禁止」
　の外に退避させる

☆研修中の災害は絶対に許されない‼

☆これなら安全ヨシ‼

# 2 縦形業務用撹拌機での災害

　ここでは食品製造業の研究所・研究室などで、新商品の開発などに使用している、縦形の業務用撹拌機〔＊1〕（以下、撹拌機）をテーマとする。

　撹拌機〔＊2〕の危険性は、①撹拌作業中、手や袖口などが巻き込まれ、②清掃・点検中などで誤った起動、③床面に固定していない撹拌機が転倒、④インターロックの故障、⑤取り扱い不備で異物が混入、⑥食品以外の化学物質の用途外使用。

　〔＊1〕「撹拌機について・撹拌機の法規制・安全距離」は、「①撹拌機への巻き込まれ災害：P171」を参照。

　〔＊2〕当撹拌機の仕様は、（a）形状（幅×奥行×高さ）：40 × 44 × 88cm、（b）加工対象物：食品、（c）容器容量：5ℓ、（d）加工能力：2〜3ℓ、（e）製品質量：約70kg、（f）使用温度：5〜50℃、（g）運転モードと操作方法：自動／手動・操作盤での押し釦SW、（h）作業姿勢：直立／かがみ込み、（i）作業者の作業位置：機械本体の正面／側面。

## ● 回転翼に手を巻き込まれ骨折

### 撹拌機2台の設置状況

　当研究室では、ビスケットなどの新商品を開発している。撹拌機は、30年前製造の丈夫な中古購入の機種で、同フロアーに10台あるが、各研究者は作業場所の近くに移動したいことと、賃貸ビルなので受台を床面に固定できない。撹拌機の停止釦は、紫色に変色（赤色は紫外線などで経年劣化しやすい）していて赤色の識別不可状態、また、容器上に防護カバー（インターロック装置付き）はなく、非常停止釦もなく、また、撹拌機の周囲にパーティション（隔壁）もなかった。なお、研究室での服装は、ポケット付きの上着・ズボンを黙認していた。

### 災害発生状況

　ベテランの主任研究員Aと新入社員B・Cは、複数のガラス容器に原材料を入れて作業台上に置き、2台の撹拌機を隣接して配置した（イラストA）。B・Cは別々に撹拌機を担当し、Aの指示でB・Cは、渡されたメモを見ながら2台の撹拌機に、配合の手順に準じて原材料を容器内に入れて、スロー回転をさせていた。なお、Aは単純作業なので、B・Cに一任し、撹拌機から離れた場所にいた。

　Bが撹拌機の側面から容器内を覗き込んでいるときに、上着の胸ポケットからボールペンを容器内に落したので、撹拌機の運転を停止しないで、容器内に右手を入れ回転翼（イラストA表内の付属品）に、手を巻き込まれた。隣の撹拌機横にいたCは、見づらい停止釦を探して回転翼を停止させてからBを救出した。Bの悲鳴を聞きAが駆けつけて、右手の上腕をロープで止血し、救急車で病院に搬送したが、右手の指は骨折して、長期療養となった。※卓上ボール盤、

## イラストA

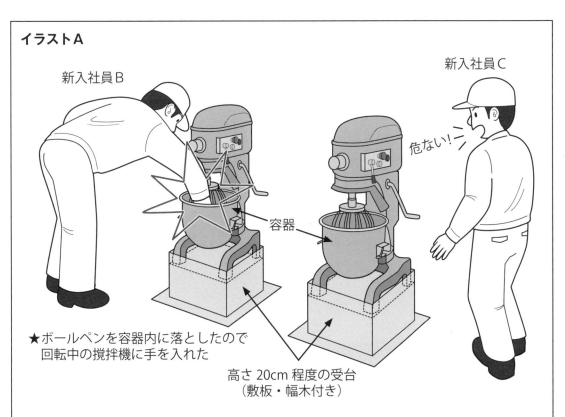

新入社員B

新入社員C

危ない!

容器

★ボールペンを容器内に落としたので
回転中の撹拌機に手を入れた

高さ 20cm 程度の受台
（敷板・幅木付き）

## 表　用途に合わせて使う付属アタッチメント （附属品）

| ビーター | 粘度があるものを撹拌する時<br>例：ケーキ生地、クッキー生地など |
| --- | --- |
| ワイヤーホイップ | 泡立てや空気を含ませる時<br>例：メレンゲ、クリームの泡など |
| スパイラルドゥフック | 重たい生地を練り上げる時<br>例：ピザ生地、パン生地など |

ロール機械などの工作・加工機械の巻き込まれ災害の事例は次ページ図（工作・加工機械の巻き込まれ災害の例）を参照のこと。

**不安全な状態**：(a) 撹拌機の容器に、インターロック付きの防護カバーがなかった、(b) 3人は胸ポケットがある作業着を着用、(c) 停止釦は変色していて識別不可だった、(d) 撹拌機の側面・背面に防護用のパーティションがなかった。

**不安全な行動**：(e) 新入社員Bはホルダーなしのボールペンを胸ポケットに入れていた、(f) Bは主任研究員Aの許可を得ずに、容器に手を入れ回転翼に巻き込まれた。

**不安全な管理**：(g) 3人で作業開始前のKY活動を行わなかった、(h) 危険源があることを教えず、研究室ではRAを実施していなかった。

---

■**リスク基準**（P 9～10 参照）
　①危険状態が発生する頻度は時々（新人教育の都度）「2」、
②ケガをする可能性が高い「4」、③災害の重篤度は致命傷「10」。

■**リスクレベル**（P10 参照）
　リスクポイントは「2＋4＋10＝16」なので、リスクレベルは「Ⅳ」となります。

---

## ● リスク低減措置

　イラストBのような安全な状態・行動・管理が必要である。

**安全な状態**：(a) 容器の上にインターロック付き防護カバーを設置、(b) 研究室内も食品工場内と同じ、ポケットなし・フード付きの作業衣を着用、(c) 停止釦の赤釦は交換、または赤色に塗布、(d) 撹拌機の側面・背面にパーティション〔＊3〕を設置。
　〔＊3〕撹拌機とパーティション（上部はポリカーボネート板、下部はステンレス鋼板）は大断面の敷鉄板に固定。

**安全な行動**：(e) ボールペンはホルダー付きとし、撹拌機の近接作業時は作業台上に置く、(f) 研修中の新入社員は、主任研究員の許可を得て行動する。

**安全な管理**：(g) 研修開始前に、撹拌機の前でKY活動を行う、(h) 危険源の場所を具体的に教え、研究室でもRA〔＊4〕を実施し、残留リスクはKY活動でフォローする。
　〔＊4〕研究室の作業は、危険源に近接する非定常作業が多いので、「**先取り安全**」のRAは不可欠です。

---

■**リスク基準**（P 9～10 参照）
　(a) ～ (h) などの対策を実施して作業を行えば、①危険状態が発生する頻度は滅多にない「1」、②ケガをする可能性がある「2」、③災害の重篤度は軽傷「3」となります。

■**リスクレベル**（P10 参照）
　リスクポイントは「1＋2＋3＝6」なので、リスクレベルは「Ⅱ」となります。

---

## イラストB

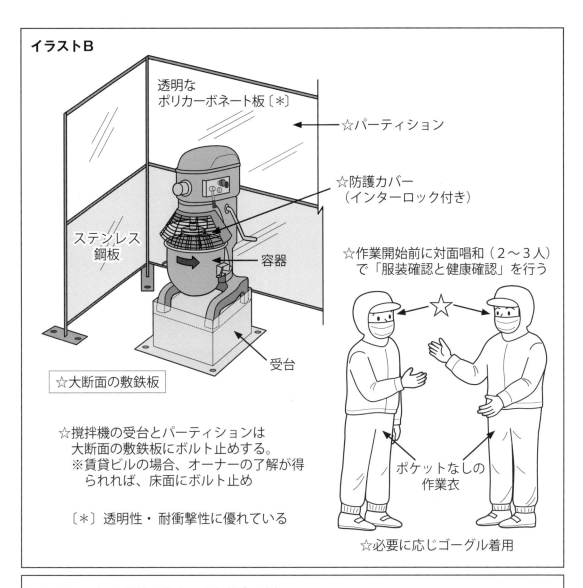

透明な
ポリカーボネート板〔＊〕

☆パーティション

☆防護カバー
（インターロック付き）

ステンレス
鋼板

容器

☆作業開始前に対面唱和（2〜3人）
で「服装確認と健康確認」を行う

受台

☆大断面の敷鉄板

☆撹拌機の受台とパーティションは
大断面の敷鉄板にボルト止めする。
※賃貸ビルの場合、オーナーの了解が得
られれば、床面にボルト止め

〔＊〕透明性・耐衝撃性に優れている

ポケットなしの
作業衣

☆必要に応じゴーグル着用

---

## 図　工作・加工機械の巻き込まれ災害の例

卓上ボール盤

ロール機械

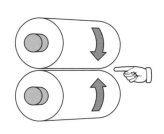

旋　盤

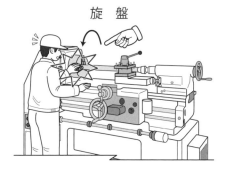

★いずれの機械も回転部に防護がない状態

伝動装置の巻き込まれ災害については、「P179：イラストA」を参考に！

※詳細は『安全確認ポケットブック　工作・加工機械の災害の防止』（中災防）を参照

# 3 伝導装置の巻き込まれ災害2事例

　製造業の死傷災害は毎年「**はさまれ・巻き込まれ災害**」がワースト1〔令和3年：6501人（23%）〕〔＊1〕で、主な起因物は機械である。「**英国規格BS5304**」の**機械的危険源の分類**では、8つの危険源〔＊2〕に分かれている。ここでは、⑤の危険源のうち、「歯車の伝導装置〔＊3〕（運動や動力を伝える装置の総称）」をテーマとする。

　〔＊1〕2番目は「転倒5332人（19%）」、3番目は「墜落・転落2944（10%）」。

　〔＊2〕①押しつぶし、②せん断、③切傷または切断、④巻き込み、⑤引き込みまたは捕捉、⑥衝撃、⑦突き刺しまたは突き通し、⑧こすれまたは擦りむき。

　〔＊3〕機械部品の歯車は、円筒体・円錐台などの周辺に多数の歯を規則正しく刻んだもので、そのかみ合いによって2軸間の距離があまり離れず動力を伝える装置。2軸の相対位置は平行な「平歯車」が多いが、軸が平行でもなく、また交わりもしない「ねじ歯車」、チェーンを使用する「鎖歯車」などもある。日常の言葉で歯車は、「歯車がかみ合わない（双方が一致しない）」などの言葉としても使われている。

## ● ウッカリ手を入れ指切断

　主な災害には、①ベルトの伝導装置はベルトコンベアー、②鎖の伝導装置はチェーンコンベアー、③歯車の伝導装置は工作機械・加工機械などの小歯車（pinion）と大歯車（gear wheel）によるものなどがある。何故、「伝導装置の災害が多いか！」を検証すると、複数の要因（★危険源がむき出し状態）が考えられる（イラストA）。

　（1）危険源の防護カバーが薄鋼板で腐食し欠損、（2）防護カバーがあっても上部と正面のみで、背面に折り曲げがない、（3）危険源が直接見えない防護カバーだったので、保全担当者は外したままで放置、（4）薄暗い場所の危険源に、保全担当者以外の作業者が手を入れる。

## ● 歯車間の巻き込まれ災害

　事例の平歯車（イラストA）は、最も代表的な小歯車と大歯車のかみ合わせで、軸に平行に歯を切った歯車である。作業者が被災した2つの災害事例を検証する。

〔災害1〕作業者Aは、回転中の小歯車と大歯車のかみ合い部にウッカリ手を入れて、巻き込まれて指2本を切断。

〔災害2〕作業者Bは、大歯車のアーム間に右手を入れたので、右腕全体を巻き込まれた。

**不安全な状態**：（a）小歯車と大歯車のかみ合い部と、大歯車側面に防護カバーがなかった〔★全体の覆いは40年前に設置し、腐食したので撤去したまま放置（ボルト穴は残存）〕。

　　　　　　　（b）隣接した機械間は狭く、小歯車と大歯車のかみ合い部は、薄暗い状態だった。

## イラストA

電力コンベヤーは、「ベルト・チェーン・ローラ・スクリュー・振動・
液体・空気フィルム・エレベーティング」の8つに大別されている。

■ベルトの伝動装置（ベルトコンベヤーなど）

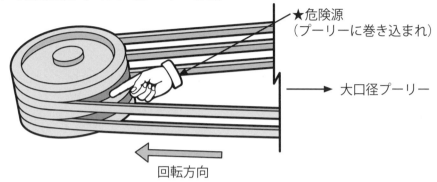

★危険源
（プーリーに巻き込まれ）

→ 大口径プーリー

回転方向

■チェーンの伝導装置〔＊〕（チェーンコンベヤーなど）

〔＊〕鎖の伝導装置で、身近な「自転車」を、
逆さにすると危険源が明確

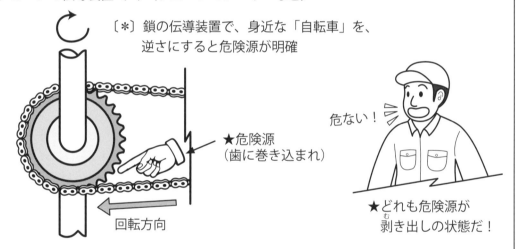

★危険源
（歯に巻き込まれ）

回転方向

危ない！

★どれも危険源が
剥き出しの状態だ！

■歯車の伝導装置（小歯車と大歯車など）

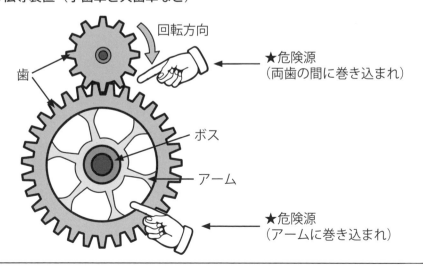

回転方向

歯

★危険源
（両歯の間に巻き込まれ）

ボス

アーム

★危険源
（アームに巻き込まれ）

（c）非常停止ボタンは、赤紫に変色し識別が難しかった、また側面からは何処にあるか不明。

**不安全な行動**：（d）Ａ・Ｂは懐中電灯を持参せず、ヘッドランプも未着用だった。

（e）回転中の歯車かみ合い部・大歯車アームに、素手で触った。

**不安全な管理**：（f）伝動装置の点検は、ほとんど行っていなかった。

（g）伝動装置はリスクが高いと認識せず、ＲＡも行っていなかった。

> **■リスク基準（P 9〜10 参照）**
>
> ①危険状態が発生する頻度は時々「2」、②ケガをする可能性が高い「4」、③災害の重篤度は致命傷「10」。
>
> **■リスクレベル（P10 参照）**
>
> リスクポイントは「2＋4＋10＝16」なので、リスクレベルは「Ⅳ」となります。

## ● リスク低減措置

イラストBのような安全な状態・行動・管理が必要である。

**安全な状態**：（a）小歯車と大歯車のかみ合い部、大歯車の側面に防護カバー〔＊4〕を設置、

（b）頻繁に点検を行う機械間は「80cm 以上の補助通路〔安衛則第543条〕を確保」。

（c）非常停止は正面だけでなく、側面からも識別できるように「非常停止」の表示〔推奨〕。

〔＊4〕危険源が直視できるエキスバンドメタル・ポリカーボネート板〔＊5〕など。

〔＊5〕透明性・耐衝撃性に優れている。アクリル板でも良いが衝撃に弱く、紫外線と熱による劣化が早い。

**安全な行動**：（d）作業者はヘッドランプ付き保護帽を着用（ハンズフリー：推奨）。

（e）回転中の歯車のかみ合い部・大歯車のアームには、素手で触れない。

**安全な管理**：（f）小歯車と大歯車の危険源の一斉点検を実施。

（g）設備機械はＲＡを行い、設備改善を優先させる。またＲＡの残留リスクはKY 活動でフォロー。

> **■リスク基準（P 9〜10 参照）**
>
> （a）〜（g）などの対策を実施して作業を行えば、①危険状態が発生する頻度は滅多にない「1」、②ケガをする可能性がある「2」、③災害の重篤度は軽傷「3」となります。
>
> **■リスクレベル（P10 参照）**
>
> リスクポイントは「1＋2＋3＝6」なので、リスクレベルは「Ⅱ」となります。

## イラストB

〔Ⅰ〕ベルトの伝動装置

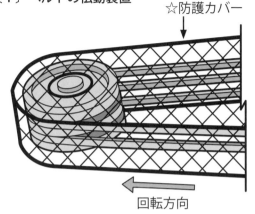

☆防護カバー

回転方向

☆防護カバー〔*〕は見やすい場所（下部・側面）に「回転方向（矢印）」の表示
〔*〕安全距離を確保した正面・上下・左右・背面に設置（上下は鋼板で可）

〔Ⅱ〕チェーンの伝導装置

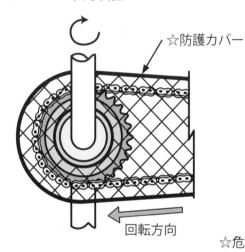

☆防護カバー

回転方向

☆ヘッドランプ付き保護帽と保護眼鏡

これなら安全

☆危険源の覆い（防護）ヨシ！
1 丈夫なメッシュなどの防護カバー
2 回転方向を表示すれば危険源が特定できる

〔Ⅲ〕歯車の伝導装置

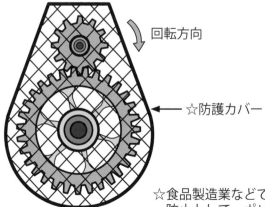

回転方向

☆防護カバー

☆食品製造業などでの「側面防護カバーは、油等の飛散防止として、ポリカーボネート板を推奨」します。

# 4 卓上ボール盤の災害

　ここでは「はさまれ、巻き込まれ災害」のなかでも、危険性の高い工作機械のボール盤をテーマとする。工作機械とは、切削、研削、その他の方法により切りくずを出しつつ、金属とその他の材料を加工して有用な形にする機械で、旋盤・フライス盤・ボール盤、中ぐり盤・平削り盤・形削り盤・立て削り盤・歯切り盤・研削盤・NC 工作機械・その他の工作機械などがある。

　ボール盤のなかでも最も身近にあるものが、卓上ボール盤である。作業台に取り付ける小型のものから、床上に固定する大型のものまで各種ある。卓上ボール盤以外は大型のものが多く、専門の加工工場が使用している機械である。

　卓上ボール盤の危険性の背後要因として、機械のモーターが上部にあり、重心が高く左右の安定性は極めて悪く、固定していないと倒れて足元に落下する。また、穴開け加工は高い位置で行うので、切りくずが飛散し作業者、通行者の顔に激突する危険性もある。

---

### 🎓 マメ知識

　安定性は「（旧）建設省建築研究所の実験式」によると同一断面の場合、Ｄ／√Ｈ≧４
（Ｈ：高さ、Ｄ：奥行き／幅のうち狭い方）といわれています。

（例）高さが 180cm のロッカーの場合、奥行きが 54cm より短ければ転倒対策が必要。

$$D ≧ 53.6 （13.4 × 4） cm 〔√180 ≒ 13.4〕$$

$$H／D = 180／54 = 3.33 ≒ 3.3 （安全率を見込み 3.0 以下とする）$$

　ただし、卓上ボール盤は、重心が高いので、横の安定性は極めて悪くなっています。

---

## ● 加工中、ドリルに巻き込まれる

　通路の横にある木製の作業台上の卓上ボール盤で、作業者がワーク（加工物）の穴開け作業を行っていた（イラストＡ）。ドリルに多数の切りくずが絡みついたので、軍手をした手で取り除こうとして、切りくずに触れた時、ドリルの刃に巻き込まれた。悲鳴を聞いた職長が元電源を切り、被災者を救出した災害事例である。

　この災害の主たる原因は次のとおり。

**不安全な状態**：（a）卓上ボール盤を作業台にしゃこ万力で仮止め、（b）切りくず飛散防止をしていない、（c）作業台が窓側なのでまぶしい、（d）作業台の後側は歩行者通路。

**不安全な行動**：（e）作業帽などを着用していない、（f）作業者は、軍手を着用して作業をしていた。

**不安全な管理**：（g）「回転体に手を出すな！」の表示はあるが、卓上ボール盤などの作業手順書はなく具体的な保護具使用の決まりもない、（h）工作機械の作業は協力会社任せで、安全作業の実技教育をしていない（熟練社員は定年退職）。

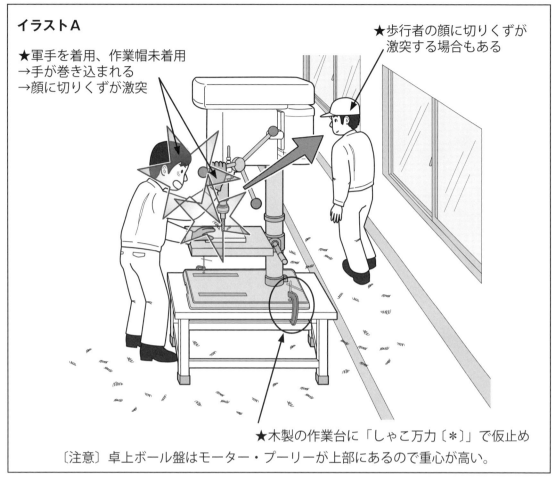

**イラストA**

★軍手を着用、作業帽未着用
→手が巻き込まれる
→顔に切りくずが激突

★歩行者の顔に切りくずが
激突する場合もある

★木製の作業台に「しゃこ万力〔＊〕」で仮止め

〔注意〕卓上ボール盤はモーター・プーリーが上部にあるので重心が高い。

〔＊〕「万力（vise）には、①箱万力〔横万力〕、②足付き万力〔立て万力〕、③特殊万力が
あり、③の特殊万力には、(a) マシン万力、(b) 万能万力、(c) 回り万力、(d) パイプ万力、
(e) しゃこ万力、(f) 手万力、(g) 平行クランプ、(h) ピン万力などがある。

┌─────────────────────────────────────────────┐
**■リスク基準**（P 9～10 参照）

①危険状態が発生する頻度は時々「2」、②ケガをする可能性が高い「4」、
③災害の重篤度は致命傷「10」です。

**■リスクレベル**（P10 参照）

リスクポイントは「2＋4＋10＝16」なので、リスクレベルは「Ⅳ」となります。
└─────────────────────────────────────────────┘

## ● リスク低減措置

イラストBのような「安全な状態・行動・管理」が必要である。

**安全な状態**：(a)・(b) 背面・両側面に防護板付き（切りくず入れ付き）の鋼製の専用作業台
に堅固にボルト止めをする、(c) 機械背面の窓はブラインドで遮光、(d) 歩行者
通路側にパーティションを設置。

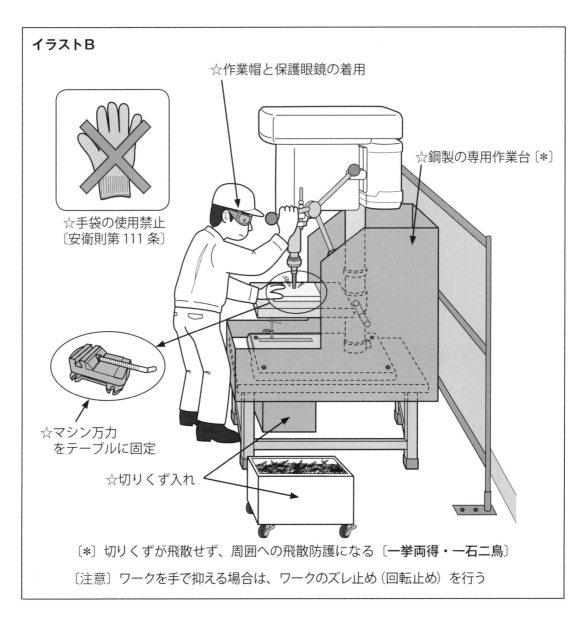

**イラストB**

☆作業帽と保護眼鏡の着用

☆鋼製の専用作業台〔＊〕

☆手袋の使用禁止
〔安衛則第111条〕

☆マシン万力
をテーブルに固定

☆切りくず入れ

〔＊〕切りくずが飛散せず、周囲への飛散防護になる〔**一挙両得・一石二鳥**〕

〔注意〕ワークを手で抑える場合は、ワークのズレ止め（回転止め）を行う

**安全な行動**：（e）作業者は保護眼鏡、または防災面を着用、（f）穴開け作業は素手で行い、
切りくずの絡まりは回転を中断して皮手袋・工具などで撤去。

**安全な管理**：（g）安全に作業ができる具体的な作業方法の作業手順書を作成、（h）工作機械
の作業も安全作業の実技教育を実施。

**■リスク基準**（P 9～10 参照）

（a）～（h）などの対策を実施して作業を行えば、①危険状態が発生する頻度は滅多に
ない「1」、②ケガをする可能性がある「2」、③災害の重篤度は軽傷「3」です。

**■リスクレベル**（P10 参照）

リスクポイントは「1＋2＋3＝6」なので、リスクレベルは「Ⅱ」となります。

# 5 両頭グラインダの災害

グラインダは円形の研削といしをモーターで回転させ、これにワーク（加工物）を当ててそれを削りとる装置である。グラインダの種類は多いが、製造業の工作室などで使用しているものには、携帯用グラインダ、定置式グラインダ、移動式の高速切断機などがある。ここでは、卓上式の両頭グラインダをテーマとする。

両頭グラインダの災害事例は、次のようなものがある。①研削粉が眼に当たる、②研削といしが回転中に破壊し、飛散した破片が作業者に激突、③ワークレストと研削といしの間に指を巻き込まれる、④回転中のといし面に手などが触れて、切れたりこすれたりする。

災害が多いのは①、②だが、飛散した破片が眼球・のどに激突すれば致命的な災害となる。グラインダ作業で致命傷となる災害の主原因は、「研削といしの破壊」なので、危険源の部分または機械全体を囲む「**囲み方式**」の安全対策が必要になる。

## ● といしに顔を接近し側面使用

作業者は通路の横にある木製作業台上の両頭グラインダでワークの研磨作業を行っていた（イラストＡ）。研削といしに顔を接近させ側面使用を行っていたとき、研削粉が眼とのどに激突。のどに当たった部分は出血がひどかったため、止血の応急措置を行い、直ちに救急車で病院に搬送された。この災害の主たる原因は次のとおりと考えられる。

**不安全な状態**：（a）グラインダを作業台上に固定していなかった、（b）ワークレストと研削といしとの間隔は 10mm 以上と広かった、（c）研削といしの周囲と調整片の間隔が 20mm 以上離れていた、（d）調整板に保護シールドと、といしの両面に側面防護板を設置しなかった。

〔記〕（b）と（c）は「研削盤等構造規格」（構造規格）に抵触。

**不安全な行動**：（e）保護眼鏡・防災面を着用しなかった、（f）研削といしの側面使用。

**不安全な管理**：（g）「回転体に手を出すな！」の表示はあるが、具体的な保護具使用の決まりがない、（h）協力会社に特別教育修了者はいるが、管理と作業は協力会社任せで、両頭グラインダは点検を行っていなかった。

> **■リスク基準**（P 9～10 参照）
> ①危険状態が発生する頻度は時々「2」、②ケガをする可能性が高い「4」、③災害の重篤度は失明やのどの出血多量が考えられるので致命傷「10」です。
>
> **■リスクレベル**（P10 参照）
> リスクポイントは「2＋4＋10＝16」なので、リスクレベルは「Ⅳ」となります。

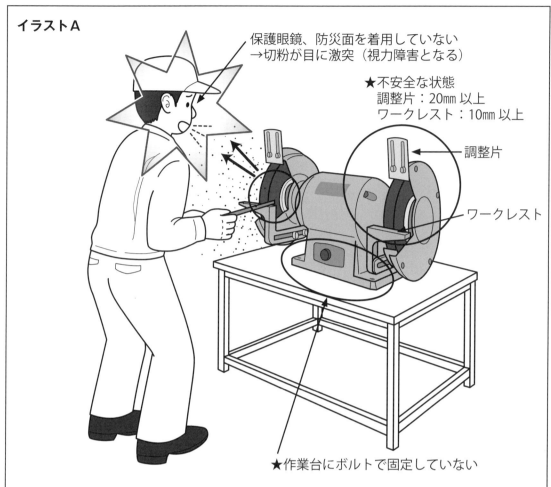

イラストA

保護眼鏡、防災面を着用していない
→切粉が目に激突（視力障害となる）

★不安全な状態
　調整片：20mm 以上
　ワークレスト：10mm 以上

調整片

ワークレスト

★作業台にボルトで固定していない

〔注意〕購入時、梱包段ボール箱内は、「両頭グラインダ本体と調整片は別々に梱包」
　　　　しているので、調整片は職場でボルト止めを行う必要がある。

## ● リスク低減措置

　イラストBのような「安全な状態・行動・管理」が必要である。

**安全な状態**：（a）鋼製の作業台上にボルトで固定。

　　　　　　（b）ワークレストと研削といしとの間隔は3mm以下。

　　　　　　（c）研削といしの周囲と調整片との間隔は10mm以下（5mm程度を推奨）。

　　　　　　（d）調整板に保護シールドと側面防護板を両側に設置〔推奨〕。

**安全な行動**：（e）作業者は保護眼鏡、または防災面を着用。

　　　　　　（f）研削といしの側面使用禁止と、正面での作業を禁止。〔※適正な作業のイラスト
　　　　　　　　表示を推奨〕。

**安全な管理**：（g）抽象的な表現ではなく、具体的に保護眼鏡などの使用を（b）〜（d）を含めて
　　　　　　　　イラスト付きで表示、また作業開始前に安全点検を実施させる。

　　　　　　（h）研削盤などの作業も、安全作業の実技教育を実施。

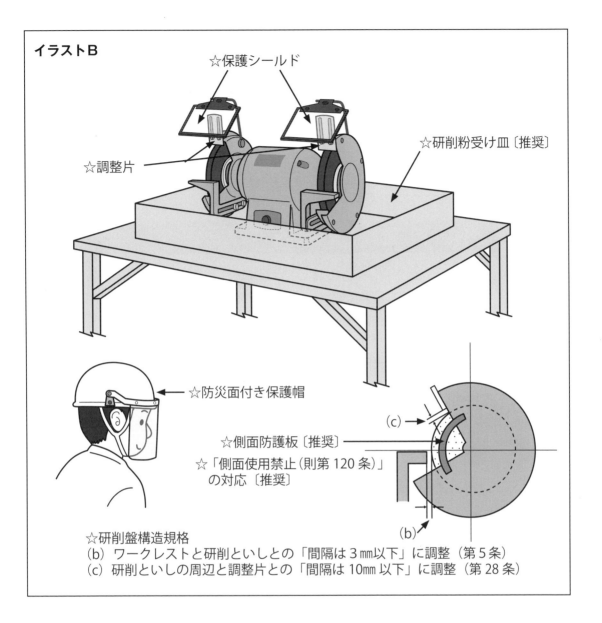

**イラストB**

☆保護シールド

☆研削粉受け皿〔推奨〕

☆調整片

☆防災面付き保護帽

☆側面防護板〔推奨〕

☆「側面使用禁止（則第 120 条）」
の対応〔推奨〕

(c)

(b)

☆研削盤構造規格
(b) ワークレストと研削といしとの「間隔は 3 ㎜以下」に調整（第 5 条）
(c) 研削といしの周辺と調整片との「間隔は 10 ㎜以下」に調整（第 28 条）

■**リスク基準**（P 9 〜 10 参照）

（a）〜（h）などの対策を実施して作業を行えば、①危険状態が発生する頻度は滅多にない「1」、②ケガをする可能性はほとんどない「1」、③災害の重篤度は軽傷「3」です。

■**リスクレベル**（P10 参照）

リスクポイントは「1 ＋ 1 ＋ 3 ＝ 5」なので、リスクレベルは「Ⅱ」となります。

# 6 携帯用グラインダの災害２事例

研削盤とは、研削といしを使用し、その回転運動によって加工物の表面の研削または切断を行う機械をいう。研削盤には大別して自由研削用と機械研削用がある。ここでは、自由研削用の携帯用（手持式）電気ディスクグラインダをテーマとする。

## ● 片手で作業中、跳ねて大腿部へ

〔災害１〕の発生状況：作業者Ａは降雨のあと、足元が滑りやすい場所で異型鉄筋に近接し、不安定な姿勢で鉄筋を切断していた。片手で持っていたグラインダが跳ねて、作業者Ａの**大腿部に当たり多量に出血**した。

〔災害２〕の発生状況：作業者Ｂは薄暗い場所で、顔を金属に近づけてサビ落とし中に、サビと研削粉が眼に当たり、眼を擦ったので**視力傷害**となった。

**両災害のグラインダ**

「災害１」のグラインダはといし外径 100㎜で補助ハンドルなし、「災害２」のグラインダはといし外径 125㎜で補助ハンドル付き。両グラインダとも、といしは金属の表面研磨用のフレキシブルといしを使用、また、ともにといしの覆いは一部欠損していた。

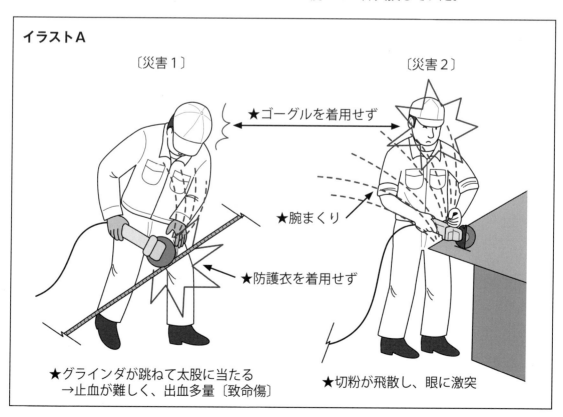

**イラストA**

〔災害１〕　　　　　　　　　　　　　　　〔災害２〕

★ゴーグルを着用せず

★腕まくり

★防護衣を着用せず

★グラインダが跳ねて太股に当たる
→止血が難しく、出血多量〔致命傷〕

★切粉が飛散し、眼に激突

**危険な作業者Ａ・Ｂの状態**

　①両災害の場所は作業者の足元が不安定だった、②作業者Ａは前掛けタイプの防護衣を着用していなかった、③作業者Ｂはゴーグル・防災面などを未着用（イラストＡ）。

**不安全な状態**：〔災害１・２〕（a）といし取り付けボルトが緩んでいた、（b）といし覆いが一部欠損、〔災害１〕（c）といし外径100㎜のグラインダは補助ハンドルがない、（d）足元は斜めで滑りやすい場所だった、（e）といしは表面研磨用のフレキシブルといしを使用、〔災害２〕（f）薄暗い場所だった。

**不安全な行動**：（g）作業者Ａ・Ｂはともに保護帽は着用、作業者Ａはグラインダを右手だけで持って作業、作業者Ｂはグラインダを両手で持って作業、（h）作業者Ａは前掛けタイプの防護衣を着用していなかった、（i）作業者Ａは足元が不安定な場所で作業、（j）作業者Ｂはゴーグル・防災面などを着用していなかった。

**不安全な管理**：（k）監督者も作業者も、「研削といしの取替え時の試運転など」は特別教育修了者が行うことを知らなかった、（l）当社に研削盤使用の作業手順書はなかった。

> **■リスク基準**（Ｐ9〜10参照）
> 　①危険状態が発生する頻度は時々「2」、②ケガをする可能性が高い「4」、
> ③災害の重篤度は致命傷「10」です。
>
> **■リスクレベル**（P10参照）
> 　リスクポイントは「2＋4＋10＝16」なので、リスクレベルは「Ⅳ」となります。

## ● リスク低減措置

　イラストＢのような「安全な状態・行動・管理」が必要である。

**安全な状態**：（a）作業開始前に、法定資格者がといし取り付けボルトの締まり具合を確認する。

　　　　　　　（b）といし覆いは純正部品と交換。

　　　　　　　（c）「災害１」のグラインダは、補助ハンドル付きのといし外径125㎜を使用。

　　　　　　　（d）作業場所は水平で滑りづらい安定した足元を確保。

　　　　　　　（e）用途に適したといしを使用（「災害１」の場合、鉄筋切断用のダイヤモンドカッターと交換）。

　　　　　　　（f）「災害２」照明設備を設置し作業場所の照度は300ｌｘ程度を確保、照度不足はヘッドランプで補助すればハンズフリーとなる。

**安全な行動**：（g）作業は左手で補助ハンドルを握り、右手でグラインダ本体を持って行う。

　　　　　　　（h）・（i）両作業の作業者はゴーグル・防災面を着用、「災害１」の作業は前掛けタイプの防護衣「フォレストレガース（チェーンソー作業用防護衣）」の着用を推奨、フォレストレガースは、ウエアに組み込まれた高強力繊維のフェルト層が、刃のくい込みを軽減できる。

　　　　　　　（j）安定した作業台の上で作業を行う。

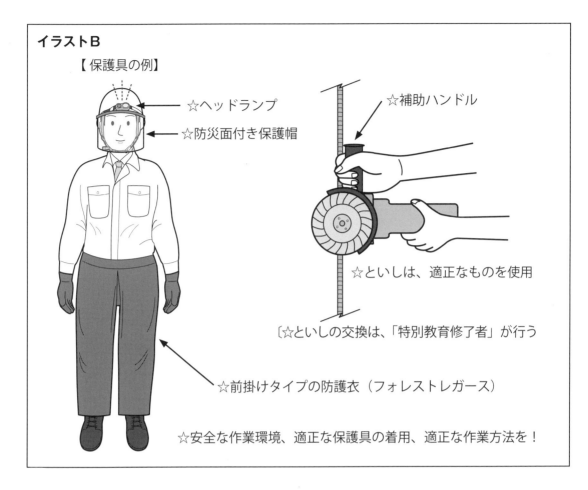

**イラストB**

【保護具の例】

☆ヘッドランプ

☆防災面付き保護帽

☆補助ハンドル

☆といしは、適正なものを使用

〔☆といしの交換は、「特別教育修了者」が行う

☆前掛けタイプの防護衣（フォレストレガース）

☆安全な作業環境、適正な保護具の着用、適正な作業方法を！

**安全な管理**：（k）監督者は作業者に特別教育を行う。

（l）研削盤使用の作業手順書を作成。

〔記〕グラインダ作業は、リスクが高いので、「多数の法規制」がある。

■**リスク基準**（P9〜10参照）

（a）〜（l）などの対策を実施して作業を行えば、①危険状態が発生する頻度は滅多にない「1」、②ケガをする可能性がある「2」、③災害の重篤度は軽傷「3」です。

■**リスクレベル**（P10参照）

リスクポイントは「1＋2＋3＝6」なので、リスクレベルは「Ⅱ」となります。

🎓 **マメ知識**

「研削といしの三要素」とは、（1）と粒（グレーン）は加工物を削る刃物に相当、（2）結合剤（ボンド）は刃先を支持するホルダーに相当、（3）気孔（ポアー）は切屑を取り除くために必要なすき間です。使用中に、刃先の減ったと粒は、たえず新しい刃を出すが、それがだめになると脱落し、次の新しいと粒が出ます。この現象を「自生作用」といいます。

# 7 高速切断機による災害２事例

　切断機には、高速切断機・チップソー切断機・メタルソー切断機・タイル切断機・ロータリーバンドソー・ジグソー・チェンソー・カッター・電子セーバソー・丸のこなどがあり、ここでは、パイプ・小断面のアングル・形鋼などの切断に使用する高速切断機をテーマとする。

　高速切断機には切断といしを使用するものと、摩擦板（チップソーカッター）を使用するものがあるが、一般には、切断といしを使用するものが多い。

## ● 切断したパイプが顔面に

**高速切断機Ａ・Ｂ**

　ともに、といし径405㎜・切断能力径135㎜で、台座は移動が可能な鉄輪付きで、防護カバーは一部欠損している。

**背景〔災害１〕**：高速切断機Ａは通常使用しないので、屋外倉庫の片隅で傾斜した地盤上に直接置きブルーシートで覆い、使用するときはその場で使っていた。

**背景〔災害２〕**：高速切断機Ｂは１カ月に１回程度しか使用しないので、工作室片隅の傾斜したコンクリートの床面に直接置いていた。

**背景〔共通〕**：切断作業を行う場合の照度は、50 lx 程度で近くに照明設備はなく、長尺物のパイプを受ける補助ローラーはなかった。また、作業者Ｃ・Ｄは、長袖・長ズボンの作業着、作業帽を着用していたが、保護眼鏡・手袋は着用していなかった。

**発生状況〔災害１〕**：作業者Ｃは降雨のあと、長さ４ｍ・直径５cm のパイプを長さ 20cm ごとに切断するために、高速切断機Ａのバイス（万力）でパイプを押さえて切断しているとき、切断した 20cm のパイプが跳ねて作業者Ｃの顔面に激突した（イラストＡ）。

**発生状況〔災害２〕**：作業者Ｄは高速切断機Ｂを工作室片隅に置いたまま、「災害１」と同様、高速切断機Ｂのバイスで単管パイプを押さえて切断しているとき、金属クズが飛散し眼に入り、眼をこすったので視力傷害となった。

**不安全な状態・行動と管理〔共通〕**

　　(a) 照度は 50 lx 程度だった。

　　(b) 両作業者は、保護眼鏡・保護帽・手袋を着用せず。

　　(c) 両切断機のといしは欠損していた。

　　(d) パイプのバイス固定が緩く、かつ、長尺のパイプを受台なしの状態で切断。

　　(e) 監督者も作業者も、「研削といしの取替え時の試運転等」は特別教育修了者が行うことを知らなかった。

　　(f) 研削盤使用の作業手順書はなかった。

191

**イラストA**

〔災害１〕屋外の傾斜した地盤上
〔災害２〕工作室片隅のコンクリート床面

長さ 20 cm のパイプ

高速切断機

直径 5 cm のパイプ

【危険】高速切断機を不安定な地盤に設置

**不安全な状態〔災害１〕**：(g)・(h) 高速切断機Ａを傾斜した地盤上に置いた状態で作業。

**不安全な状態〔災害２〕**：(i) 高速切断機Ｂを工作室片隅に仮置きの状態で作業。

■**リスク基準**（P 9 ～ 10 参照）

　①危険状態が発生する頻度は時々「２」、②ケガをする可能性が高い「４」、

③災害の重篤度は重傷「６」です。

■**リスクレベル**（P10 参照）

　リスクポイントは「２＋４＋６＝ 12」なので、リスクレベルは「Ⅳ」となります。

● **リスク低減措置**

　イラストＢのような「安全な状態・行動・管理」が必要である。

**安全な状態・行動と管理〔共通〕**

　　　（a）作業場所の照度は 300 lx は確保する、不足照度はヘッドランプで補助。

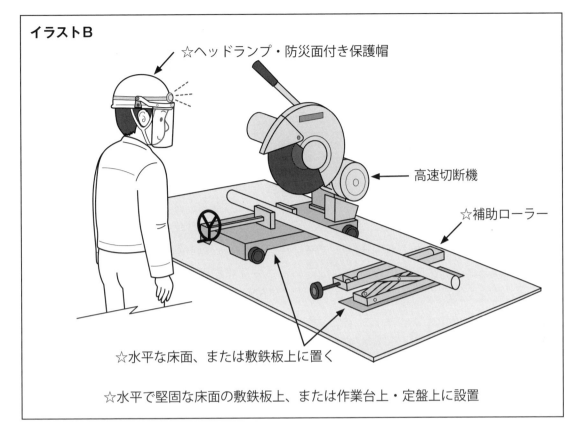

**イラストB**

☆ヘッドランプ・防災面付き保護帽

高速切断機

☆補助ローラー

☆水平な床面、または敷鉄板上に置く

☆水平で堅固な床面の敷鉄板上、または作業台上・定盤上に設置

    （b）両作業者は、ヘッドランプ・防災面付き保護帽・手袋を着用。

    （c）両切断機のといしは、特別教育修了者が交換し試運転を行う。

    （d）パイプはバイスにしっかり固定し、長さ40cm以上のパイプは補助ローラー
    で水平な状態に設置。

    （e）監督者は作業者に研削といしの特別教育を行う。

    （f）研削盤使用の作業手順書を作成。

**安全な状態〔災害1〕**：（g）・（h）高速切断機Aは堅固な敷鉄板上に設置。

**安全な状態〔災害2〕**：（i）高速切断機Bは工作室中央の水平な床面、または定盤上に設置。

---

**■リスク基準**（P 9～10参照）

  （a）～（i）などの対策を実施して作業を行えば、①危険状態が発生する頻度は滅多にない「1」、②ケガをする可能性がある「2」、③災害の重篤度は軽傷「3」です。

**■リスクレベル**（P10参照）

  リスクポイントは「1＋2＋3＝6」なので、リスクレベルは「Ⅱ」となります。

# 8 携帯用丸のこ盤の災害

「木材加工用機械」を大別すると、帯のこ盤、丸のこ盤、バーカ（皮剥ぎ機）などの「一次加工用機械の製材機械」、木工のこ盤、かんな盤、面取り盤、ほぞ取り盤などの「二次加工用機械の木工機械」、ベニヤレース、乾燥機、プレス、サンダなどの「合板機械」に大別される。木工造作のリフォーム工事などで必需品の携帯用丸のこ盤には、電気式と充電式があるが、ここでは小型の電気式携帯用丸のこ盤をテーマとする。

H社の造作用丸のこ盤：C5MBY（ＬＥＤライト・チップソー付）の仕様を例に取ると、のこ刃径 145㎜、切込み深さ（90度）57㎜、ベース材質アルミ、質量 2.6kg、電源単相 100 Ｖ、電流 12 Ａ、コード5mとなっている。

## ● 大腿部にのこ刃が接触

被災者はわく組足場の敷板を作るため、厚さ 28㎜の敷板（幅 24cm・長さ4ｍ）を切断しようとして角材上に敷板を置き、左足と左手で敷板を押さえて携帯用丸のこを持って切断していたとき、のこ刃が跳ねて左足内側の大腿部に接触し、多量出血をした（イラストA）。

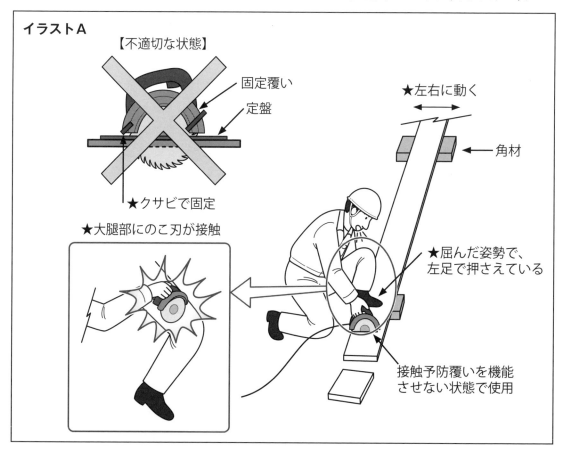

**イラストA**

【不適切な状態】

固定覆い
定盤
★クサビで固定
★大腿部にのこ刃が接触

★左右に動く
角材
★屈んだ姿勢で、左足で押さえている
接触予防覆いを機能させない状態で使用

**不安全な状態**：（a）敷板に釘が複数刺さっていた。

（b）移動覆いは変形していたので、固定覆いにクサビで固定し、安全装置が有効に機能しない状態だった、〔★安衛則：第123条に抵触〕。

（c）敷板は角材上で低い状態に設置。

（d）敷板をクランプなどで固定しなかった。

**不安全な行動**：（e）敷板を左足と左手で押えていた。

（f）右手は軍手を着用。

**不安全な管理**：（g）携帯用丸のこの作業手順書はなく、安全教育もほとんどしていなかった。

---

■**リスク基準**（P 9～10 参照）

①危険状態が発生する頻度は時々「2」、②ケガをする可能性が高い「4」、
③災害の重篤度は致命傷「10」です。

■**リスクレベル**（P10 参照）

リスクポイントは「2＋4＋10＝16」なので、リスクレベルは「Ⅳ」となります。

---

## ● リスク低減措置

イラストBのような「安全な状態・行動・管理」が必要である。

**安全な状態**：（a）事前に目視で敷板の釘などの有無を確認し、ある場合は引き抜く。

（b）移動覆いが損傷しているものは使用禁止。

（c）敷板は高さ60cm程度の2台の作業台に乗せる。

（d）敷板の両端にブレ止めの添板を設置（釘止め）し、上部は押さえ板をクランプで固定。

**安全な行動**：（e）敷板の固定状態を確認し、左手は体の支え程度とする。

（f）携帯用丸のこを握る右手は素手とし、左手は薄皮手袋を着用。

※左手を握る携帯用丸のこも　ある。不自然な作業姿勢・膝立て作業などの場合は、「前掛けタイプの防護衣」

〔⑥携帯用グラインダ（P190：イラストB参照）〕の着用を推奨。

**安全な管理**：（g）木工機械は、リスクアセスメントを行い安全装置・作業方法を優先させた作業手順書を作成する。また、特別教育に準じた安全教育も行う。

---

■**リスク基準**（P 9～10 参照）

（a）～（g）のなどの対策を実施して作業を行えば、①危険状態が発生する頻度は滅多にない「1」、②ケガをする可能性がある「2」、③災害の重篤度は軽傷「3」です。

■**リスクレベル**（P10 参照）

リスクポイントは「1＋2＋3＝6」なので、リスクレベルは「Ⅱ」となります。

---

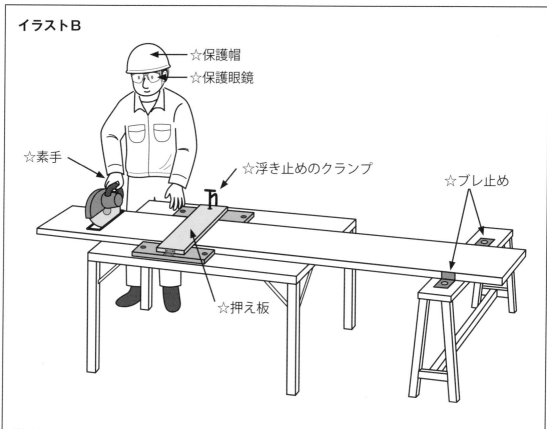

イラストB

☆保護帽
☆保護眼鏡
☆素手
☆浮き止めのクランプ
☆ブレ止め
☆押え板

〔推奨〕屈んだ作業の場合は「前掛けタイプの保護衣（フォレストレガース）」を着用。
特に、アート（芸術）、体験教育、訓練の場では有効（安心作業となる）。

## ● 携帯用丸のこ盤の危険性と安全対策

（1）接触予防覆い（移動覆い）：携帯用丸のこ盤は、加工物が小断面であったり、加工が複雑な
物があり、移動覆いが十分に機能しない場合がある。このような場合は、ブレ止めの添板を
したり、押さえ板、押し棒などを使い、のこ刃に手が近づけないようにする。

（2）過電流による電気火災：携帯用丸のこ盤のコードは5mなので、コードリールのコード
を巻いた状態で複数の電動工具を使用、また夏場・暑熱作業場では、スポットクーラー
（電流10A～12Aが多い）と併用して受電すると過電流となり、トラッキング現象
（下記マメ知識参照）による電気火災の危険性がある。携帯用丸のこの使用電流は12A
なので、コードリールのコードは伸ばした状態（許容電流15A）で使用する。

🎓 マメ知識

「**トラッキング現象**」とは、絶縁材料が局所的に劣化して導電性経路が形成され、
放電が継続する現象。特に、コンセントとプラグの隙間にほこりなどが堆積して発熱・
炭化・発火に至る現象をいいます。

〔注意〕電工ドラムのコードは伸ばした状態の許容電流は15Aですが、巻いた状態では5Aです。

　「空気圧縮機」は気体を圧縮して圧力を高める機械で、電動コンプレッサーとエンジンコンプレッサーがあり、ここでは小型の電動コンプレッサー（以下、**ベビコン**）のはさまれ、巻き込まれ災害をテーマとする。

　爆発火災の危険性がある多数の空気工具を使用する職場では、機械室の大型電動コンプレッサーからエアー配管をするが、ベビコンは比較的少量のエアーを使用する場所の近くに設置して使用している。ベビコンは空気タンク容積 38 〜 130 ℓ の電動コンプレッサーとし、釘打機・エアー工具用（高圧・一般圧）の小型エアコンプレッサーは対象外。

　ベビコンは無給油式と給油式があり、最高圧力は低圧（0.93MPa）と中圧（1.37MPa）がある。圧縮したエアーは、塗装用のスプレーガン、組立てラインでエアレンチ・エアハンマー・エアグラインダーなどに、また、機械の除じん・清掃用のエアーガンなどにも使用している。

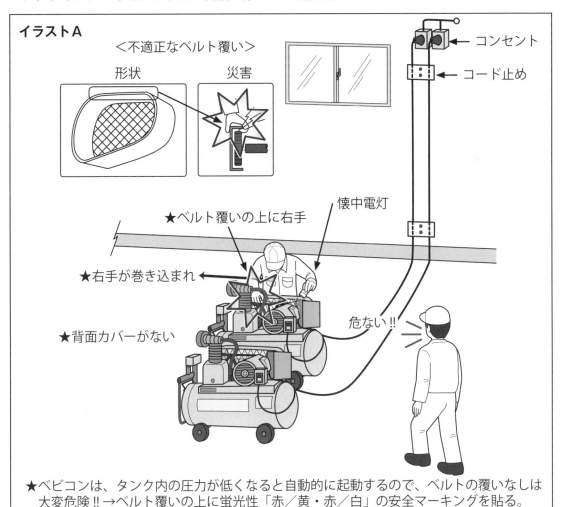

イラストA

＜不適正なベルト覆い＞

形状　　　災害

コンセント
コード止め

★ベルト覆いの上に右手
懐中電灯

★右手が巻き込まれ

★背面カバーがない

危ない!!

★ベビコンは、タンク内の圧力が低くなると自動的に起動するので、ベルトの覆いなしは
　大変危険!!→ベルト覆いの上に蛍光性「赤／黄・赤／白」の安全マーキングを貼る。

## ● 右手がプーリーの羽根に

　工場の機械室にベビコンを2台設置してあり、照度は自然採光のみで雨天時は薄暗い状態だった。昨年末にベビコン2台のベルトが連続して破損した際、保全担当者はベルトを交換し外側のベルト覆いは取付けたが、しばらく起動状態の様子を見るために内側の前面カバーは外したまま、近くに放置していた。

　保全担当者は、四半期に1回の自主点検のためベビコンの点検をしようとし、ベルト覆いの上蓋に右手を置き、懐中電灯で照らしてのぞいて見ていたとき、急にベビコンが起動し、右手の指先4本がプーリーの羽根に触れ被災した（イラストA）。同僚が上腕を三角巾で止血して救急車で病院に搬送したが、「指先4本の骨が露出」したので長期療養となった。

**不安全な状態**：（a）2台とも背面カバーがない、（b）照度は30 lx 程度。

**不安全な行動**：（c）ベビコンが停止していたので、電源オフと勘違いしてベルト覆いの上蓋に手を掛けた、（d）懐中電灯で照らしベビコンの内側を点検していた。

**不安全な管理**：（e）ベビコンは停止状態が多いので、監督者・職長は、「はさまれ、巻き込まれの危険性」があるとの認識はほとんどなかった、（f）適正な設備状態の設置図がなかった。

> **■リスク評価**（P 9～10 参照）
> 　①危険状態が発生する頻度は時々「2」、②ケガをする可能性が高い「4」、
> ③災害の重篤度は重傷「6」です。
>
> **■リスクレベル**（P10 参照）
> 　リスクポイントは「4＋4＋10＝18」なので、リスクレベルは「Ⅳ」となります。

## ● リスク低減措置

　イラストBのような「安全な状態・行動・管理」が必要である。

**安全な状態**：（a）ベルト交換終了後、背面カバーを設置し、またベルト覆いの上蓋に回転方向の矢印と危険表示の赤／黄の安全マーキングを貼る。

　　　　　　　（b）コンセントは胸の高さ1.3ｍ程度とし、点検・修理の時および休止コンプレッサーの差し込みプラグはコンセントから外す、また、点検作業時の照度は150 lx 程度を確保。

**安全な行動**：（c）安易に危険表示のあるベルト覆いの上蓋に手を掛けない。

　　　　　　　（d）保全担当者もヘッドランプ付き保護帽と保護眼鏡を着用すると、ハンズフリー（hands-free）で点検などが可能。

**安全な管理**：（e）監督者は、はさまれなどの危険性がどの場所にあるかを各担当者から現物を見ながら聴き、防護措置を優先。

　　　　　　　（f）不適正な設備と適正な設備状況の設置図を掲示（×印・○印）。

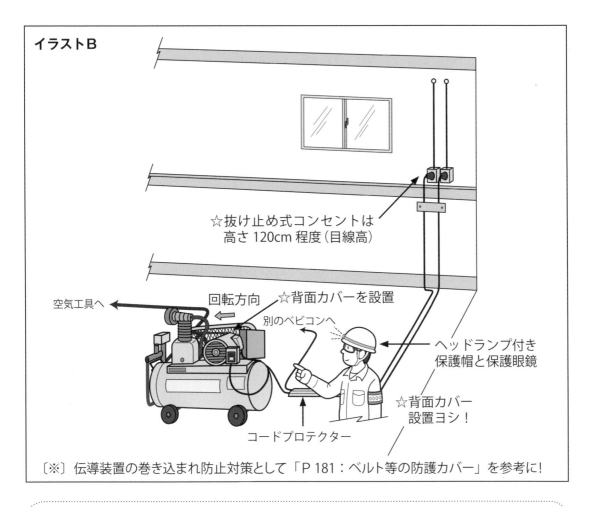

イラストB

☆抜け止め式コンセントは
高さ120cm程度（目線高）

回転方向

☆背面カバーを設置

空気工具へ

別のベビコンへ

ヘッドランプ付き
保護帽と保護眼鏡

☆背面カバー
設置ヨシ！

コードプロテクター

〔※〕伝導装置の巻き込まれ防止対策として「P181：ベルト等の防護カバー」を参考に！

■**リスク基準**（P9〜10参照）

（a）〜（f）などの対策を実施して作業を行えば、①頻度は滅多にない「1」、
②ケガをする可能性はほとんどない「1」、③災害の重篤度は軽傷「3」です。

■**リスクレベル**（P10参照）

リスクポイントは「1＋1＋3＝5」なので、リスクレベルは「Ⅱ」となります。

## ● ベビコンの危険性

　ベビコンは用途が広いので、職場の身近に多数ある。圧力開閉器式は付属の圧力開閉器により電源がオンの状態で常に圧力を一定に保つために、自動的に電動機を起動・停止させるので、機体側の前面カバーがないベビコンは、ベルト覆いの上部に手を掛けていると、指先がプーリーの羽根に触れる、またベルトとプーリーの間にはさまれ、巻き込まれる危険性がある。

　前面カバーがない状態には二つの理由が想定される。一つ目は、昭和50年代以前に製造したベビコンは、内側の前面カバーがないものが多い。二つ目は、ベルトが切損したとき、ベルト覆いと前面カバーを外し、保全担当者が目視できるように前面カバーを外したまま、近くに放置していることである。

# 10 コンベヤーのはさまれ災害

　平成28（2016）年、製造業における休業4日以上の死傷者数は27,884人（死亡者数は177人）で、製造業の起因物別では、動力運搬機で2,164人が死傷し、そのうちトラックは660人、フォークリフトは606人、「コンベヤーは672人」である。ここではコンベヤーをテーマとする。

　コンベヤーは「荷を連続的に運搬する機械装置」で、移動過程において自動仕分けなどができるので、複数の業種で倉庫の内外を問わず、多数の職場で使用〔＊1〕している。コンベヤーによる災害防止のために「安衛則第151条の77～83」で「逸走等の防止、非常停止装置、荷の落下防止・トロリーコンベヤー・搭乗の制限・点検・補修等」について具体的に規定している。

　コンベヤーは回転部分が多いので、これらに作業者の「身体部分が接触」したり、「着衣などが巻き込まれ」たりする危険性が高いため、これに対する防護措置が必要である。

〔＊1〕物流倉庫・食品製造業では「自動仕分けで必需品」で、複数層になっていることもある。

### 🎓 マメ知識

　「コンベヤー」は、ベルト・チェーン・ローラ・スクリュー・振動・液体・空気フィルム・エレベーティングの8つに大別されます。チェーンコンベヤーは、このなかでも17種類と最も多く、スラットコンベヤーはこれに分類される。

## ● 異常処理作業中に急に動き出した

　作業者の1人がコンベヤーの側面に仮置きしたパレット上のダンボールを搬送する作業を行っていた。

　イラストAは、コンベヤーが急停止したので作業者Aは元電源を切らないまま、駆動部に近いスラット（薄板）に手を掛けてのぞきこんで、急停止の原因を1人で探っていた。

　駆動部の近くでチェーンの間の異物を取り除いたら、急にコンベヤーが動き出し、スラット間に指（軍手着用）が入った状態だったので、Aは引きずられて指3本が巻き込まれた。

　悲鳴を聞いた職長が非常停止ボタンを押してから、反転させて被災者を救出した災害である。

　この災害の主たる原因は複数あり、次のようなことが考えられる。

**不安全な状態**：（a）伝導装置の駆動部側面に防護はなく、また駆動部側面の照度は30lx程度と暗い。

　　　　　　　　（b）操作盤に1カ所非常停止ボタンはあるが、コンベヤー側面に非常停止ロープはない。

　　　　　　　　（c）荷の落下防止の側面防護がない。

　　　　　　　　（d）コンベヤー横の点検通路はせまく、床配線、床配管などが多数ある。

**不安全な行動**：（e）Aは異常発生を職長に連絡しないで単独作業を行った。

　　　　　　　　（f）Aは照明器具を使用しなかった。

**不安全な管理**：（g）異常処理などは協力会社任せで、コンベヤーの点検時など非定常作業時

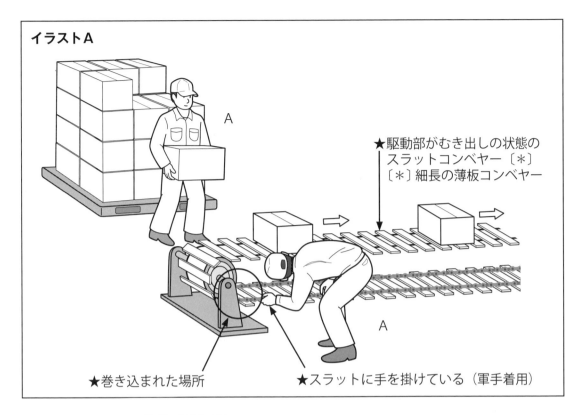

イラストA

★駆動部がむき出しの状態の
　スラットコンベヤー〔＊〕
〔＊〕細長の薄板コンベヤー

A

A

★巻き込まれた場所

★スラットに手を掛けている（軍手着用）

　　　　　の作業手順書がない。
　　（h）異常時などの対応は職長任せ。
　　（i）点検時などの保護具の決まりがない。

■**リスク基準**（P 9〜10 参照）
　①危険状態が発生する頻度は時々「２」、②ケガをする可能性が高い「４」、
③災害の重篤度は重傷「６」です。

■**リスクレベル**（P10 参照）
　リスクポイントは「２＋４＋６＝12」なので、リスクレベルは「Ⅳ」となります。

## ● リスク低減措置

　イラストBのような「安全な状態・行動・管理」が必要である。
**安全な状態**：（a）伝導装置〔＊２〕の駆動部はインターロック付き網目金網等で防護と駆動部
　　　　　　　近傍は 300 lx 程度の照度を確保〔投光器等〕
　　　　　　（b）コンベヤーの両側に非常停止ロープを設置
　　　　　　（c）コンベヤーの両側に荷の落下防止の側面防護を設置
　　　　　　（d）コンベヤーの側面に幅80cm程度の点検通路を確保（通路内の床配線〔＊３〕・
　　　　　　　床配管は防護し安全な通路を確保）。
　　〔＊２〕伝導装置には、P179 に示す通り「ベルト・チェーン・歯車等」がある。
　　〔＊３〕床配線は P109 に示す通り、「タコ足配線・延長コードの束ね等は禁止」。

**安全な行動**：（e）異常音等の発見者は、職長に連絡し職長の指示を仰ぐ、（f）異常箇所を
見る時はヘッドランプ・防護眼鏡・防災面等を着用し、ハンズフリーで直視。

**安全な管理**：（g）異常箇所の処理は協力会社任せにしない、かつ、非定常作業時の作業手順
書を作成し、その内容を周知、（h）異常時の対応は職長任せにしない、（i）点検
作業も含め、作業者の保護具の具体的な着装姿図を作成し周知〔＊4〕。
〔＊4〕点検等の作業開始前に「保護具の確認」を行う。

---

### ■リスク基準（P 9〜10 参照）

（a）〜（i）などの対策を実施して作業を行えば、①危険状態が発生する頻度は滅多に
ない「1」、②ケガをする可能性がある「2」、③災害の重篤度は軽傷「3」となります。

### ■リスクレベル（P10 参照）

評価点は「1＋2＋3＝6」なので、リスクレベルは「Ⅱ」となります。

---

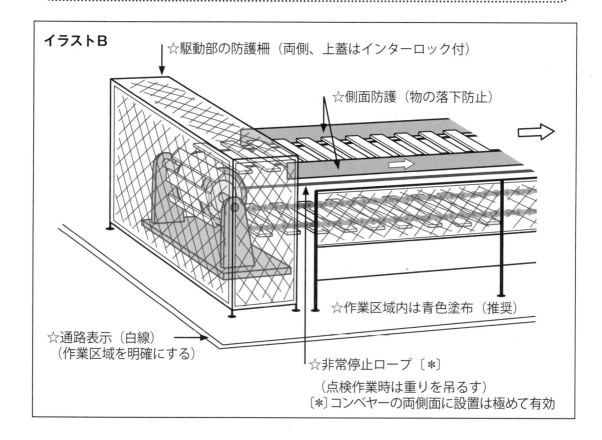

**イラストB**

☆駆動部の防護柵（両側、上蓋はインターロック付）

☆側面防護（物の落下防止）

☆作業区域内は青色塗布（推奨）

☆通路表示（白線）
（作業区域を明確にする）

☆非常停止ロープ〔＊〕
（点検作業時は重りを吊るす）
〔＊〕コンベヤーの両側面に設置は極めて有効

---

## ● 良好な状態と不安な状態の現状

回転寿司店と飛行場の荷物受け場のコンベヤーは、第三者（特に子供）が被災すると社会問
題になるので、最新の設備が採用されている。しかし、食品製造業以外の業種では、重量物・
経年劣化などがあり、コスト的にも難しいのが現状である。

# 11 安全パトロール時の災害

　年末・年始は安全パトロールの機会が多くなり、安全パトロール者が災害に遭う、また加害者になる事例が想定される。「安全パトロールで危険を危険として気づかず、災害に遭うのは、安全パトロール者の資格がない」ので、ここではこれをテーマとする。

　安全パトロールでは、労働災害を未然に防ぐため、各職場の責任者が危険性・有害性が高い状態と作業方法になっていることを発見し、「何故、危険か？・有害か？」を指摘して、職場の担当者とともに考え、まず応急的な改善を行う。恒久的には安全衛生委員会で、機械設備（環境を含む）や作業方法の抜本的な改善を行い「安全を確保し、安心して働ける職場環境」とすれば、生産性も向上する。この際、**「良いことは、なぜ良いか」**を褒（ほ）めるようにする。

　「安全パトロール時の留意事項」には、次の5つがある。

①「自分の身は自分で守る」。具体的には、職場に見合った適正な保護具を着用する。適正な保護具とは、保護帽、保護眼鏡、安全靴、作業着は長袖・長ズボン、ハーネス型墜落制止用器具（以下、**安全帯**）などである。小物は「ハンズフリーで行動」できるように、肩掛けの小型バックに入れ、グッズはリュックサックに入れる。保護帽はヘッドランプ付き、保護眼鏡はライト付き、手袋は人工革製（軍手は不適）、指し棒は絶縁テープで巻き、落下防止のためホルダーの取付けを推奨。

②機械・電気設備・高熱の物などには安易に手を触れない。「活線部に金属製の指し棒で触れる」のは危険である。

③「臭気のあるものは直接嗅がない」。

④床面より高い（深い）場所への昇降はできるだけ階段を利用する。「階段は手すりを持って昇降」、特に、降りる時は必ず持つ。

⑤「ポケットハンド、両手に物を持つ、スマートフォンを操作しながらの歩行は禁止」。

　リング状の繊維ベルトをパイプ等に結べば（P15：図2）、多数の場所で、安全帯を使用することが可能。

　以上が、留意事項で、死亡災害と重篤災害の危険性がある状態と行動は、絶対に見逃さないこと。事故の型別では、「爆発・火災、墜落・転落、はさまれ・巻き込まれ、崩壊・倒壊、激突され、飛来・落下、交通事故（場内）」などがある。

## ● 点検通路からの墜落と落下

　AとBの2人で安全パトロール中、高さ3.5mの点検通路上に段はしごで昇った。A（身長175cm）は、真下の安全通路をのぞこうとして防護柵に寄りかかった時、防護柵を乗り越えて頭から墜落。またBは歩行中に、点検通路上の梱包物などが足に当たり、防護柵下部から安全通路上に落下し通行者Cの頭に激突（イラストA）。

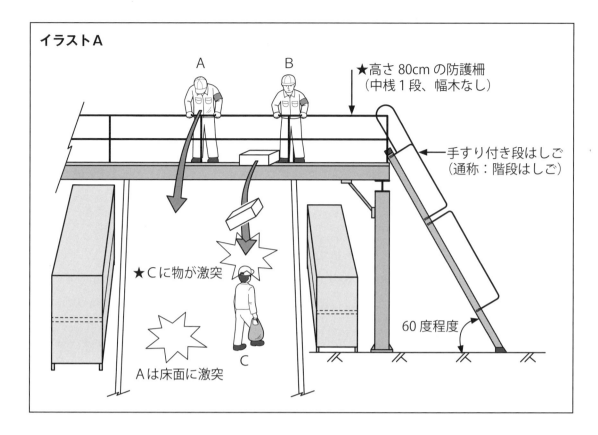

**イラストA**

A B

★高さ 80cm の防護柵
（中桟 1 段、幅木なし）

手すり付き段はしご
（通称：階段はしご）

★Cに物が激突

Aは床面に激突

C

60 度程度

　防護柵は高さ 80cm で、高さ 50cm の位置に中桟があるが、幅木はなかった。Aの体の重心は床面から 98cm〔175cm × 0.54 ＋ 3cm（踵の高さ）〕。

**不安全な状態**：（a）防護柵は高さ 80cm と低く、幅木がなかった。

　　　　　　　　（b）点検通路上の端部に資材などを置いていた。

**不安全な行動**：（c）A・Bは作業帽を着用、安全帯は着用していなかった。

**不安全な管理**：（d）監督者は、横断通路が高所作業になるとの認識がなかった。

**■リスク基準**（P 9 ～ 10 参照）

　①危険状態が発生する頻度は時々「2」、②ケガをする可能性が高い「4」、③災害の重篤度は重傷「6」です。

**■リスクレベル**（P10 参照）

　リスクポイントは「2 ＋ 4 ＋ 6 ＝ 12」なので、リスクレベルは「Ⅳ」となります。

## ● リスク低減措置

　イラストBのような「安全な状態・行動・管理」が必要である。

**安全な状態**：（a）点検通路の真上に高さ 15cm の幅木を設置、防護柵は高さ 110cm 以上とし、できれば内側にメッシュ枠（小物の落下防止）を設置。

　　　　　　　（b）点検通路上に資材等の物置きは禁止。

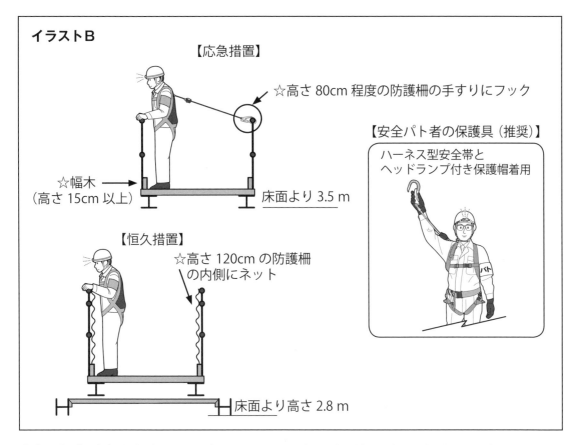

**イラストB**

【応急措置】

☆高さ80cm程度の防護柵の手すりにフック

☆幅木
（高さ15cm以上）

床面より3.5m

【恒久措置】

☆高さ120cmの防護柵
の内側にネット

床面より高さ2.8m

【安全パト者の保護具（推奨）】

ハーネス型安全帯と
ヘッドランプ付き保護帽着用

**安全な行動**：（c）安全パトロール者はヘッドランプ付き保護帽を着用、高所に昇る人はハーネス
型安全帯を着用し使用。

**安全な管理**：（d）「安全担当者の能力向上教育（観る目を養う）」を行い、受講者が安全パトロール
を行う。安全パトロールの際、ハーネス型安全帯の着用は義務。

**■リスク基準**（P 9～10 参照）
（a）～（d）などの対策を実施して作業を行えば、①危険状態が発生する頻度は滅多に
ない「1」、②ケガをする可能性がある「2」、③災害の重篤度は軽傷「3」です。

**■リスクレベル**（P10 参照）
リスクポイントは「1＋2＋3＝6」なので、リスクレベルは「Ⅱ」となります。

## Column ⑥　職場における腰痛予防対策

A：腰痛とは、「動作時あるいは安静時に腰背部に痛みを感じる疾患」の総称。腰痛は業務上疾病の中で最も発生している。業務上疾病である腰痛には、災害性腰痛と非災害性腰痛がある。**災害性腰痛**〔＊1〕は、腰部打撲等による外傷性腰痛のほかに、瞬間的に力を入れたときなどに起こる「腰椎捻挫（ぎっくり腰）」が含まれる。「非災害性腰痛」は、主として筋・筋膜・じん帯等の軟部組織の動作の不均衡による疲労現象から起こるといわれている。〔安全衛生用語辞典（中災防刊）を要約〕

　〔＊1〕令和2年の業務上疾病発生状況によると、「災害性腰痛は全産業で**被災者数：5582人**」。

A：腰痛が多い業種・作業と、一般的腰痛予防対策

（1）職場の腰痛は特定の業種のみならず、多くの業種〔＊2〕及び作業〔＊3〕で見られる。

　　国で示した「職場における腰痛予防対策の指針で示す対策」〔平25.6.18 基発0618 第1号〕を読み、具体的な対策を講じましょう。

　　〔＊2〕業種内訳では、**保健衛生業：1944人**〔＊4〕、商業・金融・広告業：1130人、運輸交通業：686人、接客・娯楽業：249人、食品製造業：223人、一般・電気・輸送用機械工業：167人、清掃・と畜業：167人、建設業：222人）。

　　〔＊3〕①重量物取扱い作業〔＊5〕②立ち作業③座り作業④福祉・医療分野等における介護・看護作業。

　　〔＊4〕保健衛生業では、毎年増加傾向にある。（令和2年は、平成30年（1533人）より、411人増加）。

　　〔＊5〕人力による重量物取扱いでは、満18歳以上の男子労働者が人力で取り扱う物の質量は、「体重のおおむね40％以下」に努め、満18歳以上の女子労働者は、さらに「男性が取り扱う質量の60％位」〔＊6〕までとする。

　　〔＊6〕おおむね「**体重60kgの男性は24kg以下、体重50kgの女性は12kg以下**」。

（2）一般的な腰痛予防対策　(a) 作業管理（**自動化・省力化**〔図3〕、作業姿勢・動作、作業の実施体制、作業標準、休憩・作業量・作業の組み合わせ、靴・服装等）(b) 作業環境管理（温度、照明、作業床面、作業空間や設備・荷の配置等、振動）(c) 健康管理　(d) 労働衛生教育等　(e) リスクアセスメントなど。

　　身近な例は、スーパー等のレジは女性が多いので、商品のレジ台乗せは10kg以下が多く、10kg以上は台車に乗せたままで会計している。

〔図1〕床面等から荷物を持ち上げる場合

(a) 好ましい姿勢　　(b) 好ましくない姿勢

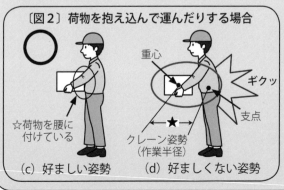

〔図2〕荷物を抱え込んで運んだりする場合

(c) 好ましい姿勢　　(d) 好ましくない姿勢

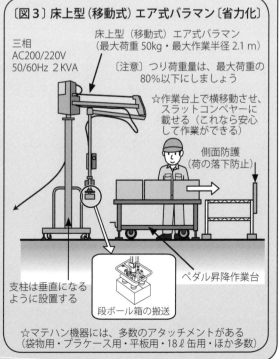

〔図3〕床上型（移動式）エア式バラマン〔省力化〕

三相
AC200/220V
50/60Hz 2 KVA

床上型（移動式）エア式バラマン
（最大荷重50kg・最大作業半径2.1 m）

〔注意〕つり荷重量は、最大荷重の80％以下にしましょう

☆作業台上で横移動させ、スラットコンベヤーに載せる（これなら安心して作業ができる）

側面防護（荷の落下防止）

ペダル昇降作業台

支柱は垂直になるように設置する

段ボール箱の搬送

☆マテハン機器には、多数のアタッチメントがある（袋物用・プラケース用・平板用・18ℓ缶用・ほか多数）

# 第6章
# 受水槽・酸欠等・
# 樹木剪定

# 1 小型水槽点検時の墜落災害2事例

　容量1m³～5m³の小型水槽は飲料水用と、火災発生時の初期消火用がある。材料はFRP（繊維強化プラスチック）製が多く球形・円筒形・角形の形状がある。小型水槽の多くは屋上の骨組みした鋼材の上に設置されているが、昇降設備の不備・不良と水槽の上部に手すりがないことなどにより墜落災害が多数発生している。

　ここでは、事務棟などの屋上にある5m³の円筒形水槽の点検作業時における災害をテーマとする。なお、容量5m³～10m³の中型水槽は、エレベーターの巻き上げ機室などの堅固な塔屋上に設置していることが多い。

　この事例では6階建の事務棟屋上の端部に、H形鋼2本の上にアングルで骨組みした高さ3mの構台（横幅・奥行きともに2.3m）を載せ、その上に5m³円筒形水槽（直径1.9m・高さ2m）を設置。昇降設備は構台の端に固定はしごを、円筒形の水槽の中央に設置してある。

## 危険な昇降設備などの状況

　①構台と水槽の固定はしごは、ずれた位置に設置している、②高さ3mの構台上に手すりはない、③構台と水槽のはしごに背もたれはなく、固定はしごの下部と構台の端は20cm程度の幅（余裕）しかない、④水槽上の上部に安全ブロックの取付けと墜落制止用器具（以下、安全帯）を掛ける設備はない。

## ● 4m下の床面に頭を強打

　事務棟は半年に1度の頻度で休日の土曜日にビルメン会社が水槽内の清掃を行っている。同じ会社なので、金曜日の夕方に事務所担当者と電話で打合せを行い、今回は立ち会いなしで、土曜日の昼間に清掃会社の社長Aと社員Bの2人で作業を行う許可を事業場から得た。天気予報で土曜日の午前は小雨、午後は曇りとのことなので、AとBは午前11時に警備室で11：00～16：30の時間帯の屋上作業届を提出し、清掃用具一式を持ってエレベーターで6階まで行き、階段で屋上に昇った。

　午前中は水槽内の水を排水し、社長Aが水槽の上に昇って点検口を開錠し、酸素濃度21％の確認を行い、いったん屋上に降り、屋上で持参した弁当で昼食をとった。昼食後AとBの2人は、保護帽と胴ベルト型安全帯を着用し、午後1時から水槽内清掃の準備を開始した。社員Bが高さ3mの構台の上に昇って、水槽のはしごの踏桟に安全帯のフックを掛けて、屋上床面のAから、清掃用具一式をロープで上げて高さ3mの構台上に仮置きした。

〔災害1〕準備ができたので、Aは構台上で待機し、Bが水槽の上に昇った。若い社員Bは深さ2mのタンクの中に飛び降りたので、その衝撃で足首をひねり動けなくなった。

〔災害2〕AはBの叫びで、被災状況を見るために水槽の上に昇ったが、救助の方法を知らないので、応援を求めるために慌ててはしごを降りているとき、Aは水槽の固定はしごの踏桟を踏み外し、4m下の屋上床面に背中から墜落し頭を強打した。

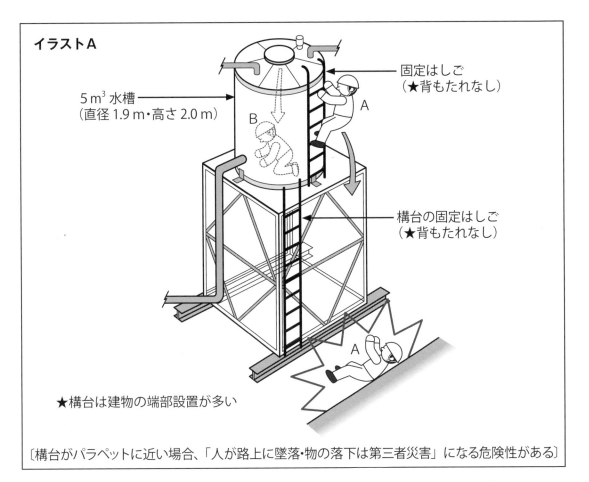

**イラストA**

5 m³ 水槽
（直径 1.9 m・高さ 2.0 m）

固定はしご
（★背もたれなし）

構台の固定はしご
（★背もたれなし）

★構台は建物の端部設置が多い

〔構台がパラペットに近い場合、「人が路上に墜落・物の落下は第三者災害」になる危険性がある〕

　水槽内のBはAの悲鳴を聞き、警備室にスマートフォンで緊急要請をした。警備員複数が駆けつけたが、自分たちでは手の施しようがないので消防署に連絡しレスキュー隊に2人は救助された。しかし、救助に2時間以上要し、A・Bは長期入院となった。※Aには脳障害が残った。

**不安全な状態**：（a）水槽内にはしごなどを設置しなかった。

　　　　　　　　（b）構台上の通路が狭い場所は20cm しかなく、手すりもなかった。

　　　　　　　　（c）水槽の固定はしごに背もたれはなかった。

　　　　　　　　（d）水槽の上部に安全ブロックを設置しなかった。

**不安全な行動**：（e）Bは深さ2mのタンクの中に飛び降りた。

　　　　　　　　（f）Aはランヤードのフックを掛けながら固定はしごを降りようとした。

**不安全な管理**：（g）高架水槽点検の作業手順書が両社（事業者・協力会社）になかった。

　　　　　　　　（h）事業所の監督者は、高所作業になるものとの認識がなかった。

**■リスク基準**（P 9〜10 参照）

　①危険状態が発生する頻度は滅多にない「1」、②ケガをする可能性が高い「4」、③災害の重篤度は致命傷「10」です。

**■リスクレベル**（P10 参照）

　リスクポイントは「1＋4＋10＝15」なので、リスクレベルは「Ⅳ」となります。

## ● リスク低減措置

イラストBのような「安全な状態・行動・管理」が必要である。

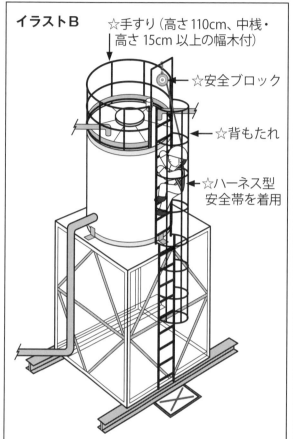

**イラストB**

☆手すり（高さ110cm、中桟・高さ15cm以上の幅木付）

☆安全ブロック

☆背もたれ

☆ハーネス型安全帯を着用

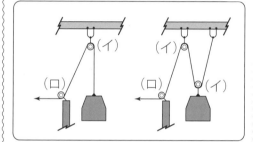

**🎓 マメ知識**

【人力による荷揚げと人命救助の方法】

**ロープ比率の2事例**

1:1比率（逆V型）　　2:1率（V型）

（イ）　　　　　（イ）

（ロ）　　　　　（ロ）　（イ）

（イ）救助用プーリーは強度15〜30kN以上

（ロ）ロールンロックは、逆方向はロックする
　　　ロック解除すればプーリーとしても使える

【注】ロープは直径9mm（19kN）〜11mm（30kN）
　　　のクライミングロープを使い、連結具は
　　　強度22kN以上のカラビナを使用
　　　〔☆訓練はダミーで行う〕

〔警告〕軽量用のつり上げ用滑車は使用荷重
　　　300N〜3kN以下なので、救助には不適

**安全な状態**：(a) 深さ1.5m以上の水槽内では、電柱はしご（長さ2.4mは質量が4.1kg）などを設置、(b)・(c)水槽の固定はしごと構台の固定はしごは直線とし、背もたれを設置、また、水槽の上部には堅固な防護柵を設置、(d)水槽の上部に安全ブロックを掛ける門型の鋼材を設置し、安全ブロックを設置。

**安全な行動**：(e)「タンクの中への飛び降り」は禁止、電柱はしごで昇降、(f)経営者と言えども安全帯は常時使用して昇降。

**安全な管理**：(g)水槽点検の作業手順書を作成し、その内容を周知、(h)人力による人命救助の方法の訓練を行う（タンク内の人命救助は、適正な用具と訓練が必要）。

**■リスク基準**（P9〜10参照）

　(a)〜(h)などの対策を実施して作業を行えば、①危険状態が発生する頻度は滅多にない「1」、②ケガをする可能性がある「2」、③災害の重篤度は軽傷「3」です。

**■リスクレベル**（P10参照）

　リスクポイントは「1＋2＋3＝6」なので、リスクレベルは「Ⅱ」となります。

# 2 屋外の大型受水槽での災害

　ここでは、工場の屋外にある大型〔＊１〕のＦＲＰ製受水槽での墜落災害をテーマとする。
〔＊１〕大型受水槽は、建物の地下室・屋上設置もある。

**受水槽と高架水槽の違い**

　戸建て住宅では、上水道（生活用水を供給）の配水管から直接方式で飲料水を利用するが、ビルなどでは水圧を確保できないので、受水槽方式を利用している。飲料水を一時的に貯留するために、建物の地下や屋外に設置している水槽を「受水槽」といい、屋上に設置している水槽を「高架水槽」という。高架水槽は停電になっても自然流下で飲料水の供給が可能だが、屋外の受水槽は電源喪失になると飲料水の供給が不可能なので、非常用発電機〔＊２〕が必要。
〔＊２〕旧河川敷などの設備は、水没高以上に設置、または防水壁で囲むことが必要。

## ● 上部に防護柵がなく墜落

**受水槽の設置状況**

　受水槽は、20年前に設置した物で高さ80cmのコンクリート基礎と高さ20cmのＨ形鋼の構台の上に45m³水槽（高さ2.5ｍ・奥行3ｍ・幅6ｍで、マンホール（点検口）は3箇所あり15m³ごとに隔離）を設置。水槽上部の高さは路面から3.5ｍで、水槽の上部に防護柵はなく、左右に昇降用の固定はしごがあるが背もたれはなく、上部は60cm程度突出し、コンクリート基礎の場所に踏台もない。受水槽の周囲2ｍはコンクリートの路面で、外周にはネットフェンスを設置。半年に1回行う定期点検と清掃は、事業所の職員が立ち合い、3分割された水槽を一つずつ順番に水抜きして、保全会社が行っている。

**災害発生状況**

　事業場の職員Ａと保全会社の社長Ｂは、定期点検の確認のため、各点検口を開けて水槽内点検のため受水槽の上部に昇った。Ｂは受水槽の端部にある点検口の施錠を外しているとき、バランスを崩して背中から路面に墜落。その悲鳴を聞いたＡは事業場に連絡しようとして、固定はしごから降りるとき、背もたれがなかったので、Ｂと同様に背中から路面に墜落。Ａはスマートフォンで2人の被災状況を事業場に連絡し、救助を求めた。

**不安全な状態**：（a）受水槽の上部に防護柵がなかった（安全帯を取り付ける設備がない）。

　　　　　　　　（b）固定はしご各段の踏桟は直径9㎜の丸鋼で、受水槽の外壁から10cm程度の離隔を保ち設置。

**不安全な行動**：（c）ＡとＢは、保護帽・安全帯を着用していなかった。

　　　　　　　　（d）Ａは工具を手に持って降りようとした。

**不安全な管理**：（e）事務所で作業開始前の打合せはしなかった。

　　　　　　　　（f）受水槽点検の作業手順書はなくビルサービス会社任せだった。

　　　　　　　　（g）作業開始前のKY活動も実施しなかった。

211

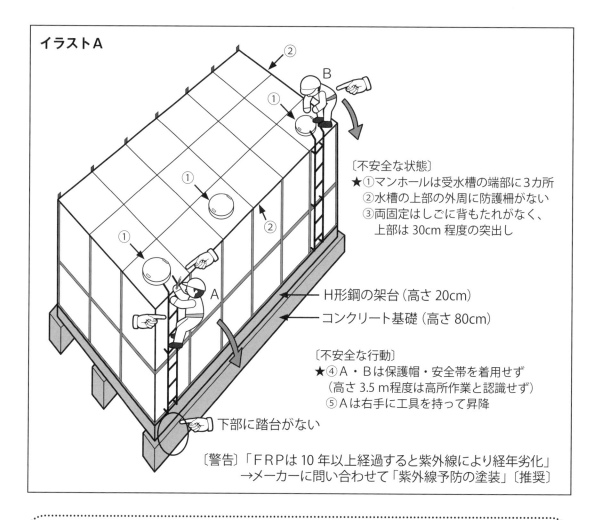

イラストA

B

①

②

②

①

①

①

②

A

〔不安全な状態〕
★①マンホールは受水槽の端部に3カ所
　②水槽の上部の外周に防護柵がない
　③両固定はしごに背もたれがなく、
　　上部は 30cm 程度の突出し

—— H形鋼の架台（高さ 20cm）
—— コンクリート基礎（高さ 80cm）

〔不安全な行動〕
★④A・Bは保護帽・安全帯を着用せず
　（高さ 3.5 m程度は高所作業と認識せず）
　⑤Aは右手に工具を持って昇降

下部に踏台がない

〔警告〕「FRPは 10 年以上経過すると紫外線により経年劣化」
　　　→メーカーに問い合わせて「紫外線予防の塗装」〔推奨〕

■**リスク基準**（P 9～10 参照）

　①危険状態が発生する頻度は滅多にない「1」、②ケガをする可能性が高い「4」、
③災害の重篤度は致命傷「10」。（背中から落ちるので！）

　■**リスクレベル**（P10 参照）

　リスクポイントは「1＋4＋ 10 ＝ 15」なので、リスクレベルは「Ⅳ」となります。

## ● リスク低減措置

　イラストB「安全な状態・行動・管理」が必要である。

**安全な状態**：(a)点検口の周囲に高さ 1.2 mの防護柵を設置（点検口の周囲だけでも良い）、
　　　　　　(b)固定はしごの踏面は壁面から 20cm 程度離し、最上段には踊り場を設置、
　　　　　　最下段の奥行は5cm 程度の踏面とし、かつ、「背もたれ」〔＊3〕を設置。コン
　　　　　　クリート基礎箇所には踏台を設置。
　　　　　　〔＊3〕「安全囲い」で、背中からの墜落は防げるが、墜落阻止装置ではない。なお、
　　　　　　図の通り門型支柱に安全ブロックを設置して昇降を推奨。

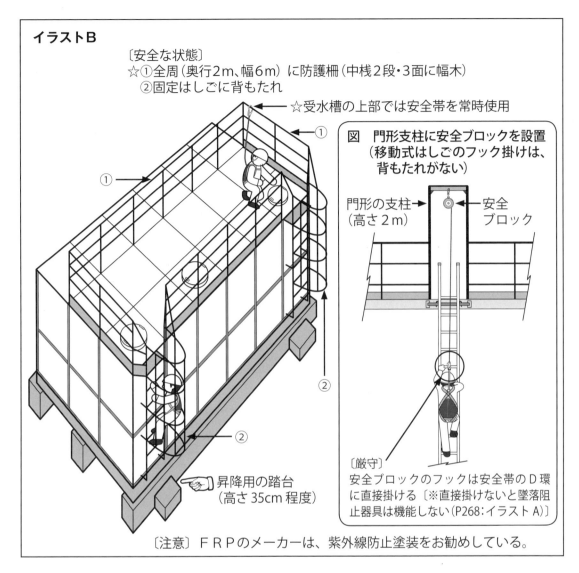

**イラストB**

〔安全な状態〕
☆①全周(奥行2m、幅6m)に防護柵(中桟2段・3面に幅木)
　②固定はしごに背もたれ

①
①
①

②

②

②

☆受水槽の上部では安全帯を常時使用

👉 昇降用の踏台
　(高さ35cm程度)

**図　門形支柱に安全ブロックを設置**
**(移動式はしごのフック掛けは、**
**背もたれがない)**

門形の支柱→
(高さ2m)

←安全
　ブロック

〔厳守〕
安全ブロックのフックは安全帯のD環
に直接掛ける〔※直接掛けないと墜落阻
止器具は機能しない(P268:イラストA)〕

〔注意〕FRPのメーカーは、紫外線防止塗装をお勧めしている。

**安全な行動**：(c) 点検作業関係者は、保護帽・安全帯〔＊4〕を着用し、受水槽の上部では、
防護柵に常時フックを掛けて作業(移動も含む)、(d) 固定はしごの昇降は
「手に物を持って昇降は禁止」とし、工具は布ホルダー付きを工具袋に収納。
〔＊4〕タンク内作業は安易に救助ができる連結ベルト付きハーネス型安全帯を使用。

**安全な管理**：(e) 上司を交えて、事務所で作業開始前の打合せを行う、(f) タンク作業の作業
手順書を作成、(g) 危険性の高い作業なので、事前にリスクアセスメント(以下、
RA)を行い、残留リスクを作業開始前のKY活動に反映させる。

**■リスク基準**（P 9～10 参照）

　(a) ～ (g) などの対策を実施して作業を行えば、①危険状態が発生する頻度は滅多に
ない「1」、②ケガをする可能性がある「2」、③災害の重篤度は軽傷「3」です。

**■リスクレベル**（P10 参照）

　リスクポイントは「1＋2＋3＝6」なので、リスクレベルは「Ⅱ」となります。

# 3 高架水槽点検での墜落災害

　東日本大震災の日、筆者は某通信会社の依頼により、埼玉県の基地局で屋外保全作業の実技研修中（訓練中）に、「震度5強」以上を体験。高さ15mのコンクリート柱は大揺れしたが、上部で模擬作業をしていた作業者は、ハーネス型安全帯を着用し昇降時は安全ブロックを使用、下部のはしごは上部をしっかり固定していたので、墜落の危険性を感じないで、身の安全を確保（安全帯を常時使用）しながら路面に無事戻ることができた。

　隣接した新幹線の高架橋は大揺れし、架線のガイシが接触した衝撃音はすさまじかった。「新幹線が脱線？」との思いが一瞬頭をよぎったが、JR東日本は新潟地震の教訓から「予知波のP波で電源を遮断」し、S波では全ての新幹線が止まったことを報道で知った。

　この経験で、今まで以上に「安全な設備と作業方法の備えが必要！」と強く感じた。本書の元となる連載は、大震災直後の2011年4月から執筆しているが、安全作業のため 身近にある物を有効活用して「自分の身と同行者の身を守る」ように心掛けている。

　ここでは停電をしても、最低限の生活用水を確保するために、必要な高架水槽の点検作業の墜落災害防止をテーマとする。

## ● 手が滑ってパラペットの上に

　当工場の地域は水圧が低いので、停電時の最低限の生活用水を確保するために、事務所棟（4階建）の塔屋上に容量8立方メートルのパネル組立形水槽を設置してある。数年前に、外部の安全コンサルタントの安全指導で危険の重大性を指摘されたが、清掃・点検などは1年に2度程度で頻度が少ないことと、保守業務は協力会社が行うので、具体的な安全対策を講じないまま、今日に至っていた。

　高架水槽の作業環境は、①屋上と塔屋上のパラペット（手すり壁）は高さ40cm程度、②塔屋の扉上部は内開きで、塔屋の外壁とパラペットの内側の通路幅は60cmと極めて狭い、③高さ3mの塔屋上と、高さ2.5mの高架水槽上へは、パラペットに近接して設置した固定はしごを使って昇降、④3人は保護帽も安全帯も着用していなかった。

　工場は休日の土曜日に半年に1度の水槽内の清掃を予定していた。工場の担当者Aは新任で、ビルサービス会社のBも今回が初めてであった。保守業務の契約後、事務所でA・Bと協力会社の社長Cの3人で打合せを行い、風速7～8mのなか、作業手順を確認するため3人で屋上に行き、現場調査をすることになった。Aは事務所で待機し、Bが塔屋の扉を開錠して、BとCは屋上に出て、Bは先行して塔屋上から高架水槽上に昇った。CはBに続いて塔屋の固定はしごを昇り始めた。Cはデジカメを手に持っていたので、手が滑って塔屋上のパラペット上に落ち、さらに屋上のパラペットを乗り越えて18m下の路面まで墜落した（イラストA）。この災害は、次のような複数の要因が考えられる。

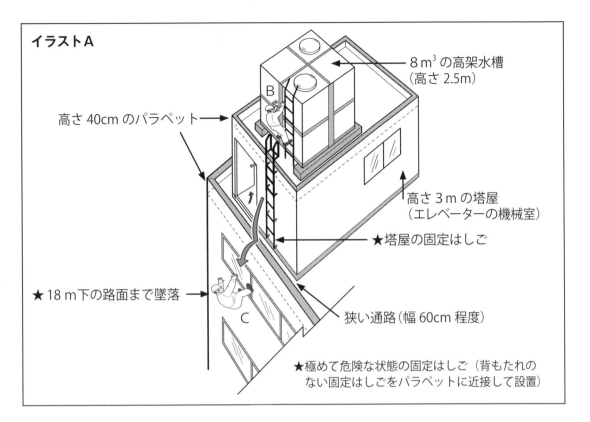

イラストA

8 m³ の高架水槽
（高さ 2.5m）

B

高さ 40cm のパラペット

高さ 3 m の塔屋
（エレベーターの機械室）

★塔屋の固定はしご

★18 m 下の路面まで墜落

C

狭い通路（幅 60cm 程度）

★極めて危険な状態の固定はしご（背もたれの
ない固定はしごをパラペットに近接して設置）

**不安全な状態**：（a）高架水槽の固定はしごに背もたれがなかった、（b）高架水槽上・塔屋上と
屋上のパラペットに墜落防止の防護柵がなかった、（c）高架水槽の固定はしご
と塔屋の固定はしごの上部に安全ブロックを設置していなかった。

**不安全な行動**：（d）B・Cは保護帽と安全帯を着用していなかった、（e）デジカメを片手に
持って、固定はしごを昇っていた。

**不安全な管理**：（f）高架水槽点検の作業手順書は3社（工場・ビルメン会社・協力会社）に
なかった、（g）Aの前任の担当者が定年で工場を離れたので、Aも上司も
高架水槽点検作業の危険性に対する認識がほとんどなかった。

**■リスク基準**（P 9〜10 参照）

①危険状態が発生する頻度は滅多にない「1」、②ケガをする可能性が高い「4」、
③災害の重篤度は致命傷「10」です。

**■リスクレベル**（P10 参照）

リスクポイントは「1＋4＋10 ＝ 15」なので、リスクレベルは「Ⅳ」となります。

## ● リスク低減措置

イラストBのような「安全な状態・行動・管理」が必要である。

**安全な状態**：（a）高架水槽と塔屋の固定はしごは側面に移設（※イラストBには示して
いないが背もたれ設置が有効）、（b）高架水槽上は4面に幅木付き防護柵を

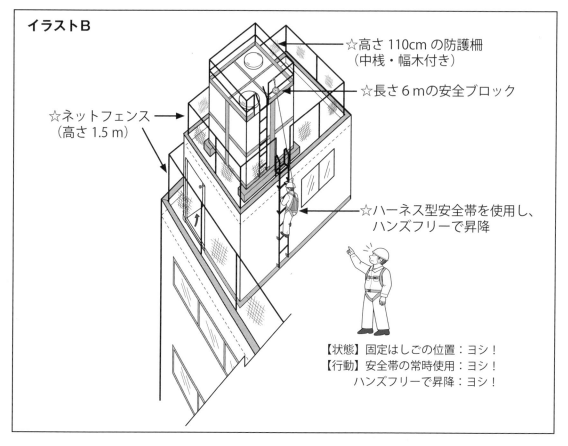

**イラストB**

☆高さ110cmの防護柵
（中桟・幅木付き）

☆長さ6mの安全ブロック

☆ネットフェンス
（高さ1.5m）

☆ハーネス型安全帯を使用し、
ハンズフリーで昇降

【状態】固定はしごの位置：ヨシ！
【行動】安全帯の常時使用：ヨシ！
　　　　ハンズフリーで昇降：ヨシ！

設置し、塔屋上と屋上のパラペットの内側に高さ1.5mのネットフェンスを設置、（c）高架水槽の固定はしごと塔屋タラップの上に安全ブロックを設置。

**安全な行動**：（d）高所では、A・B・Cは保護帽の着用と安全帯を使用、（e）デジカメに布ホルダー（伸縮自在の帯）を付け、ウエストポーチに入れる（ハンズフリー）。

**安全な管理**：（f）メーカーの保全会社・ビルメン会社は「高架水槽点検の作業手順書」を作成し、その内容を周知、（g）安全担当者の能力向上を行う（安全の知識が必要）。

---

**■リスク基準**（P9〜10参照）

（a）〜（g）などの対策を実施して作業を行えば、①危険状態が発生する頻度は滅多にない「1」、②ケガをする可能性がある「2」、③災害の重篤度は軽傷「3」です。

**■リスクレベル**（P10参照）

リスクポイントは「1＋2＋3＝6」なので、リスクレベルは「Ⅱ」となります。

---

🎓 **マメ知識**

高架水槽は軽量なFRP製が主流で屋上・塔屋上の設置が多く、球形・円筒形・角形・パネル組立形・一体成形などがあり、屋上に多大の負荷が掛らぬよう高さ2.5m以下で容量10m³以下が多いです。FRPは10年以上経過すると「紫外線による経年劣化」が著しいです。

# 4 大地震直後のパニックによる重大災害

　阪神・淡路大震災、東日本大震災、熊本地震、北海道胆振（いぶり）東部地震は「最大震度7」の振動と停電となり、日本は未曾有の体験をした。「**日本は世界一の地震大国**」です。いつ、何処で大地震（震度6強・震度7）が発生するか、分からない状況にある。

　ここでは、機械設備上で防護柵などの取り付け作業中、大地震による大揺れと停電でパニック状態〔＊1〕になり、3人が墜落（重大災害）になった事例をテーマとする。

〔＊1〕火事や地震などに遭ったとき、「**多数の判断ミスや行動ミスが生じる**」との報告がされている。地震が起きたら、「**あわてず、まず身の安全**」を守る。

 マメ知識

---

**大地震の知識**

　「東京防災（東京都）」の「揺れなどの状況」から「震度6強と震度7」を抜粋して略文。

〔Ⅰ〕「**震度6強**」①はわないと動くことができず、飛ばされることもあります。②固定していない家具のほとんどが移動し、倒れるものが多くなります。③大きな地割れが生じたり、大規模な地滑りや山体の崩壊が発生することがあります。

〔Ⅱ〕「**震度7**」④耐震性の低い木造建物は傾く物や、倒れる物がさらに多くなります。⑤耐震性の高い建物も、まれに傾くことがあります。⑥耐震性の低い鉄筋コンクリート造りの建物は、倒れるものが多くなります。

### 震度7のイメージ図

耐震補強なしの建物倒壊2事例　　　　　　　　耐震補強の木造建物〔＊2〕

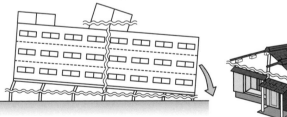

〔＊2〕震度7が連続して発生すると耐震補強の建物でも居住が困難（平成28年熊本地震教訓）

---

## ● 停電中に機械上部から墜落

　機械設備（以下、**機械**）の形状は、高さ20cmの鋼材上に高さ3.5mの機械（横幅3.5m・奥行5m）。40年前に設置した機械です。機械上部に防護柵はなく、上部への昇降は壁面に近接した機械の側面に、背もたれのない固定はしごを1箇所だけ設置されている。

　防護柵などを設置する必要の経緯は、機械上部に作業者が乗ることが多く、重大ヒヤリ

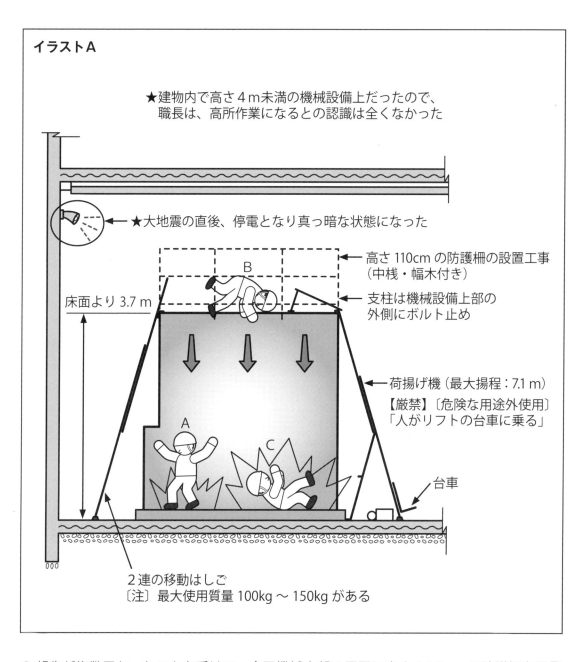

**イラストA**

★建物内で高さ４m未満の機械設備上だったので、
職長は、高所作業になるとの認識は全くなかった

★大地震の直後、停電となり真っ暗な状態になった

高さ110cm の防護柵の設置工事
（中桟・幅木付き）

支柱は機械設備上部の
外側にボルト止め

床面より 3.7 m

荷揚げ機（最大揚程：7.1 m）

【厳禁】〔危険な用途外使用〕
「人がリフトの台車に乗る」

台車

A

B

C

2連の移動はしご
〔注〕最大使用質量 100kg 〜 150kg がある

の報告が複数回あったことを受けて、今回機械上部の周囲に高さ110cmの防護柵を設置（背もたれ付き固定はしごの設置は、資材が搬入後に設置予定）することになった。防護柵の資材が搬入したので、当事業場の保全担当者が5人で設置することになり、機械の左側に昇降用の2連の移動はしご（上部を固定せず）を、右側には荷揚げ機を設置した。

　安全帯を取り付ける設備〔*3〕はないので、5人は全員安全帯を着用せず、「作業中の停電」は想定せず、保護帽にヘッドランプは装着しなかった（イラストA）。人員配置は、機械上部に3人が乗り、床面には作業責任者と補助作業者が資材の荷揚げを行うことになり、まず支柱の荷揚げと取付けを先行し、そのあとに手すり・幅木の荷揚げと取付けを行う作業手順とした。

　〔*3〕天井部に梁の鋼材はあるが大断面なので、ランヤードのフックは直接掛けられない。

機械上部で作業者Ａ・Ｂ・Ｃが、支柱の取り付け作業中に大地震が発生、余震の最中に停電となり真っ暗な状態となった。振動で２連の移動はしごが転倒し、固定はしごの場所も分からず、逃げ場を失った状態で余震も続いたため、パニック状態になった３人は、機械上部から3.7ｍ下の床面に墜落。床面の責任者・作業者（２人）は、自分たちの身の安全を考え（３人のことは忘れ）、屋外にいち早く避難した。

**不安全な状態**：(a) 安全帯を取り付ける設備（水平親綱ロープ・安全ブロック・リング状の繊維ベルトなど）を設置しなかった、(b) ２連はしごの上部を固定しなかった、(c)「停電は想定外」なので、非常用の照明器具は準備しなかった。

**不安全な行動**：(d) 機械上部の３人は、安全帯・ヘッドランプ付き保護帽を着用していなかった。

**不安全な管理**：(e) 当事業場は大地震が少ない地域なので、日頃から「停電は想定外」で、危機管理の認識は低く、地震対策の教育も訓練もしていなかった、(f) 作業開始前のＫＹ活動もしなかった、(g) 防護柵設置の作業手順書はなかった。

> **■リスク基準**（P 9〜10 参照）
> 　①危険状態が発生する頻度は滅多にない「１」、②ケガをする可能性が高い「４」、③災害の重篤度は致命傷「10」です。
>
> **■リスクレベル**（P10 参照）
> 　リスクポイントは「１＋４＋10＝15」なので、リスクレベルは「Ⅳ」となります。

## ● リスク低減措置

　イラストBのような「安全な状態・行動・管理」が必要である。

**安全な状態**：(a) 高さ２ｍ以上の高所作業は「足場の設置」が必要。足場〔＊４〕の設置が困難な場合は、安全帯を使用できる設備の確保〔安衛則第518条と第521条〕、(b) わく組足場の階段は安全な昇降ができ、機械側面での作業が可能、(c) 機械上部に、非常用の照明器具（電池式のＬＥＤ）の準備が必要です。
　〔＊４〕わく組足場（各種）・単管足場・昇降式移動足場などがある。

**安全な行動**：(d) 高所作業では、ハーネス型安全帯・保護帽にヘッドランプを装着。

**安全な管理**：(e) 危機管理の認識を持ち、地震対策の教育と訓練を行う、(f) 作業開始前のＫＹ活動は行う、(g) 作業手順書を作成し、残留リスクはＫＹ活動でフォロー。

> **■リスク基準**（P 9〜10 参照）
> 　(a)〜(g) などの対策を実施して作業を行えば、①危険状態が発生する頻度は滅多にない「１」、②ケガをする可能性がある「２」、③災害の重篤度は軽傷「３」です。
>
> **■リスクレベル**（P10 参照）
> 　リスクポイントは「１＋２＋３＝６」なので、リスクレベルは「Ⅱ」となります。

**イラストB**

〔※〕日本国内では「いつどこで大地震が発生するか」分からない状況である。
　　⇒高所での作業は「ヘッドランプ付き保護帽とハーネス型安全帯」を着用。

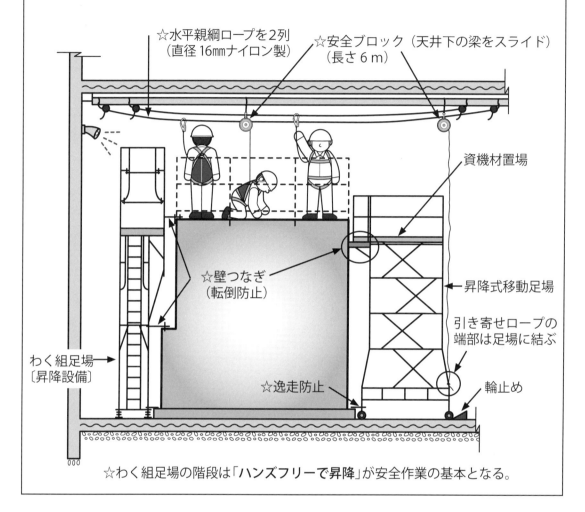

☆水平親綱ロープを2列
（直径16mmナイロン製）

☆安全ブロック（天井下の梁をスライド）
（長さ6ｍ）

資機材置場

☆壁つなぎ
（転倒防止）

昇降式移動足場

引き寄せロープの
端部は足場に結ぶ

わく組足場
〔昇降設備〕

☆逸走防止

輪止め

☆わく組足場の階段は「**ハンズフリーで昇降**」が安全作業の基本となる。

---

🎓 **マメ知識**

**わく組足場と昇降式移動足場**

A　「わく組足場〔＊〕」設置を基本（足場ありき）とする。機械設備の周囲が狭い場合
　は単管足場とし昇降は移動はしごを利用。
　〔＊〕広い作業床の確保と昇降階段の設置が可能（ハンズフリーで作業が可能）

B　水平親綱ロープは1スパン1人作業なので、2人作業の場合2列設置、3人の場合
　は別の場所に安全ブロックなどを設置。〔安全帯の取付け設備を確保し、使用の周知！〕

C　片面に昇降式移動足場（P51：イラストB参照）の設置は、防護柵の側面作業が容易となる。
　また、資材が多い場合は荷揚げ機と併用が有効。

## **5** 廃水槽内で酸欠の重大災害

ここでは、複数ある酸素欠乏症の重大災害（3人が被災）をテーマとする。

### 酸欠等の発生状況等

〔酸素と酸欠〕酸素は人間の生命維持に欠かせない。酸欠災害（酸素欠乏症）は、脳〔＊1〕
をはじめとした人体に多大な影響を及ぼし、死亡率が高い〔＊2〕特徴がある。酸素欠乏
の危険がある作業は、幅広い業種で認められて対策が進んでいるが、事業場間に「安全の
温度差」があり、いまだに「基本事項の欠如」により、酸欠災害が発生〔＊3〕している。

〔＊1〕酸素不足は、**脳の機能低下・機能喪失**となる。「脳の酸素消費量は全体の約25%」。

〔＊2〕2001年～2020年（20年間）の酸欠による累計被災者数は158人で死亡者数
は93人（死亡率は59%）。硫化水素中毒の累計被災者数は107人で死亡者数は48人
（死亡率は45%）。いずれも死亡率が高く、死亡に至らなくても永久労働不能・障害が
残る災害です。作業関係者は「Column ⑧・⑨」で危険性を学びましょう。

〔＊3〕平成28年以降の死亡者は、4人～6人で推移している。

〔酸素欠乏症等の発生原因〕平成10～19年累計でみると、①測定未実施：94件、②換気
未実施：72件、③空気呼吸器等未使用：66件、④換気不十分：22件、⑤ガス流入遮断
せず：14件、⑥安全帯等未使用：9件など。

〔酸素欠乏症等の管理上の問題点〕平成10～19年累計でみると、①作業主任者未選任：67件、
②特別教育未実施：65件、③作業標準不徹底：56件、④安全衛生教育不十分：46件、
⑤立入禁止措置不十分：27件など。

〔記〕酸欠事故対策は、「過去の事例に学び、その問題点から対策のポイント（ハードと
ソフトの両面）」を着実に実行することである。

### 主な酸素欠乏危険場所

安衛法の制定（昭47.6.8）以前は、酸欠災害が多発していたので、安衛法制定と同時に、
安衛令と酸欠則が発令された。安衛令の「別表第6：酸素欠乏危険場所」に、悲惨な災害事例
を12の場所〔＊4〕に整理し、酸欠則に「具体的な条文（第1条～29条）」が示された。

酸欠等の災害防止は、適正な知識〔＊5〕を学び、実務教育（訓練）を行い、救助機材等を
揃えて、「安全な設備と適正な代業方法」で作業。また、酸欠での被災は「如何に早く救助するか」
です。救助者が無防備で救助に向かうと、「二次災害」になる危険性がある。なお、「酸素濃度
と酸素欠乏症の症状等との関係」は、P225「Column ⑦」に示した。

〔＊4〕酸素欠乏症および硫化水素中毒の危険場所。

〔＊5〕「酸素欠乏危険作業主任者テキスト・酸素欠乏症等の防止」（中災防刊）。

# ● 廃水槽内に酸欠空気が流入して３人が被災

〔廃水槽の状況〕屋外の地下にあるコンクリート製 $112\,m^3$（4m×7m・深さ4m）廃水槽は、工場内の鉄分の多い廃水を一時的に貯水するもので、工場の３連休の時に１年に１度程度清掃を行っていた。なお、流入する水路の清掃は、３年に1度程度しか清掃しなかった。

〔災害発生〕１日程度の清掃なので、いつもの通り送気・換気をせず、職長Ａが監視人となり、作業者２人はピットに泥水ポンプを入れ、角スコとブラシで清掃を行っていた。同時に工内の別会社の清掃班がマンホールの蓋を開けたので、複数の流入管内に淀んでいた「酸欠の空気が流入管口」から吹き出した。このため作業者２人は廃水槽内で意識を失い倒れた。職長Ｃは２人の状態を確認するため、廃水槽内に無防備で入場して倒れた。職長Ａは意識もうろうとしながらスマホで事務所に緊急連絡。事務所は消防署に緊急連絡を行い、救助要請を行った。

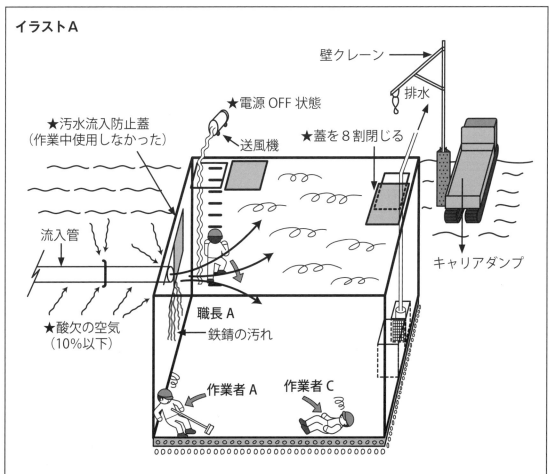

**イラストＡ**

壁クレーン

排水

★電源 OFF 状態

送風機

★汚水流入防止蓋
（作業中使用しなかった）

★蓋を８割閉じる

流入管

キャリアダンプ

職長 A

鉄錆の汚れ

★酸欠の空気
（10％以下）

作業者 A

作業者 C

★汚水槽内の汚水排出し、送風機を止めたので、「酸欠の空気が一気に流入」
〔災害の主原因〕汚泥槽内に作業者がいるにも関わらず、職長は送気・換気を停止

〔記〕酸欠等の関連記事は、安全確認ポケットブック「酸欠等の防止」（中災防）に詳しく記載。

**不安全な状態**：（a）酸素濃度等の測定をせず、換気（送気し排気）を実施しなかった。

　　　　　　　（b）流入管口を塞がなかった。

**不安全な行動**：（c）新任の職長Aは、工場内の別会社の清掃班と打合せをしなかった。

　　　　　　　（d）職長Aは、空気呼吸器を着用せずに入場。

　　　　　　　（e）職長Aは、酸欠の特別教育修了者だった。

**不安全な管理**：（f）事業場担当者・清掃会社・工場内清掃班は、作業開始前に打合せを行わなかった。

　　　　　　　（g）作業手順は、事業場の経験則で、「作業手順書」はなく協力会社任せだった。

　　　　　　　（h）事前にRAは実施しなかった。

■**リスク基準**（P9〜10参照）

　①危険状態が発生する頻度は滅多にない「1」、②ケガをする可能性が高い「4」、
③災害の重篤度は致命傷「10」です。

■**リスクレベル**（P10参照）

　リスクポイントは「1＋4＋10＝15」なので、リスクレベルは「Ⅳ」となります。

## ● リスク低減措置

イラストBのような安全な状態・行動・管理が必要である。

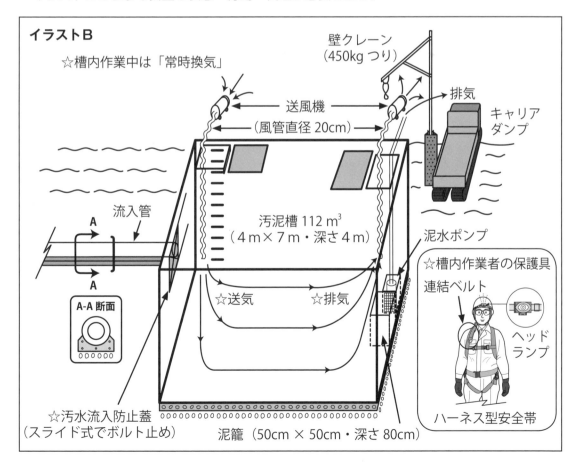

イラストB

☆槽内作業中は「常時換気」

壁クレーン（450kgつり）

排気

キャリアダンプ

送風機

（風管直径20cm）

流入管

汚泥槽 112 m³（4m×7m・深さ4m）

泥水ポンプ

A

A

A-A 断面

☆送気　　☆排気

☆槽内作業者の保護具

連結ベルト

ヘッドランプ

ハーネス型安全帯

☆汚水流入防止蓋（スライド式でボルト止め）

泥籠（50cm×50cm・深さ80cm）

**安全な状態**：（a）酸素濃度等の測定は必ず行い、「換気設備を設置」。

（b）流入管口は塞ぐ。

**安全な行動**：（c）職長は、事務所の担当者と工場内の別会社の清掃班と打合せを行う。

（d）職長は、空気呼吸器を着用して入場。

（e）職長に酸欠の技能講習を受講させ、作業主任者として指名。

**安全な管理**：（f）事業場担当者・清掃会社・工場内清掃班は、「事前に作業打合せ」を行い、作業打合せ書は、記録に残す。

（g）「廃水槽清掃の作業手順書」を作成して、教育を行う。

（h）事前に RA は実施し、残留リスクは KY 活動でフォロー。

---

**■リスク基準（P 9～10 参照）**

（a）～（h）などの対策を実施して作業を行えば、①危険状態が発生する頻度は滅多にない「1」、②ケガをする可能性がある「2」、③災害の重篤度は軽傷「3」となります。

**■リスクレベル（P10 参照）**

リスクポイントは「1＋2＋3＝6」なので、リスクレベルは「Ⅱ」となります。

---

🎓 **マメ知識**

ローソク等の火は、酸素濃度何 % で消える？

（1）「ローソク等の火は酸素濃度 15% 程度でピタリと消える」ので 2 割余裕を見込み、「18% は安全下限界」と考えれば判り易い、（2）酸素濃度 15% 以下は、はしごを降りる事はできるが昇れなくなる、（3）ドライアイス（もと商標名）は「二酸化炭素を固体化」したもので、極めて低温（－78.5℃）。利点は、昇華現象（固体が液体になることなく気体になる）ですが、常温の狭い部屋等では急速に気化（0℃以下の冷凍庫・保冷車でも気化）し、空積は約 750 倍になり、「二酸化炭素が充満し酸欠」状態になる、（4）ご不幸の際、ひつぎの中にドライアイスを入れるので、換気不良の状態にしていると酸欠になる。ひつぎの両側にローソクを灯すのは、酸欠の目安になる、（5）ドライアイスを「瓶等に入れて、密閉すると破裂」する。〔★ガラス瓶は、ガラスが飛散するので危険〕

〔記〕筆者は実務教育で、「少量のドライアイスをビニール袋」に入れて、危険性を伝授。

---

**【酸素欠乏の特徴】**

　酸素欠乏の空気は**臭わない**。酸素欠乏は被災者に占める**死亡者の割合が高く**、また**救助者が二次的に被災**することが多い。（空気中の酸素量が少ない状態なので密閉空間では上部に浮遊！）

**【酸素濃度と酸素欠乏症の症状等との関係】**

| 段階〔＊1〕 | 空気中酸素 | | 動脈血中酸素 | | 酸素究乏症〔＊2〕の症状等 |
|---|---|---|---|---|---|
| | 濃度(%) | 分圧(mmHg) | 飽和度(%) | 分圧(mmHg) | |
| | 18 | 137 | 96 | 78 | **安全下限界**〔＊3〕だが、作業環境内の連続換気、酸素濃度測定、安全帯等、呼吸用保護具の用意が必要 |
| 1 | 16〜12 | 122〜91 | 93〜77 | 67〜42 | 脈拍・呼吸数増加、精神集中力低下、単純計算まちがい、精密筋作業**拙劣**化、筋力低下、頭痛、耳鳴、悪心、吐気、動脈血中酸素飽和度85〜80％（酸素分圧50〜45mmHg）で**チアノーゼ**〔＊4〕が現れる |
| 2 | 14〜9 | 106〜68 | 87〜57 | 54〜30 | 判断力低下、**発揚**状態、不安定な精神状態（怒りっぽくなる）、ため息頻発、異常な疲労感、酩酊状態、頭痛、耳鳴、吐気、嘔吐、当時の記憶なし、傷の痛み感じない、全身脱力、体温上昇、チアノーゼ、意識もうろう、階段・梯子から**墜落死・溺死の危険性** |
| 3 | 10〜6 | 76〜46 | 65〜30 | 34〜18 | 吐気、嘔吐、行動の自由を失う、危険を感じても動けず叫べず、虚脱、チアノーゼ、幻覚、意識喪失、昏倒、中枢神経障害、全身けいれん、**チェーンストークス型の呼吸**出現、**死の危機** |
| 4 | 6以下 | 46以下 | 30以下 | 18以下 | 数回のあえぎ呼吸で失神・昏倒、呼吸緩徐・停止、けいれん、**心臓停止、死** |

〔＊1〕「段階」は、**ヘンダーソンの分類**による。

〔＊2〕酸素欠乏症とは、酸素濃度が18％未満の空気の吸入により起こる症状を言う。症状等の**拙劣**は下手で劣っていること、**発揚**は精神を奮い立たせること、**チェーンストーク型の呼吸**は呼吸と無呼吸を周期的に繰り返す呼吸のことです。

〔＊3〕**ローソクの炎**は、**酸素濃度15％で火は消える**。〔15％×1.2 ＝ **18％が安全下限界**〕

〔＊4〕血液中の酸素が欠乏して鮮紅色を失うために、**皮膚や粘膜が青色**になること。

出展：『安全確認ポケットブック　酸欠等の防止』（中災防）

# 6 硫化水素中毒の災害

　平成25年5月、長崎県佐世保市の水産物加工会社で、直径2.5m、深さ2mの汚水槽の中で清掃をしていた3人が倒れて1人死亡、2人が重体の災害が発生。原因は汚水槽内の海水の中に魚のウロコが混ざり、腐敗する過程で硫化水素が発生したと想定された。同僚が近くの消防署にいち早く連絡して救出されたので、重体の2人は搬送先の病院で、意識を取り戻した。

　製造業などの多くの事業所には、汚水槽・排水槽・貯水槽などがあるので、類似災害防止のために、ここでは硫化水素（$H_2S$）をテーマとする。硫化水素の濃度は、「10ppmが眼の粘膜の刺激下限界」である。20〜30ppmになると、肺を刺激する最低限界、「100〜300ppmでは2〜15分で嗅覚神経麻痺」となる。〔P229「Column ⑧」を参照。なお、**「酸素濃度と酸素欠乏症の症状等との関係」**についてはP225「Column ⑦」を参照。〕

## ● 臭気に耐えたが卒倒

　深さ3m、奥行き3m、横4.5mの汚水槽内の汚泥を地上からバキューム車で吸入し、汚泥は下部に3cm程度淀んだ状態だった。水槽内の清掃をするため、責任者Aが地上で監視人となり、作業者Bは汚水槽内に入ってスコップとモップで清掃していた。

　Bは硫化水素の臭気に耐えながら15分くらい作業をしていたが、眼の痛みが増し卒倒して仰向けに倒れた（イラストA）。Aは無防備でBの症状を確認しようとして、タラップを降りたが、途中で足を踏み外し水槽の底に落ち頭部を強打した。

　この災害には次のような要因が考えられる。

**不安全な状態**：（a）「酸欠等」の測定をしなかった、（b）作業前と作業中、汚水槽内の換気をしなかった、（c）入抗口に安全ブロックを設置する支柱と命綱がなかった。

**不安全な行動**：（d）A・Bともにヘルメットと安全帯を着用していなかった。

**不安全な管理**：（e）上司の監督者は、「酸欠等〔＊〕」が発生する危険なピット作業との認識がなかった。

　　　　　　　〔＊〕酸欠等とは「酸素欠乏症と硫化水素中毒」をいう。

**■リスク基準**（P 9〜10参照）

　①危険状態が発生する頻度は時々「2」、②ケガをする可能性が高い「4」、③災害の重篤度は致命傷「10」です。

**■リスクレベル**（P10参照）

　リスクポイントは「2＋4＋10＝16」なので、リスクレベルは「Ⅳ」となります。

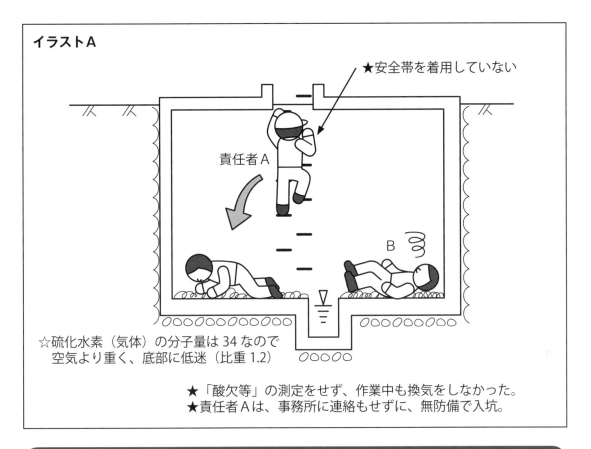

イラストA

★安全帯を着用していない

責任者A

B

☆硫化水素（気体）の分子量は 34 なので
空気より重く、底部に低迷（比重 1.2）

★「酸欠等」の測定をせず、作業中も換気をしなかった。
★責任者Aは、事務所に連絡もせずに、無防備で入坑。

## ● リスク低減措置

イラストBのような「安全な状態・行動・管理」が必要である。

**安全な状態**：（a）汚水槽などは作業開始前に、「酸欠等」の測定（汚水槽の底と上部）を行う。

（b）作業開始前と作業中も換気を行う。

（c）入坑口に建設用の丈夫な鋼製脚立を設置し、脚立の上部に安全ブロックを設置。

**安全な行動**：（d）作業者はハーネス型安全帯を着用し、タラップで昇降時は安全ブロックの
フックを安全帯のD環に直接掛ける、また作業中は作業者の安全帯に命綱を常時
取り付けておき、緊急時に命綱を引き上げる。〔★「無防護で立入る」は危険〕

**安全な管理**：（e）監督者は危険な作業との認識を持ち、ＲＡを行い、作業手順書を作成し、
残存リスクを作業開始前に行うＫＹ活動でフォロー。

**■リスク基準**（P 9〜10 参照）

（a）〜（e）などの対策を実施して作業を行えば、①危険状態が発生する頻度は滅多に
ない「1」、②ケガをする可能性がある「2」、③災害の重篤度は軽傷「3」です。

**■リスクレベル**（P10 参照）

リスクポイントは「1＋2＋3＝6」なので、リスクレベルは「Ⅱ」となります。

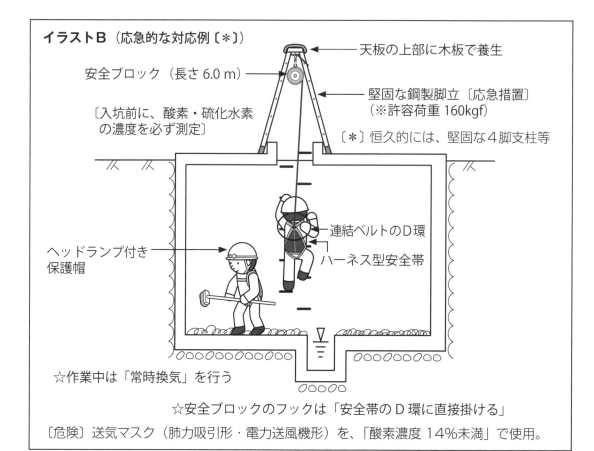

イラストB （応急的な対応例〔＊〕）

天板の上部に木板で養生

安全ブロック（長さ 6.0 m）

堅固な鋼製脚立〔応急措置〕
（※許容荷重 160kgf）

〔入坑前に、酸素・硫化水素
の濃度を必ず測定〕

〔＊〕恒久的には、堅固な4脚支柱等

連結ベルトのD環

ハーネス型安全帯

ヘッドランプ付き
保護帽

☆作業中は「常時換気」を行う

☆安全ブロックのフックは「安全帯のD環に直接掛ける」

〔危険〕送気マスク（肺力吸引形・電力送風機形）を、「酸素濃度14％未満」で使用。

## ● その他の水槽内の危険性

①無防護で孔口からタラップを降りているとき、硫化水素を吸って墜落。
　≪原因≫「酸欠等」の測定をせず、換気をしなかった。
②水槽内の清掃作業中に硫化水素を吸って倒れ、泥水を飲み込み溺死。
　≪原因≫清掃作業中、換気をせず、かつ、硫化水素用防毒マスクを着用しなかった。
③作業者が倒れたので、救助者が無防護で入場、救助者も硫化水素を吸って墜落。
　≪原因≫救助者は送気マスクを着用せずに、無防護で入場した。
以上のような災害事例が多くある。

### 🎓 マメ知識（酸素欠乏症）

　エベレスト（8,848 m）と世界遺産登録の富士山（3,776 m）の「酸素濃度と気温」は？
両山の酸素濃度は21％ですが、酸素分圧が低いので、「エベレストの海面高度換算相当濃度
は6.5％（海面の約1/3）、富士山が13.2％（約2/3）」で、海面気温が15℃のとき、「エベレ
ストは－43℃、富士山が－10℃」です。〔高度による気温減率は－6.5℃/1000 m（気象庁）〕
　〔記〕「酸素濃度と酸素欠乏症の症状等との関係」はP225「column ⑦」を参考に！

| Column ⑧ | 硫化水素の濃度と部位別作用等（表） |
|---|---|

| 濃度（ppm） | 部位別作用・反応 |
|---|---|
| 0.025 | 《嗅覚》敏感な人は特有の臭気を感知できる（**嗅覚の限界**） |
| 0.3 | 《嗅覚》誰でも臭気を感知できる |
| 3～5 | 《嗅覚》不快に感じる中程度の強さの臭気 |
| 10 | 《眼》眼の粘膜の**刺激下限界** |
| 20～30 | 《嗅覚》耐えられるが臭気の慣れ（嗅覚疲労）でそれ以上の濃度にその強さを感じなくなる<br>《呼吸器》肺を刺激する**最低限界** |
| 50～300 | 《眼》結膜炎（ガス眼）、眼のかゆみ、痛み、砂が眼に入った感じ、まぶしい、充血と腫脹、角膜の混濁、角膜破壊と剥離、視野のゆがみとかすみ、光による**痛みの増強** |
| 100～300 | 《嗅覚》2～15分で嗅覚神経麻痺で、かえって不快臭は減少したと感じるようになる<br>《呼吸器》8～48時間ばく露で気管支炎、肺炎、肺水腫による**窒息死** |
| 170～300 | 《呼吸器》気道粘膜の灼熱的な痛みが1時間以上ならば**重篤症状に至らない限界** |
| 350～400 | 《呼吸器》1時間のばく露で**生命の危険** |
| 600 | 《呼吸器》30分のばく露で**生命の危険** |
| 700 | 《脳神経》短時間過度の呼吸出現後、直ちに**呼吸麻痺** |
| 800～900 | 《脳神経》意識喪失、呼吸停止、**死亡** |
| 1000 | 《脳神経》昏倒、呼吸停止、**死亡** |
| 5000 | 《脳神経》**即死** |

出展：『安全確認ポケットブック　酸欠等の防止』（中災防）

【硫化水素中毒で忘れてはならない重大災害】
①平成14年3月：愛知県半田市（下水道の清掃作業）で**5人死亡**
②平成14年6月：福岡県久留米市（染色工場）で**4人死亡**
③平成17年12月：秋田県湯沢市（泥湯温泉）で**一家4人死亡**
④平成25年5月：長崎県佐世保市（水産会社）で**1人死亡・2人意識不明**
⑤平成27年3月：秋田県仙北市（乳頭温泉）で**市職員3人死亡**

# 7　主枝落とし作業での第三者災害

　近年、公道に面した敷地端部などで、高い樹木の主枝と上部の枝落とし、枯れ枝の剪定を頻繁に行っている。これは高度成長時代の昭和30～45年に、「樹高が高さ10m以上になる高木を街路など」に植えたため、成長した樹頂と枝の先端が高圧線に接触、車道の路盤や根囲いの構造物（道路の拡幅で根を切断し、基礎の深い構造物が多い）などで「根系が横にも地中にも伸びず、樹木の成長が妨げられ」、太い主枝も枯れて落ちるなどの背景がある。

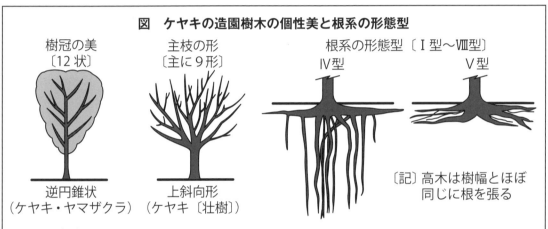

図　ケヤキの造園樹木の個性美と根系の形態型

樹冠の美〔12状〕
逆円錐状
（ケヤキ・ヤマザクラ）

主枝の形〔主に9形〕
上斜向形
（ケヤキ〔壮樹〕）

根系の形態型〔Ⅰ型～Ⅷ型〕
Ⅳ型　　　Ⅴ型

〔記〕高木は樹幅とほぼ同じに根を張る

**ケヤキ（欅）について**
ケヤキは日本の代表的な広葉樹〔＊〕で、山野に自生するほか、街路樹・公園樹・防風樹・屋敷林として植えられている。また、保存性が高いので用途が広い。
〔＊〕ニレ科の落葉広葉樹で樹高は20～30m（最大50m）になり、根系は浅い根の型、形態はⅤ型～Ⅳ型で、本来の樹冠形は逆円錐状。

〔※〕「建築設計資料集成〔物品〕（日本建築学会）」の根系タイプ図を参考に作図・作文

## ● 切断した主枝が歩行者に激突

### 根周囲の状況など

　当工場は昭和40年前半、高速道路ＩＣ建設に合わせて創設、その後近くに駅が開業したので、周辺は住宅地となった。これに伴い工場北西部に防風樹として植えていたケヤキ植樹帯は、国道のバイパス用地として提供した。高さ6m程度だったケヤキは成長して高さ11mになり、用地提供内の根は大幅に切断されたため、根幅が狭くなり樹木は衰弱し、枯れ枝が多くなって、歩道に頻繁に落ちるようになり、最近重大ヒヤリが数回あった。

### 第三者災害の発生

　緊急だったので、植木屋さんの手配が付かず、当事業所の保全担当者3人が、ブロック壁から歩道側に突き出ているケヤキ5本の太い主枝を切ることになった。樹上作業者Ａが、足元の主枝をレシプロソーで切断しているとき、たまたまジョギング中の2人の頭部に主枝が激突

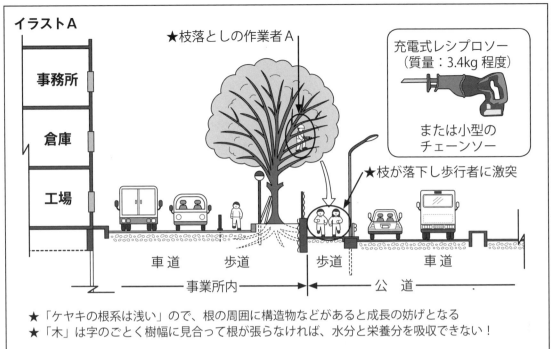

**イラストA**

★枝落としの作業者A

充電式レシプロソー
（質量：3.4kg 程度）

または小型の
チェーンソー

★枝が落下し歩行者に激突

事務所

倉庫

工場

車道　　歩道　　　歩道　　　車道

──事業所内──┤├──公　道──

★「ケヤキの根系は浅い」ので、根の周囲に構造物などがあると成長の妨げとなる
★「木」は字のごとく樹幅に見合って根が張らなければ、水分と栄養分を吸収できない！

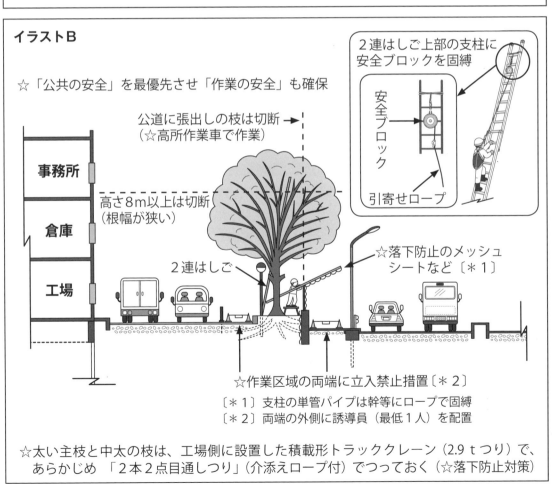

**イラストB**

2連はしご上部の支柱に
安全ブロックを固縛

安全
ブロック

引寄せロープ

☆「公共の安全」を最優先させ「作業の安全」も確保

公道に張出しの枝は切断 →
（☆高所作業車で作業）

事務所

高さ8m以上は切断
（根幅が狭い）

倉庫

工場

2連はしご

☆落下防止のメッシュ
シートなど〔＊1〕

☆作業区域の両端に立入禁止措置〔＊2〕

〔＊1〕支柱の単管パイプは幹等にロープで固縛
〔＊2〕両端の外側に誘導員（最低1人）を配置

☆太い主枝と中太の枝は、工場側に設置した積載形トラッククレーン（2.9tつり）で、
　あらかじめ「2本2点目通しつり」（介添えロープ付）でつっておく（☆落下防止対策）

（イラストA）。当該作業中、誘導者Bは体調が悪く、監視人Cに無断でトイレに行き不在だった。ブロック塀の際にいたCはAを見ていたので、通行人が来たことに気が付かなかった。

**不安全な状態**：（a）幹の樹皮は灰褐色で鱗状にはがれて、老木の状態だった、（b）Aは、支柱長さ 2.1 ｍのはしご兼用脚立を幹に立て掛けて昇降設備とした、（c）安全帯のフックを安全に取り付ける設備はなかった、（d）主枝の落下防止措置を講じなかった、（e）災害発生時、歩道に配置の誘導者Bは不在だった。

**不安全な行動**：（f）Aは、安全帯を使用しないで太い主枝を伝って昇っていた、（g）Aは枝切りの場所では、安全帯のフックを中太の枝に廻して掛けていた。

**不安全な管理**：（h）急な作業だったので、上司と保全担当者3人（A・B・C）は、現場で具体的な打合せをせずに作業を開始した、（i）上司は、保全担当者任せでRAも作業開始前のKY活動の指示もしなかった。

> **■リスク基準**（P 9〜10 参照）
>
> 　①高木の主枝落としは時々なので「2」、②危害に至る可能性が高い「4」、③災害の重篤度は「10」です。〔地元のマスコミに報道される第三者災害なので！〕
>
> **■リスクレベル**（P10 参照）
>
> 　リスクポイントは「2＋4＋10＝16」なので、リスクレベルは「Ⅳ」となります。

## ● リスク低減措置

　イラストBのような「安全な状態・行動・管理」が必要である。

**安全な状態**：（a）造園の専門会社に安全な作業方法の指導を受ける、（b）・（c）樹木への昇降は、上部に安全ブロックを取付けた2連の移動はしご（最大長さ 10 ｍ・単管パイプで補強）を設置し、複数の箇所をロープで固縛、（d）フェンスの上にメッシュシートで防護〔＊1〕、（e）公道の歩道に立入り禁止措置を行い、誘導員を配置（誘導員が配置場所を離れるときは、監視人に連絡し作業は中断）〔＊2〕。

**安全な行動**：（f）樹上作業者はハーネス型安全帯を着用し、安全ブロックのフックを安全帯のD環に常時掛けて作業、（g）主枝切りの場所では、「頭より高い位置にリング状の繊維ベルトをカウ・ヒッチ」で巻いて、連結ベルトのD環を直接掛ける。

**安全な管理**：（h）事前に上司と保全担当者は現場で、具体的な打合せを行う、（i）事前にRAを行い、作業開始前に行うKY活動で残留リスクをフォローする。

> **■リスク基準**（P 9〜10 参照）
>
> 　（a）〜（i）などの対策を実施して作業を行えば、①危険状態が発生する頻度は滅多にないので「1」、②ケガをする可能性がある「2」、③災害の重篤度は軽傷「3」です。
>
> **■リスクレベル**（P10 参照）
>
> 　リスクポイントは「1＋2＋3＝6」なので、リスクレベルは「Ⅱ」となります。

# 8 高木剪定作業中の墜落災害

　ここでは、事業所の外周道路にある「街路樹の高木剪定作業」で、事業所の営繕担当者らが行った際に発生した災害をテーマとする。近年、公道の街路樹・鉄道沿線・神社の**高木の老朽化**が急速に進み、主枝折れが目立つようになってきている。

## 剪定の時期と生育

　剪定とは、造園樹木の幹・枝・葉を単に切り取るという単純な作業ではなく、「樹木の鑑賞と美観、生育などの目的を考えに入れて樹形を整える技法」である。剪定は、冬期剪定と夏期剪定〔＊１〕に大別され、落葉樹は樹木が生理的に休眠している冬期は、樹木に与える影響が少なく、落葉しているので作業もしやすい。

　高度成長期に「緑化・緑化」との呼び声で、将来大きくなる根系の形態〔＊２〕を考慮せず、樹高が 10 ｍ以上になる高木〔＊３〕を両側に構築物がある下部（下水管などがある場所）に植えたため、根が水平に張らず・深く入らず阻害されて、主幹・主枝の枯れが著しく進行して衰弱している街路樹を最近多数見かける。

　〔＊１〕６～８月に枝葉が繁茂しすぎたり、徒長枝などにより樹形が乱れた場合に実施。

　〔＊２〕根系の形態は、P230「⑦ 主枝落とし作業での第三者災害」の図を参考に！

　〔＊３〕中高木は６～９ｍ、低木は１～５ｍ、小低木は１～５ｍ未満がおおよその基準。

## 剪定の欅（けやき）の特徴

　当事業所は昭和 30 年代末に造成された工業団地の中にあり、製造棟の改築などに伴い外周道路などを順次拡幅したので、樹高が 10 ｍになった街路樹の欅の根幅は、2.5 ｍ程度に切断された。最近、主幹の樹皮が鱗片状に剥がれが多くなり、強風のとき主枝の折れも目立つようになってきた（一方、広いロータリーに植えた欅は、根幅が十分あるので活き活きしている）。このため、剪定は事業所の営繕担当者が行うことになり、樹高７ｍ以上は屈折ブーム型高所作業車で剪定し、樹高７ｍ未満の剪定は、樹木に昇って枝上で剪定することにした。

## ● 電気ノコ使用中に足から墜落

　責任者Ａが監視人となり、作業者Ｂ・Ｃ（イラストＡ）は主幹に支柱の長さ 1.8 ｍのはしご兼用脚立（以下、**兼用脚立**）を主幹に固定し、兼用脚立から上は主枝を伝い昇り、高さ５ｍの主枝で左右に別れた。Ｂ・Ｃはともに、剪定する主枝に両足を乗せ、左手は上部の主枝を握り、別の主枝をセーバーソー（充電式電気鋸）で剪定していた。前日の雨で樹木は濡れていたので、Ｂは足を滑らせて、Ｃは左手が滑って、ともに足から墜落した。幸いＢ・Ｃは、路面に落とした小枝上に墜落したので、両手・両足の捻挫程度で済んだ。

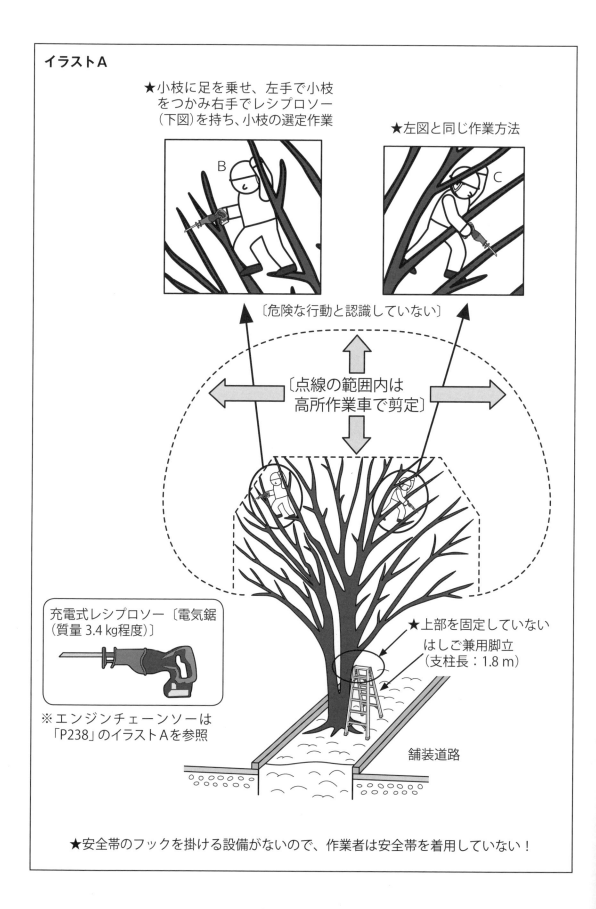

イラストA

★小枝に足を乗せ、左手で小枝をつかみ右手でレシプロソー（下図）を持ち、小枝の選定作業

★左図と同じ作業方法

〔危険な行動と認識していない〕

〔点線の範囲内は高所作業車で剪定〕

充電式レシプロソー〔電気鋸（質量 3.4 kg程度）〕

※エンジンチェーンソーは「P238」のイラストAを参照

★上部を固定していないはしご兼用脚立（支柱長：1.8 m）

舗装道路

★安全帯のフックを掛ける設備がないので、作業者は安全帯を着用していない！

**不安全な状態**：（a）フックを掛ける設備がなかった、（b）安定した足元を確保しなかった。

**不安全な行動**：（c）保護帽・安全帯を着用しなかった、（d）不安全な状態で剪定をしていた。

**不安全な管理**：（e）監督者は高さ2m以上の作業であるにもかかわらず、樹木剪定は危険な作業との認識がなく、作業者任せにした、（f）樹木剪定の作業手順書はなく、リスクアセスメン実施しなかった、（g）作業開始前のKY活動をしなかった。

> **■リスク基準**（P 9〜10 参照）
> ①危険状態が発生する頻度は時々「2」、②ケガをする可能性が高い「4」、③災害の重篤度は重傷「6」。
>
> **■リスクレベル**（P10 参照）
> リスクポイントは「2＋4＋6＝12」なので、リスクレベルは「Ⅳ」となります。

## ● リスク低減措置

イラストBのような「安全な状態・行動・管理」が必要である。

**安全な状態**：（a）昇降・作業時に安全帯を取り付けるための設備（以下、**取付け設備**〔＊4〕）を設ける、（b）水平で安定した足元として、主枝にロープで固縛した三脚脚立（垂直高さ：3.5 m）・2連の移動はしご（全長：9.3 m）の踏桟を活用。

〔＊4〕①三脚脚立・2連の移動はしごの場合：両用具の最上部にリング状の繊維ベルト（長さ1.5 m・引張強度22kN 以上）を両側の支柱に絞り込み、アイ部に安全ブロックを取り付け、「安全帯のD環は安全ブロックのフックに直接」掛ける。②太い主枝の2〜3箇所（作業者の頭上より高い位置）に、リング状の繊維ベルト（長さ1m）〔＊5〕をカウ・ヒッチで結び、アイ部に安全帯のフックを掛ける。

〔＊5〕F 社製の「携帯用台付ベルト」の引張強度は、ストレートで 30kN 程度（推奨）。

**安全な行動**：（C）保護帽・ハーネス型安全帯を着用、（d）幹から離れた主枝部での剪定は、三脚脚立・2連の移動はしごの水平な踏桟上を足元とし、繊維ベルトのアイ部にランヤードのフックを掛ける。〔安全帯の常時使用（墜落防止措置）〕

**安全な管理**：（e）高さ2m以上の選定は高所作業なので、「造園会社任せ」にせず、危険な作業になるとの認識を持ち、造園会社の意見を聴き、事業場は樹木剪定の作業手順書を作成（作業方法図含む）し、教育を行い周知、（f）造園会社と合同でRAを行う、（g）RAの残留リスクを作業開始前のKY活動でフォロー。

> **■リスク基準**（P 9〜10 参照）
> （a）〜（g）などの対策を実施して作業を行えば、①危険状態が発生する頻度は滅多にない「1」、②ケガをする可能性がある「2」、③災害の重篤度は軽傷「3」です。
>
> **■リスクレベル**（P10 参照）
> リスクポイントは「1＋2＋3＝6」なので、リスクレベルは「Ⅱ」となります。

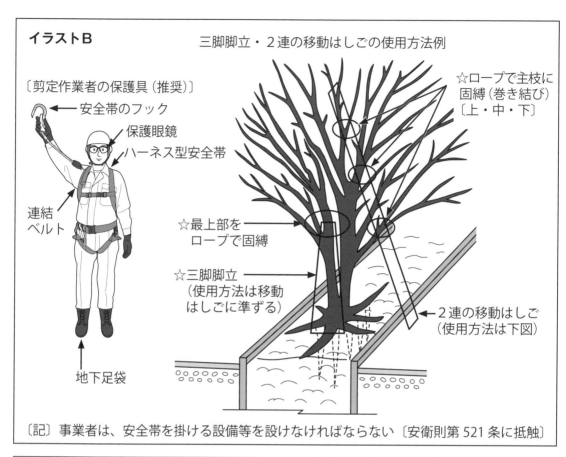

**イラストB**　三脚脚立・2連の移動はしごの使用方法例

〔剪定作業者の保護具（推奨）〕

← 安全帯のフック

保護眼鏡

ハーネス型安全帯

連結ベルト

地下足袋

☆ロープで主枝に固縛（巻き結び）〔上・中・下〕

☆最上部をロープで固縛

☆三脚脚立（使用方法は移動はしごに準ずる）

2連の移動はしご（使用方法は下図）

〔記〕事業者は、安全帯を掛ける設備等を設けなければならない〔安衛則第521条に抵触〕

**図　移動はしご・三脚脚立の使用方法**

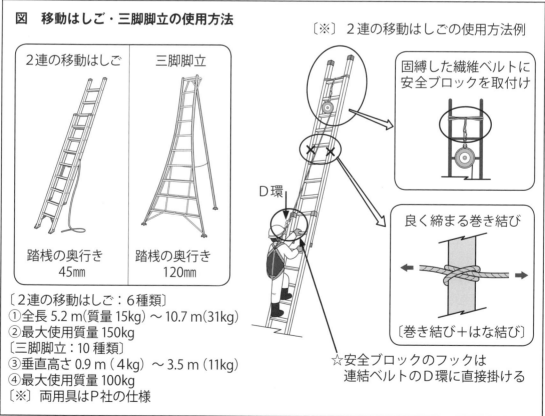

2連の移動はしご　　踏桟の奥行き 45mm

三脚脚立　　踏桟の奥行き 120mm

〔※〕2連の移動はしごの使用方法例

固縛した繊維ベルトに安全ブロックを取付け

D環

良く締まる巻き結び

〔巻き結び＋はな結び〕

☆安全ブロックのフックは連結ベルトのD環に直接掛ける

〔2連の移動はしご：6種類〕
① 全長 5.2 m（質量 15kg）〜 10.7 m（31kg）
② 最大使用質量 150kg
〔三脚脚立：10 種類〕
③ 垂直高さ 0.9 m（4kg）〜 3.5 m（11kg）
④ 最大使用質量 100kg
〔※〕両用具はP社の仕様

# 9 主枝剪定作業中の墜落災害

　ここでは高さ 3.5 m 未満の「比較的低い場所での主枝（太い枝）の剪定」をテーマとする。〔※本書の高木剪定作業関連記事として、「⑦主枝落とし作業での第三者災害：P230 参照」「⑧ 高木剪定作業中の墜落災害：P233」参照。〕

## 主枝剪定の経緯

　当事業場の外周道路には、景観木として高木の欅（けやき）を植えてある。事業内容の拡大に伴い、昨年の冬期に、根幅が広い場所はイラストＡの通り、境界のフェンスから３mで根を切断して、ブロック壁を設置し道路を拡幅。最近、長距離輸送が増えたので、場内は大型のトラック〔＊１〕の走行が多くなり、物流会社から低い高さの主枝が走行の障害になっているので、主枝を切って欲しいとの要望が多数あった。このため、道路面から４.５ mまでの主枝〔＊２〕を、事業場の保全担当者が順次、落葉をして休眠している冬期に剪定することになった。

　〔＊１〕トラクター（牽引）トラックの全高は 3.8 m、中型コンテナ車の全高は 3.3 m程度。
　〔＊２〕高さ２m未満の主枝は、予め路面上で剪定して塵芥車（じんかい）に積み込んで片付けた。

## 剪定作業の状況など

　作業者Ａ・Ｂは作業開始前に、作業区域の道路上にカラーコーンなどで立入禁止措置を行った。用具は、天板の高さ 1.4 mのはしご兼用脚立（以下、**兼用脚立**）〔＊３〕をはしご状に伸ばして、欅の主幹に立てかけた。剪定工具はエンジンチェーンソー（以下、**チェーンソー**）〔＊４〕で、作業者２人は安全帯・保護眼鏡などを着用していなかった。作業者Ａが監視人、作業者Ｂがチェーンソー操作者となり、高さ２m以上の主枝を兼用脚立の踏桟上で剪定することにした。

　〔＊３〕はしご状態の形状：長さ 3.0 m、上端・下端幅 57cm、踏桟奥行き４cm。
　〔＊４〕切断能力 25cm、全長 25cm、質量 2.7kg、燃料は混合ガソリン。

## ● 背中から墜落し大腿部切る

### 墜落災害の状況

　Ｂは欅の根元から高さ 1.2 mの踏桟に乗って、右手でチェーンソーを持って、主枝を一気に切断したため、主枝が脚部の支柱に激突（イラストＡ）。その反動で兼用脚立は上部を固定していなかったので転倒し、Ｂはチェーンソーを握ったまま、欅の根元に背中から墜落し、チェーンソーで大腿部を切った。

**不安全な状態**：(a) 主枝の「落下防止措置と横振れ防止」をしなかった。

　　　　　　　　(b) 樹木剪定に安定性が悪い兼用脚立を使用し、かつ、上部を主幹に固定しなかった。

　　　　　　　　(c) 安全帯の取付設備がなかった。

　　　　　　　　(d) チェーンソーに布ホルダーを取付けなかった。

**イラストA**

★安全帯のフックを掛ける設備がないので、作業者は安全帯を着用していない！

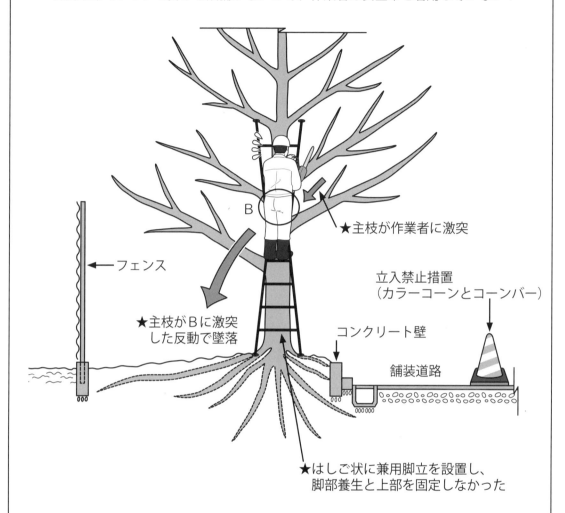

★主枝が作業者に激突

フェンス

立入禁止措置
（カラーコーンとコーンバー）

コンクリート壁

★主枝がBに激突
した反動で墜落

舗装道路

B

★はしご状に兼用脚立を設置し、
脚部養生と上部を固定しなかった

エンジンチェーンソー
（切断能力 25cm・質量 2.7kg）

※充電式レシプロソー（電気鋸）は P234 のイラスト A（枠内）を参照

〔記〕チェーンソーの取扱い業務は、「特別教育修了者（安衛則第 36 条）」が行う。

**不安全な行動**：(e) Bは保護帽・安全帯・チェーンソー用防護衣を着用しなかった。

**不安全な管理**：(f) 当事業場では、樹木剪定は危険な作業との認識がなく、担当者任せだった。

(g) 保全作業では、日頃から作業開始前のKY活動をしなかった。

(h) 当事業場では、樹木剪定の作業手順書はなく、リスクアセスメントも実施していなかった。

■**リスク基準**（P 9〜10 参照）

①危険状態が発生する頻度は時々なので「2」、②ケガをする可能性が高い「4」、③災害の重篤度は重傷「6」です。

■**リスクレベル**（P10 参照）

リスクポイントは「2＋4＋6＝12」なので、リスクレベルは「Ⅳ」となります。

● **リスク低減措置**

イラストBのような「安全な状態・行動・管理」が必要である。

**安全な状態**：(a) 主枝の「落下防止措置と横振れ防止」〔＊5〕を行う、(b) 脚立は「樹木剪定用の三脚脚立」〔＊6〕を使用し、かつ、上部はロープで固縛（根元が軟弱な場合は、脚部に沈下防止のメッシュ枠を設置）、(c) 頭の高さ以上の主幹に、リング状の繊維ベルト（22kN 以上）を結び、安全帯の取付け設備とする、(d) 三脚脚立の上部にチェーンソーの布ホルダー端部を取付ける。

〔＊5〕主枝に2点つりしてロープは逆V型につり、他の樹木に一重巻きして補助作業者が支える（30kg 以上は、小型移動式クレーンなどでつる）。振り子止めは、主技の剪定箇所の近くにロープを結び、他方の端部は近くの樹木に固縛。

〔＊6〕三脚脚立は踏棧の幅が広く、ステップは 10〜12cm 程度あり足元は安定する、昇降面脚部の幅は 1.3 m程度と横の安定性も良い。

**安全な行動**：(e) 剪定作業者は、保護帽とハーネス型安全帯を着用し、剪定作業時は、必ず安全帯の取付け設備にフックを掛ける。〔樹木上のチェーンソー作業は、前掛けタイプの「チェーンソー防護衣」の着用を推奨〕

**安全な管理**：(f) 樹木剪定は危険な作業との認識を持ち、担当者任せにせず、作業内容の確認を行う、(g) 保全作業でも、日頃から作業開始前のＫＹ活動を行う、(h) 樹木剪定の作業手順書を作成し、ＲＡを行い、残留リスクはＫＹ活動でフォローする。

■**リスク基準**（P 9〜10 参照）

(a)〜(h) などの対策を実施して作業を行えば、①危険状態が発生する頻度は滅多にない「1」、②ケガをする可能性がある「2」、③災害の重篤度は軽傷「3」です。

■**リスクレベル**（P10 参照）

リスクポイントは「1＋2＋3＝6」なので、リスクレベルは「Ⅱ」となります。

**イラストB**

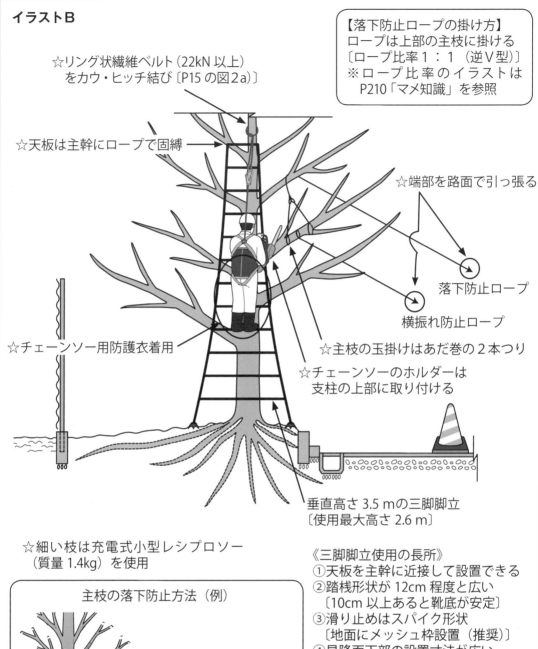

☆リング状繊維ベルト（22kN 以上）
　をカウ・ヒッチ結び〔P15 の図2a〕

【落下防止ロープの掛け方】
ロープは上部の主枝に掛ける
〔ロープ比率1：1（逆V型）〕
※ロープ比率のイラストは
　P210「マメ知識」を参照

☆天板は主幹にロープで固縛

☆端部を路面で引っ張る

落下防止ロープ

横振れ防止ロープ

☆チェーンソー用防護衣着用

☆主枝の玉掛けはあだ巻の2本つり

☆チェーンソーのホルダーは
　支柱の上部に取り付ける

垂直高さ 3.5 m の三脚脚立
〔使用最大高さ 2.6 m〕

☆細い枝は充電式小型レシプロソー
　（質量 1.4kg）を使用

主枝の落下防止方法（例）

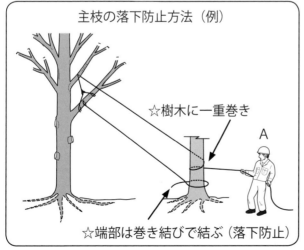

☆樹木に一重巻き

A

☆端部は巻き結びで結ぶ（落下防止）

《三脚脚立使用の長所》
①天板を主幹に近接して設置できる
②踏桟形状が 12cm 程度と広い
　〔10cm 以上あると靴底が安定〕
③滑り止めはスパイク形状
　〔地面にメッシュ枠設置（推奨）〕
④昇降面下部の設置寸法が広い
⑤昇降面の設置角度は 75 度程度
⑥背面脚はピンで調整
⑦三脚のタイプは 10 種類（P 社）
　〔作業高さ：1.9 m・2.2 m・2.5 m・
　2.8 m（2 種）・3.1 m・3.4 m・3.7 m・
　4.0 m・4.3 m まで〕

# 第7章
## 開口部・安全帯・屋外照明等

# 1 最上階のラウンジでの災害３事例

　官公庁・民間を問わず、事務所棟などの階段室の最上階が、大会議室の場合、出入口前のラウンジを休憩場所として有効利用している場合が多いので、ここでは複数の事業場でみられる「吹き抜けのある最上階の広いラウンジ」での災害防止をテーマとする。

### 広いラウンジの状況

　最上階（３Ｆ）のラウンジの横は吹き抜けで、吹き抜けの真上の天井に自然採光の天窓があり、南側の壁面には下枠高100cmの回転式窓と引違い窓があり、その前に高さ80cmの飾りだなを２列設置、窓なしの壁面には目線より上に掲示物を貼っている。また、吹き抜け側の手すりの前には休憩用の連結いすを２列設置し、大会議室は子どもを含む見学者の工場の概要説明場所として、１年に 20 回程度、市民などに公開している（イラストＡ）。

## ● 手すり乗り越える危険性が

　前述の状況からイラストＡには、「複数の状態の危険性」が想定される。

**不安全な状態**：（a）工場は築 30 年、天窓の材料はドーム状のアクリル樹脂で、周囲に防護柵はなく、かつ、下部に落下防止網がないので、屋上の保全作業者Ａが休憩をしようとして座ったとき、経年劣化した天窓が破損して１階まで墜落する危険性がある。

　　　　　　　　（b）ラウンジの防護柵は高さ 85cm で吹き抜け側に墜落防止柵がないので、大人が防護柵に寄り掛かると１階まで墜落、また、子どもが幅 25cm の防護柵の縦桟（手すり子）の間から墜落する危険性。

　　　　　　　　（c）吹き抜け側の防護柵前に連結いすを配置しているので、子どもが連結いすに乗り、防護柵に寄り掛かると乗り越えて墜落する危険性。

　　　　　　　　（d）防護柵の下部に幅木がないので、物が落ちると１階の通行者に激突する危険性。

　　　　　　　　（e）回転式と引違い窓の前に、高さ 80cm の陳列棚を設置しているので、保護者が子どもを陳列棚の上に乗せて外を覗かせると墜落する危険性。

**不安全な行動**：（f）子どもＢが連結いすに乗って身を乗り出して、１階の友達と大声で話している。

　　　　　　　　（g）窓側は景色がよく、風通しが良いので、保護者が幼児Ｃを飾りだな上に乗せて遊ばせている。

**不安全な管理**：（h）保護者は、防護柵横の連結いす・陳列棚などの上が危険な状態になるという認識はなかった。また、工場管理者は「見学者の子ども等に対する安全対策の必要性は、ほとんど認識していなかった。

## ● リスク低減措置

イラストBのような「安全な状態・行動・管理」が必要である。

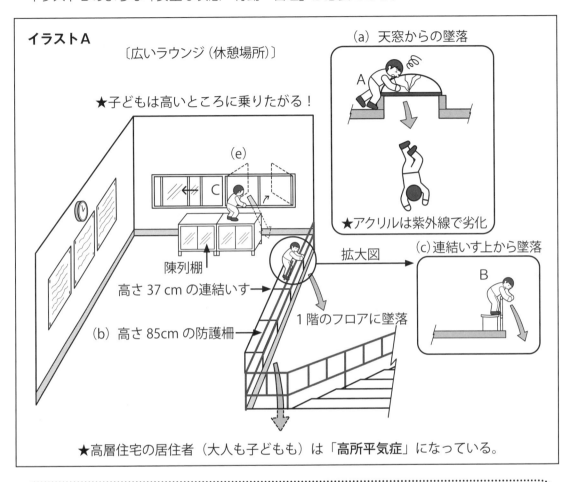

イラストA

〔広いラウンジ（休憩場所）〕

(a) 天窓からの墜落

★子どもは高いところに乗りたがる！

★アクリルは紫外線で劣化

陳列棚

高さ37cmの連結いす

(b) 高さ85cmの防護柵

拡大図

1階のフロアに墜落

(c) 連結いす上から墜落

★高層住宅の居住者（大人も子どもも）は「**高所平気症**」になっている。

■**リスク基準**（P 9〜10 参照）

①危険状態が発生する頻度は時々「2」、②ケガをする可能性が高い「4」、③災害の重篤度は致命傷「10」です。

■**リスクレベル**（P10 参照）

リスクポイントは「2＋4＋10＝16」なので、リスクレベルは「Ⅳ」となります。

**安全な状態**：(a) 天窓の周囲と上部には防護柵を設置、かつ、天窓の下部に10cm目のメッシュの鋼棒を設置、(b)・(C) 吹き抜け側の手すりには、高さ2.0m程度の防護柵を設置、また、階段の折り返し箇所は高さ1.2m程度の防護柵を設置、(d) 階段の吹き抜け側は、朝顔状に防護網（幅1.0m程度）を設置、(e-1) 陳列棚は窓なしの壁面側に移設し、窓前の床面に「物置き禁止区域と×印」の表示を行う。(e-2) 両方の「窓は11cm以上開かないようにロック」、または、両窓の手前に鋼棒を2〜3本設置。

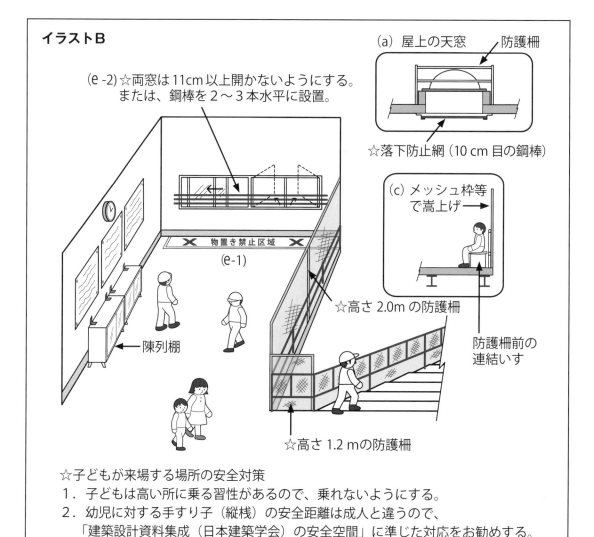

イラストB

(e-2) ☆両窓は11cm以上開かないようにする。
　　　または、鋼棒を2〜3本水平に設置。

(a) 屋上の天窓　　防護柵

☆落下防止網（10cm目の鋼棒）

(c) メッシュ枠等で嵩上げ→

☆物置き禁止区域☆
(e-1)

☆高さ2.0mの防護柵

防護柵前の
連結いす

陳列棚

☆高さ1.2mの防護柵

☆子どもが来場する場所の安全対策
1. 子どもは高い所に乗る習性があるので、乗れないようにする。
2. 幼児に対する手すり子（縦桟）の安全距離は成人と違うので、
　「建築設計資料集成（日本建築学会）の安全空間」に準じた対応をお勧めする。

**安全な行動**：(f)・(g) 保護者と子どもに、「物の上に乗らない！」のルール説明と周知。

**安全な管理**：(h) 工場の管理者は、「子どもの行動に配慮した具体的な設備上の安全対策」を
　　　　　　　　　講じる。また、保護者に対し、見学の前に書面で禁止事項の説明を行う。

■**リスク基準**（P9〜10参照）
　（a）〜（h）などの対策を実施して作業を行えば、①危険状態が発生する頻度は滅多に
ない「1」、②ケガをする可能性がある「2」、③災害の重篤度は軽傷「3」です。

■**リスクレベル**（P10参照）
　リスクポイントは「1＋2＋3＝6」なので、リスクレベルは「Ⅱ」となります。

見学者の災害は「第三者災害」となり、とくに、「子どもが致命傷」の災害になると新聞報道
されて社会問題となる。事業場のPRをするせっかくの機会が、会社全体のイメージダウンに
なるので、「保護者・子どもの安全に配慮」した設備とすべきである。

# 2 吹き抜け開口部での墜落災害２事例

　ここでは、資材倉庫と製造職場が同一の工場棟（３階建）で、大型エレベーターがなく吹抜けの荷揚げ開口部（4.0 m× 4.5 m）がある状況下での災害をテーマとする。

　本書での開口部とは、〔＊１〕外に向かって穴が開いている場所、また、〔＊２〕その穴の場所と定義する。

　〔＊１〕床面端部に防護柵・幅木などがないと、人がすり抜けて落ちて階下の床面に激突（墜落）、物が落ちて階下の通行者に激突（飛来・落下）などの危険性がある。

　〔＊２〕穴は塞いでいないと、穴底・階下に落ちて床面などに激突（墜落）する危険性があり、また、タンク・ピットなどでは酸欠の危険性もある。

## ● 最上階の防護柵から墜落

　最上階の防護柵は高さ110cm（中桟・下桟付き）だったが、幅木はなく下部25cmは開口状態で、防護柵の横にパイプ類を乱雑に置いていた（イラストＡ）。また、１階の荷受け場の周囲はトラマークで表示し、立入り禁止措置としてカラーコーンとコーンバーを配置しただけで、真横は台車も走行する歩行者通路だった。

〔災害１〕床上運転式クレーンの運転者Ａ（墜落制止用器具（以下、**安全帯**）は未着用）は、最上階で玉掛作業者Ｂが玉掛したメッシュパレットを走行させて開口部まで引き込み、開口部から１階につり降ろしていた。Ｃは１階で荷受けを担当。Ａは１階の荷受場の状況を見るため、防護柵の下桟に乗り、身を乗り出して下を覗きこんでいたとき、バランスを崩して９m下に墜落した。

**不安全な状態**：（a）防護柵は下桟に足が乗れる構造で、（b）頭より高い位置に安全帯のフックを掛ける設備がなかった。

**不安全な行動**：（c）Ａは防護柵の下桟に足を乗せて、身を乗り出していた、（d）Ａ・Ｂは安全帯を着用していなかった。

**不安全な管理**：（e）開口部の荷受け作業は物流会社任せで、作業手順書はなく、リスクアセスメント（以下、**RA**）も実施していなかった。

〔災害２〕最上階の玉掛け作業者Ｂは、荷降ろし状況を見ようとして、防護柵の横に行ったとき、パイプにつまずいてパイプ複数が階下に落ち、床面で跳ねて１階の通行者Ｄに２本が激突した。

**不安全な状態**：（f）防護柵の下部に幅木がなかった、（g）防護柵の横にパイプ類を乱雑に置いていた。

**不安全な行動**：（h）Ｂはメッシュパレットに入れる予定のパイプ類を、幅木のない防護柵の端部に置いていた、（i）Ｂも安全帯着用しなかった。

**不安全な管理**：（j）前記（e）と同様だった。

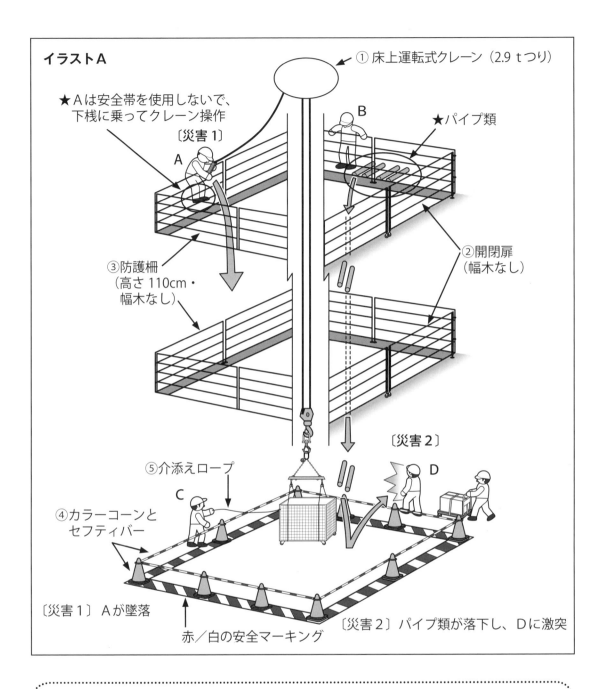

イラストA

① 床上運転式クレーン（2.9 tつり）

★Aは安全帯を使用しないで、
下桟に乗ってクレーン操作
〔災害1〕

★パイプ類

③防護柵
（高さ 110cm・
幅木なし）

②開閉扉
（幅木なし）

⑤介添えロープ

〔災害2〕

④カラーコーンと
セフティバー

〔災害1〕 Aが墜落

赤／白の安全マーキング

〔災害2〕パイプ類が落下し、Dに激突

■**リスク基準**（P 9～10 参照）

〔災害1〕①荷受け作業は時々なので「2」、②ケガをする可能性が高い「4」、
　　　　　③災害の重篤度は重傷「6」です。

〔災害2〕①危険状態が発生する頻度は時々「2」、②ケガをする可能性が高い「4」、
　　　　　③災害の重篤度は重傷「6」です。

■**リスクレベル**（P10 参照）

〔災害1〕リスクポイントは「2＋4＋6＝12」になるので、リスクレベルは「Ⅳ」です。

〔災害2〕リスクポイントは「2＋4＋6＝12」になるので、リスクレベルは「Ⅳ」です。

## ● リスク低減措置

イラストBのような「安全な状態・行動・管理」が必要である。

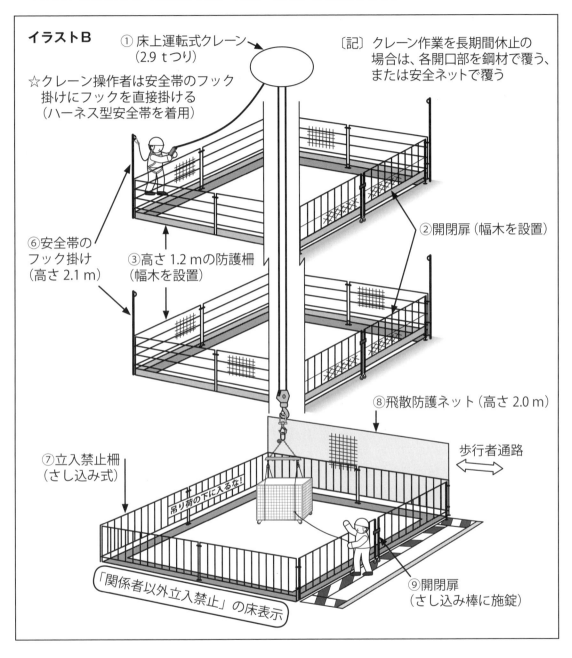

**イラストB**

① 床上運転式クレーン
（2.9 tつり）

☆クレーン操作者は安全帯のフック
掛けにフックを直接掛ける
（ハーネス型安全帯を着用）

〔記〕クレーン作業を長期間休止の
場合は、各開口部を鋼材で覆う、
または安全ネットで覆う

⑥安全帯の
フック掛け
（高さ 2.1 m）

③高さ 1.2 mの防護柵
（幅木を設置）

②開閉扉（幅木を設置）

⑧飛散防護ネット（高さ 2.0 m）

歩行者通路

⑦立入禁止柵
（さし込み式）

吊り荷の下に入るな!

⑨開閉扉
（さし込み棒に施錠）

「関係者以外立入禁止」の床表示

〔災害1〕

**安全な状態**：（a）防護柵は下桟に足が乗せられないように、フェンス（網目は 10cm 程度）
で覆い、下部に高さ 20cm 程度の幅木を設置。

（b）防護柵のコーナー2箇所に高さ 2.1 m程度の安全帯フックを掛けられる
支柱を設置（イラストB）。

**安全な行動**：(c)「防護柵の下桟に足乗せと、身の乗り出しは禁止」。

(d) クレーン運転者は安全帯を着用し、安全帯のフック掛けに安全帯のフックを掛ける。

**安全な管理**：(e) 危険な開口部の荷受け作業は物流会社任せにせず、会社と共同で作業手順書を作成し、教育を行い周知、また、リスクアセスメントも行う。

〔災害2〕

**安全な状態**：(f) 2階以上は防護柵下部に幅木を設置。

(g) 2階以上の防護柵横はパイプ類を置かない。また、1階の荷受場も飛散防止を兼ねた防護柵を設置。

**安全な行動**：(h) 防護柵の真横にパイプ類を置かない。

(i) 防護柵の近接作業者・職場巡視者も必ずハーネス型安全帯を着用。

**安全な管理**：(j) 前記（e）と同じ。

---

■ **リスク基準**（P 9 〜 10 参照）

〔災害1・2〕(a) 〜 (j) などの対策を実施して作業を行えば、①危険状態が発生する頻度は滅多にない「1」、②ケガをする可能性がある「2」、③災害の重篤度は軽傷「3」です。

■ **リスクレベル**（P10 参照）

〔災害1・2〕リスクポイントは「1＋2＋3＝6」なので、リスクレベルは「Ⅱ」となります。

---

🎓 **マメ知識**

「**手すりと防護柵の違い**」について：手すりには手掛かり（Hand-Rail）としての手すりと、防護柵（Protection-fence）としての手すりがあるので、当書では「手掛かりの手すりと防護柵」は明確に分けて説明します。日本の建築の設計では、手掛かりとしての手すりの高さは 80 〜 85cm で、幼児や高齢者に対する配慮から公共の施設では 65cm と 85cm の2段手すりが多いです。現在の日本の防護柵は高さ 110cm〔＊〕が主流ですが、海外の観光客が来る施設では平均身長が高いので、欧米基準の 120cm 以上にする傾向にあります。

〔＊〕日本人の成人男子の重心は床面より 54%（へそより数 cm 下）の位置にあると言われている。近年、20 代の男性の平均身長は 171cm なので、重心の高さは 95cm（171cm × 0.54 ≒ 92cm ＋靴の踵高は約 3 cm ＝ 95cm）。身長 180cm の人は 180cm × 0.54 ＋ 3 cm ＝ 100cm なので、つま先立ちを考慮すると、最低 110cm は必要。

# 3 通路内の点検口からの墜落災害

墜落・転落災害は路面から上の高所からだけではなく、路面から下の開口部からの墜落なども多数ある。建設業では建築中・改築中の上層階の開口部での荷受け作業、外部・内部足場の開口部での作業、エレベータドア部の作業など多数あり、建設業以外の業種での開口部作業には、電力・通信・上下水などの共同溝と荷物用エレベーターの点検作業など多数の危険性がある。皆さまは、これらの作業を見たとき、建設会社がどのような足場と墜落予防の用具を使用し、どのような作業方法をしているかを**観察（inspection）**すれば、参考になるはずである。

ここでは事務所棟の通路の点検口からの墜落災害をテーマとする。

## ● 清掃会社の女性が通路から

平日は、早朝から深夜まで2交代で就業しているので、保守点検・清掃作業は土曜・日曜とし、別々のビルメンテナンス会社に委託している。災害が発生した土曜日は事務所棟に複数の会社が入場し、災害発生場所では、清掃会社は各階の事務所内の清掃を、上水道と中水道（雑水道とも呼ばれ生活排水を処理して再利用するもの）の点検会社は各棟の1階通路の下にある共同溝の保守点検の準備をしていた。

工場は休日なので通路の照明は消灯され、窓からの自然採光のみであった。水道の点検会社の2人は、共同溝の点検口のフタを開けてロッカーの横に置き、開口状態のままにして作業に必要な資機材を運搬するために、すぐ近くの駐車場にある貨物自動車で準備をしていた。

突然、悲鳴が聞こえたので、点検口に戻ったら清掃会社の女性A（65歳）が深さ2.5m下の床面に墜落していた（イラストA）。急報を受け、守衛室から休日出勤の従業員ら多数が被災現場に駆けつけたが、救助の方法を全く知らないので、消防署からの要請で「遠方のレスキュー隊が出動し救助」したものの、災害発生から病院に搬送されるまで2時間以上が経過していた。

その後、大手術を行い長期入院となり、後日の調査で深さ2.5mの同じような点検口が10カ所以上あった。この災害は、次のような複数の要因が考えらる。

**不安全な状態**：（a）点検会社は点検口のフタを開けたままの状態にしていた。

　　　　　　　　（b）通路の照度は自然採光のみで、75 lx 程度と薄暗かった。

**不安全な行動**：（c）Aは両手にプラボックスを抱え、足元が見えない状態で小走りしていた。

**不安全な管理**：（d）工場の担当者は各ビルメン会社への作業指示をしたが、作業方法は点検会社任せで、また当日は複数の会社が作業することも伝えず、各会社との連絡調整もしていなかった。

　　　　　　　　（e）点検会社は清掃会社が同じ場所を通行して作業することを知らなかった。

　　　　　　　　（f）清掃会社はAに雇入れ教育などもしていなかった。

　　　　　　　　（g）工場の自衛消防隊は、「点検口からの墜落は想定外」で、人命救助の用具はなく、人命救助の訓練もしていなかった。

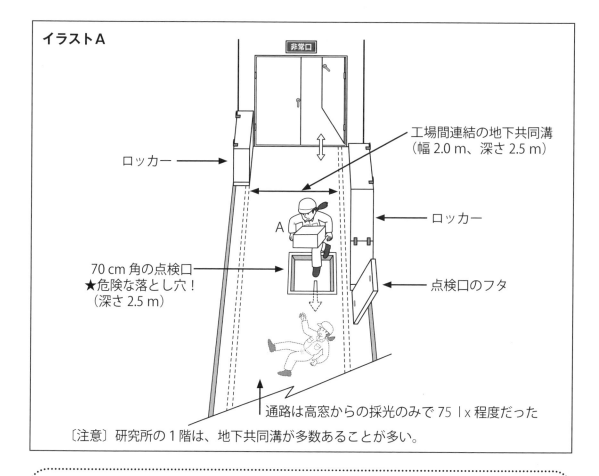

イラストA

非常口

ロッカー

工場間連結の地下共同溝
（幅 2.0 m、深さ 2.5 m）

ロッカー

A

70 cm 角の点検口
★危険な落とし穴！
（深さ 2.5 m）

点検口のフタ

通路は高窓からの採光のみで 75 lx 程度だった

〔注意〕研究所の1階は、地下共同溝が多数あることが多い。

■**リスク基準**（P 9〜10 参照）

①危険状態が発生する頻度は時々「2」、ケガをする可能性が高い「4」、
③災害の重篤度は重傷「6」（ただし、深さ5m以上の場合は致命傷「10」）です。

■**リスクレベル**（P10 参照）

リスクポイントは「2＋4＋6＝12」なので、リスクレベルは「Ⅳ」となります。

## ● リスク低減措置

イラストBのような「安全な状態・行動・管理」が必要である。

**安全な状態**：（a）点検口のフタを開けるときは、点検用囲い（点検用ガード）などで開口部
養生を行い、かつ、カラーコーンなどで立入禁止措置を行う、またフタを開けた
ときは酸欠などの測定を開口部養生の外側で行う、（b）廊下の照明を点灯し
点検口の周辺は、照明器具などで 150 lx 程度の照度を確保。

**安全な行動**：（c）「両手に物を抱えては禁止！」とし台車などで運搬、また高齢者は薄明順応
の身体の機能低下を認識する。

**安全な管理**：（d）・（e）複数の協力会社が同じ場所で作業する場合は、工場の担当者が各会社
の連絡調整を必ず行い記録に残す、（f）清掃会社は雇入れ時に雇入れ教育を行い、

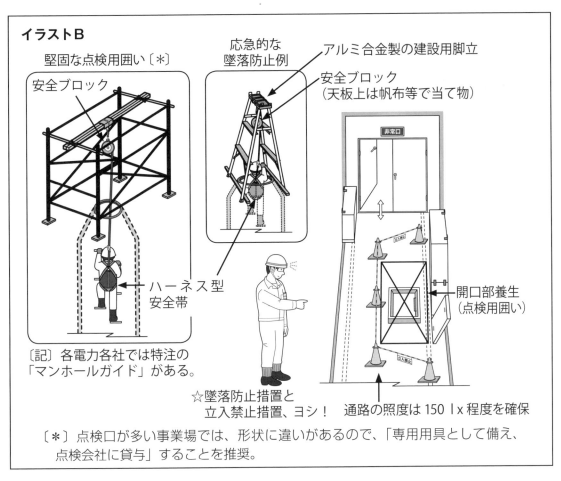

イラストB

堅固な点検用囲い〔＊〕

安全ブロック

応急的な
墜落防止例

アルミ合金製の建設用脚立

安全ブロック
（天板上は帆布等で当て物）

非常口

ハーネス型
安全帯

開口部養生
（点検用囲い）

〔記〕各電力各社では特注の
「マンホールガイド」がある。

☆墜落防止措置と
立入禁止措置、ヨシ！

通路の照度は 150 lx 程度を確保

〔＊〕点検口が多い事業場では、形状に違いがあるので、「専用用具として備え、
点検会社に貸与」することを推奨。

工場の担当者に雇入れ教育の内容を報告、また点検会社は点検口作業の作業手順
書を作成し、教育し周知、（g）当工場は消防署から離れた工業団地の中にある
ので、この程度の人命救助（P210 参照）はできるように、協力会社との合同
訓練を定期的に行う、※特に、酸欠による被災は「いかに早く救助するか」が必要。

■リスク基準（P 9〜10 参照）

（a）〜（g）などの対策を実施して作業を行えば、①危険状態が発生する頻度は滅多に
ない「1」、②ケガをする可能性がある「2」、③災害の重篤度は軽傷「3」です。

■リスクレベル（P10 参照）

リスクポイントは「1＋2＋3＝6」なので、リスクレベルはⅡとなります。

● **深い点検口の昇降方法**

イラストBの四角の枠で囲んだ、開口部養生にもなる墜落防止例を取上げる。応急的には
脚部にずれ止めをした建設用の鋼製脚立を設置すれば、踏桟が手掛りとなる。

また脚立上部に安全ブロックを設置して使用すれば墜落は阻止できる。今ある物の有効活用
である。「開口部は開口部養生（塞ぐ）」が本質安全である。

# 4 高所の構台端部からの墜落災害

ここでは、高さ2.4mの構台端部から「踏み外して」の墜落災害をテーマとする。

**昇降設備と作業台**

昇降設備は、高所または地下で作業を行う場合、労働者などがその箇所へ昇降するために設けられた階段、登り桟橋、はしごなどで固定された設備をいう。また、「作業台は最上部の作業床（40×40cm以上）で作業」を行う台で、最近の作業台の材質はアルミ合金製が主流で、横幅が広くて安定性に優れ、階段状に踏桟がある。

作業台には、低所（30cm以上200cm未満）作業用と、高所（2m以上3m未満）作業用があり、オプションで移動が安易な背面キャスターと水平な作業床を確保するための脚部アジャスターがある。作業台を昇降設備として使用するときは固定することと、昇降設備はほぼ60度の急傾斜角なので用具に向かって「**3点支持の動作で昇降**」が必要である。

## ● 作業台が水平移動し足から

高さ2.4mの構台上に変電設備があり、電気の担当者が定期的に点検作業で昇るだけなので、固定した昇降設備はなく、昇降するときは構台の横に高さ2.4mの移動式作業台（以下、**作業台**）を設置し、昇降設備として使用していた。新任の電気担当者Aは、1人で作業台を構台の入口に設置し、構台上で点検作業を行っていた。昼食時間になったので急いで構台の端部から作業台に乗り移ろうとしたとき、作業台が逸走したので、開口部から2.4m下の床面に墜落、足から落ちたが落ちた反動で頭を強打した（イラストA）。

30年前、構台上に変電設備を設置したときは鋼製の固定はしごだったが、10年前に固定はしごの昇降時に重篤な墜落災害が発生。その再発防止対策として、手すり付きの移動式作業台を採用することになった経緯がある。

**不安全な状態**：（a）作業台の設置場所に資材を仮置きしていたので、構台端部に近づけて設置できず開口状態だった。

（b）脚部のキャスターに足踏み式のストッパーがなかった。

（c）作業台の上部を固定する設備がなかった。

**不安全な行動**：（d）Aは作業帽だった。

（e）4脚キャスターの足踏みストッパーを使用しなかった。

（f）Aはロープの結び方を知らないので結べなかった。

**不安全な管理**：（g）管理・監督者は、作業台は安全な階段と思っていた（墜落災害などの危険性が複数あるとの認識はなかった）。

（h）前任者から監督者へ注意事項等の引継ぎはなく、電気担当者任せだった。

（i）扉の代用としてプラチェーン。

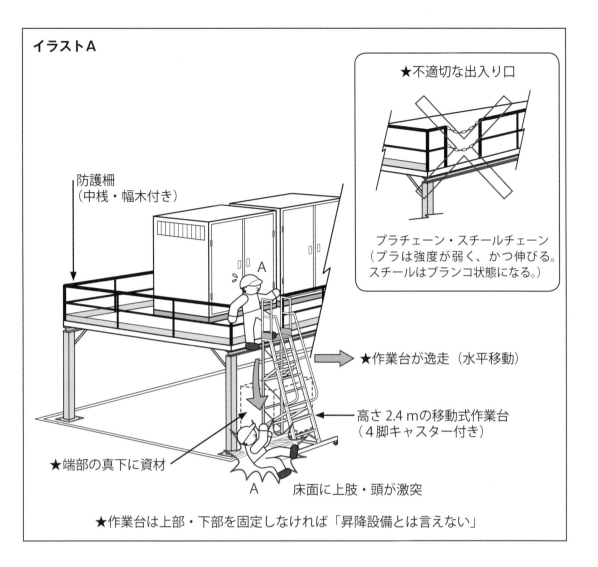

**イラストA**

防護柵
(中桟・幅木付き)

★不適切な出入り口

プラチェーン・スチールチェーン
(プラは強度が弱く、かつ伸びる。
スチールはブランコ状態になる。)

A

★作業台が逸走(水平移動)

高さ2.4mの移動式作業台
(4脚キャスター付き)

★端部の真下に資材

A

床面に上肢・頭が激突

★作業台は上部・下部を固定しなければ「昇降設備とは言えない」

---

**■リスク基準**(P 9〜10 参照)

　①危険状態が発生する頻度は時々「2」、②ケガをする可能性が高い「4」、
③災害の重篤度は重傷「6」。(乗り移るときは水平力が掛かるので、開口部状態になり
墜落する危険性がある)。

**■リスクレベル**(P10 参照)

　リスクポイントは「2+4+6=12」なので、リスクレベルは「Ⅳ」となります。

## ● リスク低減措置

イラストBのような「安全な状態・行動・管理」が必要である。

「移動式の作業台」は、上部を簡単に固定できる「手すり付き階段はしご」に変える。

**安全な状態**：(a) 構台端部の直下は、物置き禁止区域のライン表示と×印の表示。

　　　　　　　(b) 手すり付き段はしごを設置。

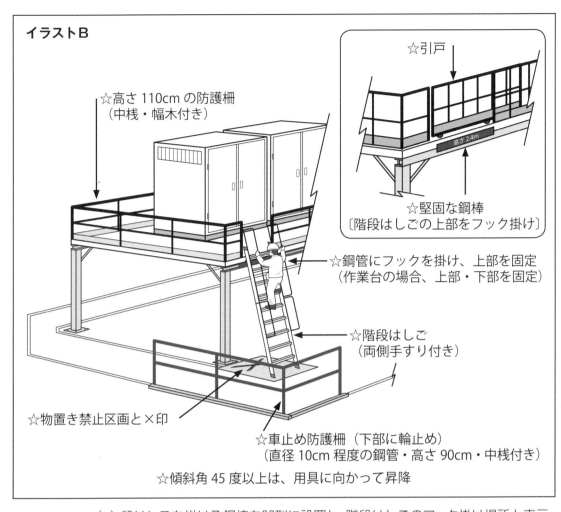

**イラストB**

☆高さ110cmの防護柵
（中桟・幅木付き）

☆引戸

高さ 2.4m

☆堅固な鋼棒
〔階段はしごの上部をフック掛け〕

☆鋼管にフックを掛け、上部を固定
（作業台の場合、上部・下部を固定）

☆階段はしご
（両側手すり付き）

☆物置き禁止区画と×印

☆車止め防護柵（下部に輪止め）
（直径10cm程度の鋼管・高さ90cm・中桟付き）

☆傾斜角45度以上は、用具に向かって昇降

（c）段はしごを掛ける鋼棒を凹型に設置し、階段はしごのフック掛け場所と表示。

**安全な行動** ：（d）高さ1.5 m以上の作業は保護帽を着用。

（e）階段はしごは、フック付きを使用。

（f）階段はしご上部のフックは、必ずフック掛けに掛ける。

**安全な管理** ：（g）管理・監督者は、階段はしごでも危険性が複数あるとの認識を持ちRAを行う。

（h）階段はしごの適正な設置方法と昇降方法を近くにイラスト表示し周知。
また、リスクの高い作業で担当者任せの作業は、現場で担当者の立ち会いで作業手順書を作成（見直し）する。

（i）堅固な引戸とする。

**■リスク基準**（P 9～10 参照）
　（a）～（i）などの対策を実施して作業を行えば、①危険状態が発生する頻度は滅多にない「1」、②ケガをする可能性がある「2」、③災害の重篤度は軽傷「3」です。

**■リスクレベル**（P10 参照）
　リスクポイントは「1＋2＋3＝6」なので、リスクレベルは「Ⅱ」となります。

ここでは、ぜい弱な材料でふかれたトタン屋根などからの墜落災害をテーマとする。安衛則第524条では、「スレート等の屋根上の危険の防止」で規制している。

スレート板は、セメントに石綿（アスベスト）〔＊１〕などを混ぜて作った厚さ数ミリの波形の板で、かつては工場や倉庫の屋根などに使われていた。

〔＊１〕石綿は、熱・電気の不良導体で、保温・耐火材料として優れていたが、「石綿の吸入は、中皮腫・肺癌の発生率と深く関連」していることが判明したので、安衛法第55条で製造などの禁止となっている。

## ● 屋根が濡れていてスリップ

イラストＡは、工場の屋外にある資機材などの築35年の倉庫で、柱・敷げた・梁はＨ形鋼（200㎜×200㎜）で、棟と軒の高さは4.0ｍと2.9ｍ、両軒先の幅は11ｍ、奥行き10ｍである。垂木の間隔は60cm、屋根材料は断面の小さいトタン板で、所々に採光のため強化ガラス窓を取り付けていた。

屋根上への昇降は、倉庫の両端に床面から2ｍ以上に幅60cmの背もたれのない鋼製の固定はしごを設置してある。

このような状態の倉庫で、複数の災害が発生した。

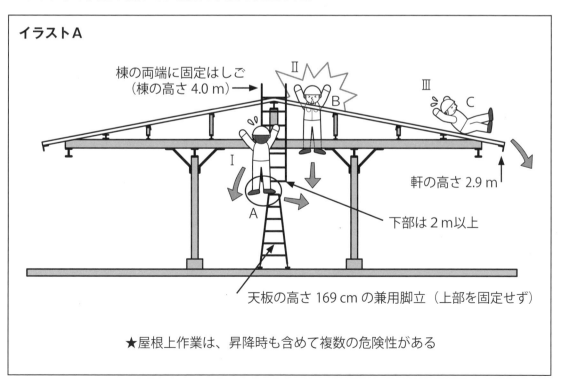

**イラストＡ**

棟の両端に固定はしご
（棟の高さ 4.0 ｍ）→

Ⅱ
Ⅲ

B
C

Ⅰ

A

軒の高さ 2.9 ｍ

下部は 2 ｍ以上

天板の高さ 169 cm の兼用脚立（上部を固定せず）

★屋根上作業は、昇降時も含めて複数の危険性がある

Ⅰ　倉庫の両端にある固定はしごの下端は床面から２ｍ以上なので、天板の高さ170cm（６段）のはしご兼用脚立（以下、**脚立**）を設置して昇った。降りるとき天板に足を乗せたら天板が横にずれて、作業者Ａは倒れた脚立の上に足から墜落し反動で頭を強打した。

Ⅱ　作業者Ｂは屋根上を歩いていたとき、経年劣化したアクリル板を踏み抜いて足から墜落。

Ⅲ　雨の後で屋根は濡れていたので、作業者Ｃは屋根上を歩いていたとき、スリップして軒先から墜落し背中と頭を強打。Ｃは作業帽を着用・安全帯は着用せず、安全帯を掛ける設備も墜落阻止装置もなかった。

**不安全な状態**：（a）固定はしごの真下に天板の高さ170cmの脚立を固定しないで設置、（b）安全帯を掛ける水平親綱などがなかった、（c）メッシュ枠のＬＢマット（６cm目程度のメッシュ枠で質量６kg）、アルミ足場板などを敷かなかった。

**不安全な行動**：（Ⅰ～Ⅲ共通）：（d）屋根上の作業者は、保護帽・安全帯を着用していなかった、（e）脚立は上部を固定しないとずれるとの認識がなかった、（f）アクリル板は経年劣化するとの認識がなかった、（g）傾斜角20度だったが屋根は濡れていたので、スリップした。

**不安全な管理**：（Ⅰ～Ⅲ共通）：（h）高所作業にも係わらず協力会社任せで、管理・監督者は、高所作業の認識はほとんどなく、具体的な作業打合せもせず、記録もなかった、（i）作業手順書もなく、ＲＡも行っていなかった。

■**リスク基準**（P９～10参照）
　①危険状態が発生する頻度は時々「２」、②ケガをする可能性が高い「４」、③災害の重篤度は重傷「６」です。

■**リスクレベル**（P10参照）
　リスクポイントは「２＋４＋６＝12」なので、リスクレベルは「Ⅳ」となります。

## ● リスク低減措置

　イラストＢのような「安全な状態・行動・管理」が必要である。

**安全な状態**（Ⅰ～Ⅲ共通）：（a）固定はしごの下部にフック付きの段はしごを設置、仕様は設置角度60度、両側支柱の内幅53cm・外幅58cm、踏桟の間隔32cm・奥行15cm、両側に手すり、上部の両側にフック付き、（b）固定はしごの上部は高さ90cm程度突出し、背もたれを設置し、上部に安全ブロックを設置。また、両端の固定はしごの上部間に水平親綱ワイヤロープ（直径９㎜）、またはロープ（直径16㎜）を張る、（c）屋根上の歩行と作業は、メッシュのＬＢマット・アルミ足場板などを敷き、足場板などは水平親綱に細ひもロープで固定。

**安全な行動**（Ⅰ～Ⅲ共通）：（d）屋根上の作業者は、保護帽・安全帯を着用し常時使用、（e）屋根上への昇降は、両端の固定はしご（下部は階段はしご）を利用し、安全ブロックを使用して昇降、（f）屋根上の移動は、水平親綱に安全帯のフックを掛け、かつ、棟部に複数設置のＬＢマット（メッシュの特殊バネ鋼：4.5cm×

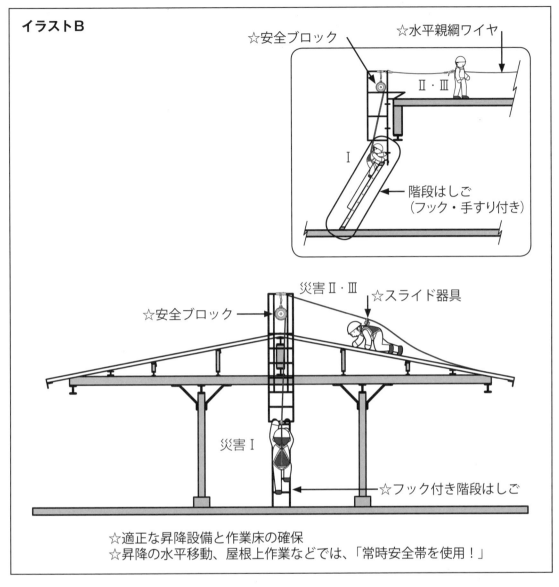

イラストB

☆安全ブロック　　　　　☆水平親綱ワイヤ

Ⅱ・Ⅲ

Ⅰ

階段はしご
（フック・手すり付き）

災害Ⅱ・Ⅲ　　☆スライド器具

☆安全ブロック

災害Ⅰ

☆フック付き階段はしご

☆適正な昇降設備と作業床の確保
☆昇降の水平移動、屋根上作業などでは、「常時安全帯を使用！」

2m・6kg）の上を歩行、（g）屋根上の作業はスライド器具などを使用し、ＬＢ
マットなどの上で行う。

**安全な管理**（Ⅰ～Ⅲ共通）：（h）高さ2m以上の高所作業は協力会社任せにせず、監督者は、
　　　　　複数の危険性があるとの認識を持ちＲＡを行う、（i）現場で担当者と協力会社の
　　　　　立ち会いで作業手順書を作成（見直して改訂）する。

■**リスク基準**（P 9～10 参照）
　（a）～（i）などの対策を実施して作業を行えば、①危険状態が発生する頻度は滅多に
ない「1」、②ケガをする可能性がある「2」、③災害の重篤度は軽傷「3」です。

■**リスクレベル**（P10 参照）
　リスクポイントは「1＋2＋3＝6」なので、リスクレベルは「Ⅱ」となります。

# 6 スレート屋根の踏み抜き等の災害2事例

　ここでは墜落災害のうち、「スレート等」の屋根からの災害防止をテーマとする。特に、スレート板は比較的安価なので、工場や倉庫の屋根などに広く使われていた。しかし、ぜい弱な材料のために労働者が踏み抜いて墜落する危険性がある。

　昭和47年6月8日の労働安全衛生法制定前から材料下の野地板間隔が30cm以上の母屋などで、踏み抜きによる災害が多発したため、「労働安全衛生規則第524条」で具体的な再発防止対策を示している。

### 🎓 マメ知識

　スレート板とは、「セメントに石綿などを混ぜて作った厚さ数mmの波形の板」であり、工場や倉庫の屋根などに使用されています。木毛板（もくもうばん）は1mm程度のかんな屑のような厚さの木を固めたもので、薄い金属板と併用して屋根などに用いられているものです。いずれも人の体重程度の重量がかかると割れ、または踏み抜くなど非常にもろい性質を持っています。なお、「石綿則の一部が改正（令2.7.1公布）され、順次施行となりました」。

## ● 調査中、踏み抜いて梱包物に激突

　スレート葺き、平屋建ての倉庫の屋根が築40年と老朽化していたので、リフォームするため、発注者の担当者Aと施工会社の社長Bがスレートの劣化調査を行っていた。建屋は鉄骨製で、棟の高さ8.5m、軒の高さ7m、倉庫幅10m、延長方向25mである。

　AとBは、保護帽と胴ベルト型安全帯を着用し、2連の移動はしごを昇り、棟の部分を前後しながら、スレートの劣化具合を点検していた。なお、2連はしごの上部は60cm突き出していたが、固定していなかった。

　Bが突然、スレートを踏み抜いて墜落し、6.5m下の梱包物の上に足から落ちた。Aはスマートフォンで事務所に連絡してから、2連はしごを急いで降りようとしたが、上部を固定していなかったので、はしごが倒れAも低木の上に墜落した。

　このケースの場合、幸いにもBは梱包物がクッションとなり、Aも低木の上に落ちたので、幸いに打撲程度で済んだ（イラストA）。

　この災害の主たる要因は、次のようなことが考えられる。

**不安全な状態**：（a）はしごの上部を固定しなかった。

　　　　　　　　（b）水平親綱を設置しなかった。

　　　　　　　　（c）幅30cm以上の歩み板などを設置しなかった。

　　　　　　　　（d）倉庫内の天井下に安全ネットを設置していない。

**不安全な行動**：（e）AとBともに上部を固定していないはしごを昇り、安全帯を使用しないでスレート上を歩行。

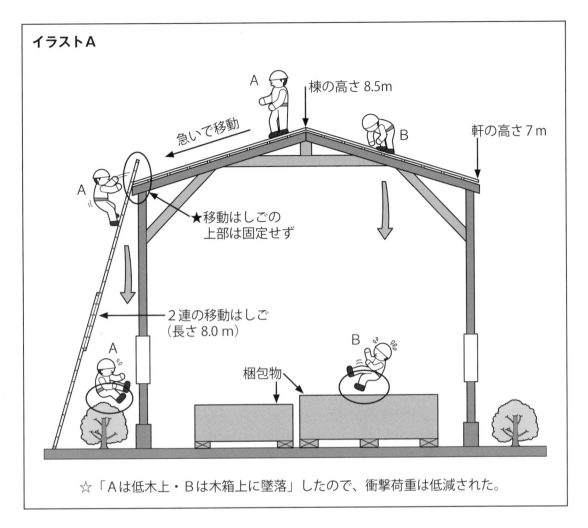

**イラストA**

A

棟の高さ 8.5m

急いで移動

B

軒の高さ7m

A

★移動はしごの上部は固定せず

A

2連の移動はしご（長さ 8.0 m）

梱包物

B

A

☆「Aは低木上・Bは木箱上に墜落」したので、衝撃荷重は低減された。

**不安全な管理**：（f）A・Bともに安衛則第524条の規制のことを全く知らなかった。

（g）施工会社には「スレート上の作業（昇降を含め）」の作業手順書がなかった。

**■リスク基準**（P 9〜10 参照）

①危険状態が発生する頻度は滅多にない「1」、②ケガをする可能性が高い「4」、③災害の重篤度は致命傷「10」です〔この災害は奇跡的に軽傷だった〕。

**■リスクレベル**（P10 参照）

リスクポイントは「1＋4＋10＝15」なので、リスクレベルは「Ⅳ」となります。

## ● リスク低減措置

イラストBのような「安全な状態・行動・管理」が必要である。

**安全な状態**：（a）と（b）建屋の両端に、水平親綱の堅固な支持物となる階段付き手すり先行足場を設置、その足場の上部両端間に直径9〜12㎜の水平親綱ワイヤを設置。

（c）歩み板としてLBマット（特殊バネ鋼の幅45cm・長さ200cm・直径9㎜

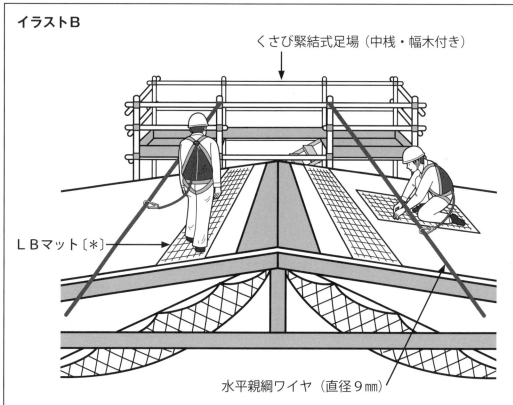

**イラストB**

くさび緊結式足場（中桟・幅木付き）

ＬＢマット〔＊〕

水平親綱ワイヤ（直径９㎜）

〔＊〕特殊バネ鋼で踏み抜き防止のメッシュ網で、形状は幅45cm・長さ200cm、質量6kg

〔記〕（１）「屋根の下に安全ネットを張る」は、コストと手間の問題で大方実施されていません。
　　　　　　但し、「天井クレーンのスライド式安全ネット（P167）」は常設で、大変効果がある。
　　　（２）スレート屋根上の「踏み抜き防止用に安全ネット」を張り〔＊〕、ＬＢマットを敷く。
　　　　　〔＊〕安全ネットの四隅等はつりピース等にロープで固縛。

　　　　　と直径６㎜の網目・質量6kg）を使用（推奨）。

　　　　（d）倉庫内の天井の両端と中間に直径９㎜ワイヤロープを固定し、スライド式
　　　　　　の安全ネットを張る、天井クレーンがある場合は、ガーダーを利用。

**安全な行動**：（e）スレート屋根上に乗る人は、ハーネス型安全帯を着用、昇降はくさび緊結式
　　　　　　足場の階段を使用、スレート上の歩行は水平親綱に安全帯のフックを掛け、
　　　　　　ＬＢマットを敷きながら歩行、ＬＢマットは落下防止として、細ひもで連結。

**安全な管理**：（f）・（g）発注者・施工会社合同の安全な施工方法の打合せを行う。
　　　　　　※災害が多いのは、最初の準備作業と最後の片付け作業である。

**■リスク基準**（P 9～10 参照）

　（a）～（g）などの対策を実施して作業を行えば、①危険状態が発生する頻度は滅多に
ない「1」、②ケガをする可能性がある「2」、③災害の重篤度は軽傷「3」です。

**■リスクレベル**（P10 参照）

　リスクポイントは「1＋2＋3＝6」なので、リスクレベルは「Ⅱ」となります。

# 7 天井裏入口付近での災害2事例

　近年、事務所棟・工場の天井裏は空間を有効利用するために、スプリンクラーの設備、空調の送気・排気ダクトだけでなく、小型無線発信機、監視カメラの設備、多数の配線などと、複数の諸設備をところ狭しと設置しているのが現状である。

　大多数の事業場では設計段階で、工事費をできるだけ節約するため、複数の業者が建物の竣工後に保全作業で天井裏に入ることを想定せず、工事段階では天井裏での安全な作業方法を配慮していないことがある。

　最近の公共工事では、保全作業時のことを考慮して設備対策を行っている。また、一部の大手小売業では天井をなくし、設備・配管などは黒色としている店舗もある。ここでは、「天井裏入口付近での災害と天井裏の災害」の2つをテーマとする。

## ● 手すりの中桟下からすり抜け

### 災害1と安全対策

　作業者Aは天井裏の点検のため、踊場に高さ79cmの踏台を据えて扉を開けて覗こうしたとき、軽量の踏台が転倒して、手すりの中桟下からすり抜けて階下に落ちたが、偶然真下を移動中の手押し台車の積荷上に墜落。【対策】手すりの下部に高さ15cm以上の幅木を設置、踊場の手すりは110cm以上に嵩（かさ）上げ、昇降用はしごを設置（イラストA）。

### 災害2

　保全会社B・Cは、天井裏への入口にトラック昇降用はしごを設置し天井裏へ入った。Bは入口で監視人となり、Cは懐中電燈で足元を照らし、天井の軽量鋼材（ボード止め）に足を乗せながら奥へ進んでいるとき、ウッカリしてボードに両足を乗せたため、3.3m下の床面に足から落ちた。幸い頭を打たなかったので、下半身の複数箇所を骨折だけで済んだ。

### 災害2の検証

**不安全な状態**：(a) 天井裏に幅40cm以上の作業用通路（キャットウォーク）がなかった。
　　　　　　　　(b) 上部に安全帯を掛ける水平親綱ワイヤーロープがなかった。
　　　　　　　　(c) 天井裏に照明器具がなかった。

**不安全な行動**：(d) 懐中電燈で足元を照らして歩行。
　　　　　　　　(e) 安全帯は未着用。

**不安全な管理**：(f) 天井裏の定期点検作業は、保全会社任せだった。
　　　　　　　　(g) 当事業場に天井裏の作業手順書はなく、RAも行っていなかった。

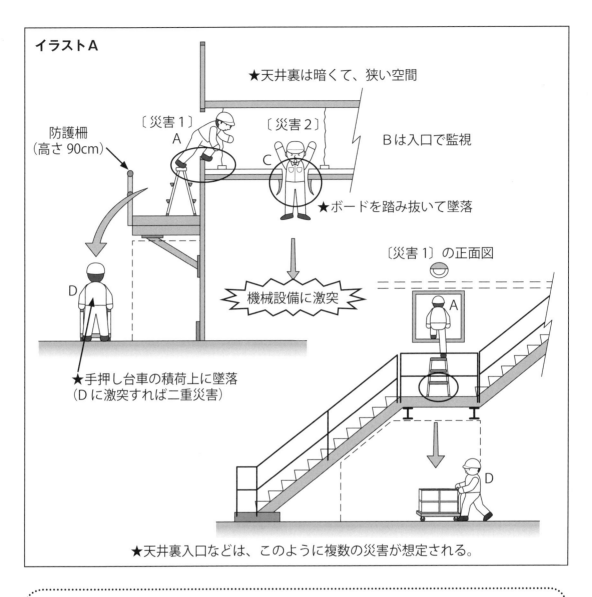

イラストA

★天井裏は暗くて、狭い空間

防護柵
（高さ 90cm）

〔災害1〕
A

〔災害2〕
C

Bは入口で監視

★ボードを踏み抜いて墜落

〔災害1〕の正面図

D

機械設備に激突

A

★手押し台車の積荷上に墜落
（Dに激突すれば二重災害）

D

★天井裏入口などは、このように複数の災害が想定される。

■**リスク基準（P 9～10 参照）**

　①危険状態が発生する頻度は時々「2」、②ケガをする可能性が高い「4」、
③災害の重篤度は重傷「6」です。

■**リスクレベル（P10 参照）**

　リスクポイントは「2＋4＋6＝12」なので、リスクレベルは「Ⅳ」となります。

## ● リスク低減措置

イラストBのような安全な状態・行動・管理が必要である。

**安全な状態**：（a）保全会社は時々利用するので、天井裏に幅50cm程度の手すり付き作業用
　　　　　　　通路を設置、（b）作業用通路の真上に水平親綱ワイヤなどを設置（作業時は
　　　　　　　全ネジ用クランプを吊りボルトに取付け）、（c）作業用通路の横に足元灯を設置。

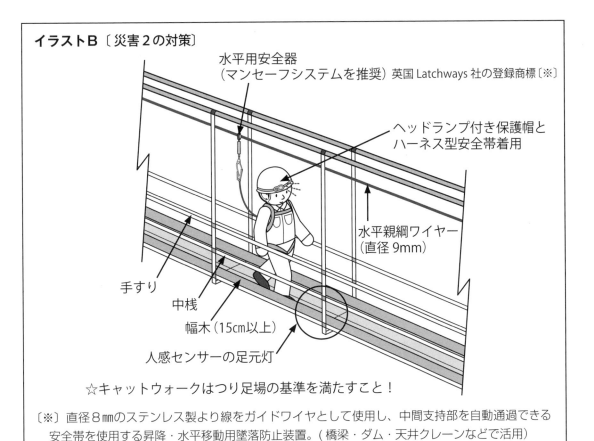

イラストB〔災害2の対策〕

水平用安全器
（マンセーフシステムを推奨）英国 Latchways 社の登録商標〔※〕

ヘッドランプ付き保護帽と
ハーネス型安全帯着用

水平親綱ワイヤー
（直径 9mm）

手すり

中桟

幅木（15cm以上）

人感センサーの足元灯

☆キャットウォークはつり足場の基準を満たすこと！

〔※〕直径8㎜のステンレス製より線をガイドワイヤとして使用し、中間支持部を自動通過できる
　安全帯を使用する昇降・水平移動用墜落防止装置。（橋梁・ダム・天井クレーンなどで活用）

**安全な行動**：(d) ヘッドランプ付き保護帽を着用、作業用はＬＥＤランタン（250 ルーメン
程度）などを持参、(e) ハーネス型安全帯を着用、全ネジ用クランプを複数持参
（小荷物はリュックに入れ背負う）し、安全帯は歩行・作業共に常時使用。

**安全な管理**：(f) 保全会社任せにすることなく、必要不可欠の設備対応は行う、(g) 保全会社
の意見を聞いて作業手順書を作成、またＲＡも行う。

**■リスク基準（P 9～10 参照）**

　(a)～(g) などの対策を実施して作業を行えば、①危険状態が発生する頻度は時々「2」、
②ケガをする可能性がある「2」、③災害の重篤度は軽傷「3」となります。

**■リスクレベル（P10 参照）**

　リスクポイントは「2＋2＋3＝7」でリスクレベルは「Ⅱ」となります。

## ● 類似災害の危険性と安全対策

① 　階段上の踊場で、手すりの中桟下から擦り抜けて墜落と、物が落下し通行者に激突→
手すりの下部に高さ 15cm 以上の幅木を設置（目で見る安衛則の「P17：K」参照）。

② 　踊場の手すりが低い（85cm）ので、寄り掛かると墜落→手すりは 110cm 以上に嵩上げ、
かつ幅木を設置（P204 の「安全な状態（a）」参照）。

# 8 不適正な安全帯使用の災害

　ここでは、「不適正な安全帯使用方法の災害」をテーマとする。

　平成31年2月1日施行・適用の法令改正は、「諸外国やISOの動向」を踏まえて行われた。平成14年の法令改正で安全帯は、「ハーネス型と胴ベルト型に2種類」に分類され、胴ベルト型にU字つり用〔＊1〕が含まれていた。しかし、今回の法令改正では、「胴ベルト型安全帯のU字つり用」は、墜落を制止するための器具ではなく、「作業時の身体の位置を保持するための器具」である「ワークポジショニング（work-positioning）用器具」に分類されるため、「墜落制止用器具の規格（平31.1.25）」には含まれないこととなった。また、原則、「墜落制止用器具は、**フルハーネス型（full-body-harness）を使用**」することとされており、高さ6.75m を超える箇所では、フルハーネス型でなければならないことが規定されている〔墜落時に地面に到達するおそれのある場合等（高さ6.75m以下の場合）は、規格に適合する胴ベルト型〔＊2〕の使用が認められている。ただし、一般的には建設作業の場合で5mを超える箇所、柱上作業等の場合は、2mを超える箇所では、フルハーネス型使用〕〔＊3〕。

　〔＊1〕電力会社の柱上作業等では、U字つり用胴ベルト型安全帯が広く普及していた。

　〔＊2〕墜落したとき、「腹部の一部に衝撃荷重が集中」する。（★内蔵破裂の危険性が高い）

　〔＊3〕筆者は平成14年の法令改正の時から、安全指導で事業場に行く時は、「P 15：図1」の通りハーネス型とし、執筆の図書・連載記事でも「全てハーネス型」としている。

## ● 胸部を圧迫された状態で宙づり

　作業者が7階建マンション屋上のフェンス外にある雨水枡（ます）と周辺の清掃を行っていた。

　パラペットと呼ばれる手すり壁は高さ40cm・幅30cm程度で、雨水枡は各コーナーのパラペットの内側にあり、フェンスはパラペットから80cm離れた場所にあった。

　作業者Aは、フェンスの外側でフェンスの縦桟（手すり子）に安全帯のフックを掛けていた。Aは安全帯を使用していたので、安心してパラペットに座って休憩していたとき、風でバランスを崩して墜落し、宙づり状態になった（イラストA）。

　Aの悲鳴を聞いて離れた場所にいた同僚が駆けつけたが、救助方法を知らなかったので救出ができなかった。通行中の職員が110番し警察が駆けつけ、警察から消防署に連絡したものの、

　組織されたレスキュー隊の基地が近くになかったので、救出に2時間以上を要し胸部圧迫（肋骨が折れて内出血）のため、救出されたが尊い命を亡くした。

　安全帯のランヤードは1.7mで、縦桟にフックを掛けていたので、フックは下部までずれ落ちた。胴ベルトを締めていたので落下は免れたが、締め方が緩かったので、胸の上部までずり上がった胴ベルトで胸部を圧迫された。被災者が落ちた高低差は1.7m程度だった。

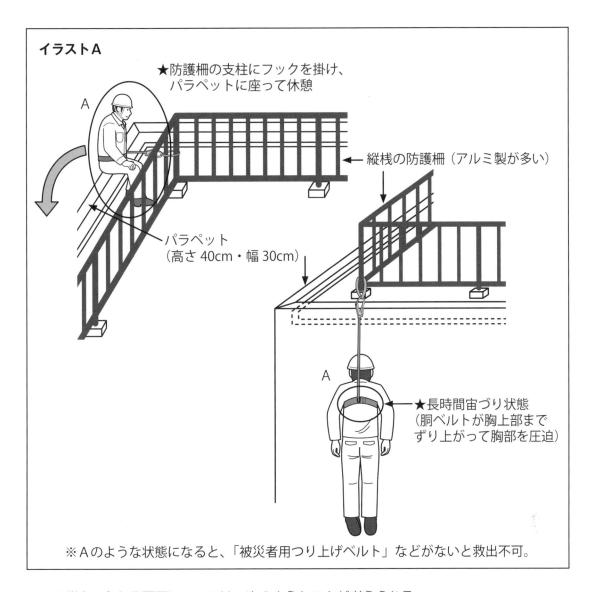

**イラストA**

★防護柵の支柱にフックを掛け、
パラペットに座って休憩

A

←縦桟の防護柵（アルミ製が多い）

パラペット
（高さ40cm・幅30cm）

A

★長時間宙づり状態
（胴ベルトが胸上部まで
ずり上がって胸部を圧迫）

※Aのような状態になると、「被災者用つり上げベルト」などがないと救出不可。

この災害の主たる要因については、次のようなことが考えられる。

**不安全な状態**：（a）雨水枡はパラペットの内側でフェンスの外側にあった。

（b）Aはナイロンロープ式胴ベルト型安全帯を着用し、防護柵の縦桟にフック
を掛けていた。

**不安全な行動**：（c）パラペットに座って休憩。

（d）足元の縦桟にフックを掛けた。

**不安全な管理**：（e）上司の監督者は、危険な作業状況になることを知らなかった。

**■リスク基準**（P 9〜10 参照）

①危険状態が発生する頻度は時々「2」、②ケガをする可能性が高い「4」、
③災害の重篤度は致命傷「10」です。

**■リスクレベル**（P10 参照）

リスクポイントは「2＋4＋10＝16」になので、リスクレベルは「Ⅳ」となります。

## ● リスク低減措置

イラストBのような「安全な状態・行動・管理」が必要である。

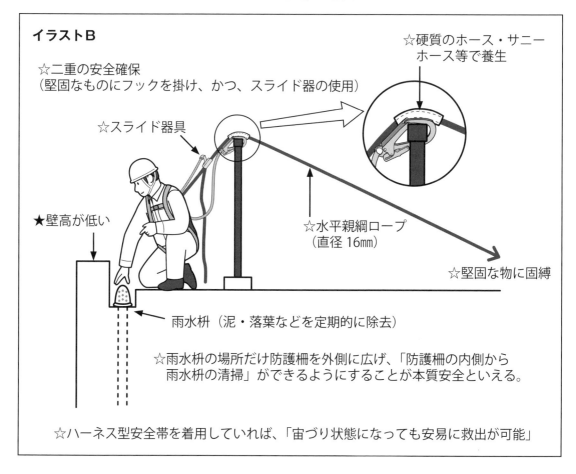

イラストB

☆二重の安全確保
（堅固なものにフックを掛け、かつ、スライド器の使用）

☆スライド器具

☆硬質のホース・サニーホース等で養生

★壁高が低い

☆水平親綱ロープ
（直径 16mm）

☆堅固な物に固縛

雨水枡（泥・落葉などを定期的に除去）

☆雨水枡の場所だけ防護柵を外側に広げ、「防護柵の内側から
雨水枡の清掃」ができるようにすることが本質安全といえる。

☆ハーネス型安全帯を着用していれば、「宙づり状態になっても安易に救出が可能」

**安全な状態**：（a）フェンスの上に水平親綱ロープを張り、スライド器具（ロリップ）を付け、安全帯のD環にロリップのフックを掛ける。さらに、フェンスの太い手すりに安全帯のフックを掛ければ「**二重の安全確保**」となる。

（b）ハーネス型安全帯は巻取り式を着用し（a）の措置を講じる。

**安全な行動**：（c）「パラペットに座るのは厳禁」、（d）（a）の措置を周知徹底する。

**安全な管理**：（d）関係者は現場をよく観察し、具体的な作業手順書を作成。

（e）元請けと協力会社合同で、安全な作業方法の訓練を行う。

**■リスク基準**（P 9～10 参照）

　（a）～（e）などの対策を実施して作業を行えば、①危険状態が発生する頻度は滅多にない「1」、②ケガをする可能性がある「2」、③災害の重篤度は軽傷「3」です。

**■リスクレベル**（P10 参照）

　リスクポイントは「1＋2＋3＝6」で、リスクレベルは「Ⅱ」となります。

# 9 安全ブロックの不適正な使用の災害

　安全帯などの取付け器具のうち、「リトラクタ式墜落阻止器具と呼ばれる」安全ブロックの不適正な使用方法を、ここではテーマとして取り上げる。事業者がせっかく安全ブロックを購入しても、職場で誤った作業方法をしては意味がない。

　**墜落阻止装置**には、仮設用と常設用があるが、ここでは仮設用を対象とする。仮設用には主に安全ブロックと親綱式スライド器具の2種類があり、安全ブロック〔＊〕は、ベルト巻取り式とワイヤロープ巻取り式がある。

　〔＊〕墜落阻止装置（器具）で、身を預けて作業ができる墜落防止器具ではない。

　安全ブロックのベルト式は長さ3.5〜15mで、建設工事現場のはしごなど、比較的高低差の少ない場所で使用する。一方、ワイヤロープ式は長さ15〜30mで、建設工事現場での杭打機、造船所、送電鉄塔などで高低差の多い場所での使用に適している。ともに使用方法は、あらかじめ器具をはしごなどの上部に設置し、フックに引き寄せロープを取り付けておく。当器具が有効に機能するためには、器具を設置する前にあらかじめ、床面でベルト・ワイヤロープを全て伸ばしてロック機構の確認と、設置したときベルトなどが鋭い角に接触していないかを確認する。

　また、作業者は床面で当の器具のフックを「**安全帯のD環に直接**」かけることが必要である。

## ● 固定はしごを昇降中に墜落

　安全ブロックは、高低差15mの鋼製の固定はしご最上部の踏桟にあらかじめ設置した。作業者Aは安全ブロックのフックを引き寄せて安全帯のフック＋ランヤードのロープ等（以下、フック等）に掛け、踏桟を昇っているとき（イラストA）、高さ10mで踏桟を踏み外して落ち、その衝撃で安全ブロックを設置していた踏桟が折れて安全ブロックが外れて落ち、Aは頭部を床面に激突。

　この災害の主たる要因は、次のようなことが考えられる。

**不安全な状態**：（a）安全ブロックを固定はしごの踏桟に設置。
　　　　　　　　（b）固定はしごに背もたれがなかった。
　　　　　　　　（c）Aのロープ式胴ベルト安全帯は、D環の装着がなかった。
**不安全な行動**：（d）Aは安全帯のフック等に安全ブロックのフックを掛けた。
　　　　　　　　（e）Aは右手で工具を持って昇っていた。
**不安全な管理**：（f）上司の監督者は安全ブロックの設置方法と適正な使い方を知らなかった。
　　　　　　　　（g）安全ブロックの適正な使い方の作業手順書がなく、「協力会社任せ」にしていた。

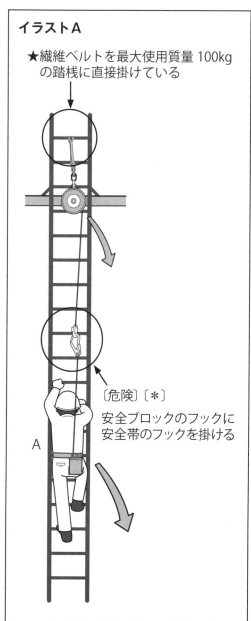

**イラストA**

★繊維ベルトを最大使用質量100kgの踏桟に直接掛けている

〔危険〕〔＊〕

安全ブロックのフックに安全帯のフックを掛ける

A

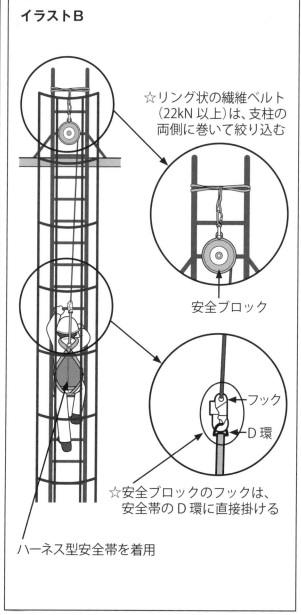

**イラストB**

☆リング状の繊維ベルト（22kN以上）は、支柱の両側に巻いて絞り込む

安全ブロック

フック

D環

☆安全ブロックのフックは、安全帯のD環に直接掛ける

ハーネス型安全帯を着用

〔＊〕安全ブロックは、急激に引っ張られたとき（約30cm以内）に停止する機能を備えていて墜落を阻止するもの。フック等を介しての墜落は加速して落ちるので、阻止できない。

■**リスク基準**（P 9〜10 参照）

①危険状態が発生する頻度は時々「2」、②ケガをする可能性が高い「4」、③災害の重篤度は致命傷「10」です。

■**リスクレベル**（P10 参照）

リスクポイントは「2＋4＋10＝16」なので、リスクレベルは「Ⅳ」となります。

## ● リスク低減措置

イラストBのような「安全な状態・行動・管理」が必要である。

**安全な状態**：（a）安全ブロックの設置は、リング状繊維ベルト（22kN以上）を固定はしご
の両側に巻いて絞り込む。

（b）高さ5m以上の固定はしごには背もたれを設置。

（c）D環のあるハーネス型安全帯を着用。

**安全な行動**：（d）作業者は安全帯のD環に、安全ブロックのフックを掛ける。

（e）「手に物を持って、はしごの昇降は禁止！」。

**安全な管理**：（f）監督者・職長は安全ブロックの正しい使い方を実技で自らが学ぶ。

（g）協力会社の意見を聞きながら、作業手順書を作成。

**■リスク基準**（P9～10参照）

（a）～（g）などの対策を実施して作業を行えば、①危険状態が発生する頻度は滅多に
ない「1」、②ケガをする可能性がある「2」、③災害の重篤度は軽傷「3」です。

**■リスクレベル**（P10参照）

リスクポイントは「1＋2＋3＝6」となりますので、リスクレベルは「Ⅱ」となります。

## ● 不適切使用の危険性と安全対策

安全ブロックは車のシートベルトと同じ構造で、次のような災害事例がある。

〔事例1〕

固定はしごの真上でなく隣接した鋼材に設置。作業者がはしごの踏桟を踏み外したとき、
ベルトが鋭い角に直接触れていたので、ベルトが切断し作業者が墜落。

**対策案**：安全ブロックは昇降設備の真上に設置し、作業者がはしごなどを昇るとき、ベルトの
損傷の有無を目視で確認。ベルトは鋭い角に当たることで、すり減り損傷する。また、
安全パトロールでも定期的にベルトの損傷の有無を確認することが必要である。

〔事例2〕

作業者が高さ30mの杭打機の最上部に設置した安全ブロックのフックに安全帯のフック等
に掛けて、固定はしごを昇っていた。高さ10mまで昇ったとき、強風で安全帯のフック等
などが揺れ、回転中のオーガーに作業者が巻き込まれた。

**対策案**：「オーガーが稼働中は固定はしごの昇降禁止！」。安全ブロックのフックは安全帯の
連結ベルトのD環に直接掛ける。（ハーネス型安全帯は墜落時、身体へのダメージが
少ない）

　ここでは、２階建て事業所（築40年で、１階は工場・２階が事務所）の外階段の出入口付近の照明の電球交換時における災害２事例をテーマとする。

### 外階段の出入口付近の状態

　階段の傾斜角は40度、内幅は130cmで、片側に高さ85cmの手すりがある。出入口の踊り場の高さは路面から4.6ｍ、側面に高さ85cmのコンクリート壁（高欄）と、背面に高さ85cmの中桟付き手すりを設置。庇下に60Ｗの蛍光管、建物側面の高さ6.5ｍに200Ｗの屋外灯がある。

## ● 急にドアが開き手すりを乗り越えて墜落

**〔災害１〕** 新入社員Ａは、上司Ｂから庇下の球切れ蛍光管の交換を命じられ、踊り場に高さ60cmの踏台を据えて交換しているとき、上司Ｂが急に扉を外側に開けたので、Ａはバランスを崩して背後の手すりを乗り越えて、5.5ｍ下の床面に頭から墜落（イラストＡ）。

**不安全な状態**：（a）出入口の扉を施錠しなかった。

　　　　　　　　（b）軽量の踏台を使用した。

　　　　　　　　（c）安全帯を掛ける場所がなかった。

　　　　　　　　（d）踊り場の手すりが高さ85cmと低かった。

**不安全な行動**：（e）新入社員Ａは保護帽・安全帯を着用していなかった。

**不安全な管理**：（f）事務職の上司Ｂは危険な高所作業との認識がなく、事業場には踊り場での蛍光管交換の作業手順書はなく、ＲＡも行っていなかった。

> **■リスク基準**（Ｐ９〜10参照）
> 　①危険状態が発生する頻度は滅多にないので「１」、②ケガをする可能性が高い「４」、③災害の重篤度は致命傷「10」です。
>
> **■リスクレベル**（P10参照）
> 　リスクポイントは「１＋４＋10＝15」なので、リスクレベルは「Ⅳ」となります。

**〔災害２〕** 保全担当社員Ｃは、３％こう配の路面から高さ6.5ｍの屋外灯の電球交換のため、全長８ｍの２連はしごをコンクリート壁の上部に掛けて電球交換をしているとき、はしごの上部がずれたのでバランスを崩して足から落ちて、低木の中に墜落（イラストＡ）。

**不安全な状態**：（g）はしごの脚部は水平でなく、上部も固定していなかった。

　　　　　　　　（h）安全帯を掛ける場所がなかった。

**不安全な行動**：（i）Ｃは保護帽・安全帯を着用していなかった。

**不安全な管理**：（j）事業場にははしご作業の作業手順書はなく、ＲＡも行っていなかった。

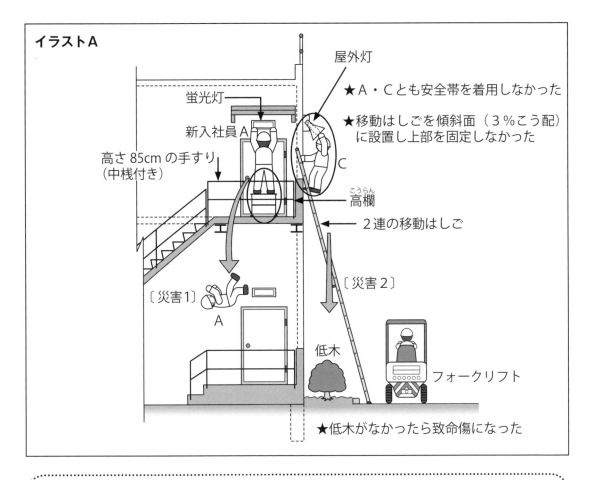

イラストA

屋外灯

★A・Cとも安全帯を着用しなかった

★移動はしごを傾斜面（3％こう配）に設置し上部を固定しなかった

蛍光灯

新入社員A

高さ85cmの手すり（中桟付き）

高欄（こうらん）

2連の移動はしご

〔災害1〕

A

〔災害2〕

低木

フォークリフト

★低木がなかったら致命傷になった

■**リスク基準**（P 9～10 参照）

①危険状態が発生する頻度は滅多にないので「1」、②ケガをする可能性が高い「4」、③低木がなければ、災害の重篤度は致命傷（脊椎損傷）「10」です。

■**リスクレベル**（P10 参照）

リスクポイントは「1＋4＋10＝15」なので、リスクレベルは「Ⅳ」となります。

## ● リスク低減措置

〔災害1〕

**安全な状態**：（a）出入口の扉は施錠し監視人を配置、（b）「3面手すり付きの作業台」を使用し固定、（c）庇の下部にリング状繊維ベルト（以下、**繊維ベルト**）を巻き、安全帯を掛ける設備を確保、（d）背面と側面に高さ1.8 mの養生枠（金網）を設置。

**安全な行動**：（e）作業者は保護帽・安全帯を着用し安全帯を使用。（※作業台から墜落し、階段を転落する危険性があるため。）

**安全な管理**：（f）高所の踊り場は危険な高所作業との認識を持ち作業手順書を作成し、リスクアセスメントを行い、高欄と踊場の手すりは鋼管などで高さ110cm 以上（成人男子の重心以上（かさ））に嵩上げを行う。

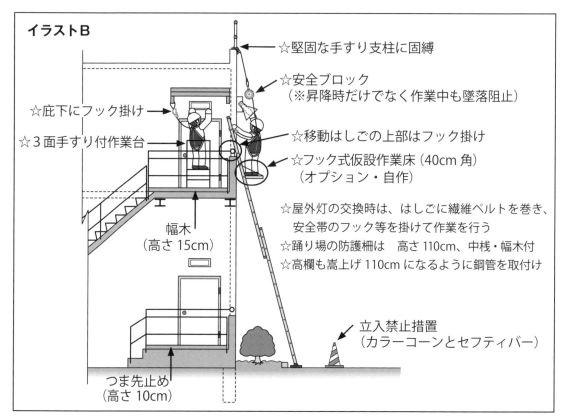

イラストB

☆堅固な手すり支柱に固縛

☆安全ブロック
（※昇降時だけでなく作業中も墜落阻止）

☆庇下にフック掛け

☆3面手すり付作業台

☆移動はしごの上部はフック掛け

☆フック式仮設作業床（40cm角）
（オプション・自作）

☆屋外灯の交換時は、はしごに繊維ベルトを巻き、
安全帯のフック等を掛けて作業を行う
☆踊り場の防護柵は　高さ110cm、中桟・幅木付
☆高欄も嵩上げ110cmになるように鋼管を取付け

幅木
（高さ15cm）

立入禁止措置
（カラーコーンとセフティバー）

つま先止め
（高さ10cm）

〔災害2〕

**安全な状態**：（g）移動はしごの脚部は敷板を水平に設置（土の場合は、メッシュ枠を設置）
し、はしごは上部にフックを付け、110cm以上に嵩上げした手すりの鋼管な
どに、はしごのフックを掛ける、（h）はしごの上部にフック式仮設作業床を設置、
（i）屋上の防護柵下部に巻いた繊維ベルトに安全ブロックを設置、また、安全帯
のフックを掛ける設備として、予めはしご上部の支柱をしぼり込むように、繊維
ベルトを巻いておく。

**安全な行動**：（j）作業者は保護帽・ハーネス型安全帯を着用し、路面上で安全帯のD環に安全
ブロックを掛けて昇降、（k）電球交換作業中は仮設作業床上に乗り、はしご上部
の繊維ベルトに安全帯のフックを掛ける〔**3点支持の原則**〕。

**安全な管理**：（l）はしご作業の作業手順書を作成し、ＲＡも行う。

■**リスク基準**（P9～10参照）
　両災害は（a）～（l）などの対策を実施して作業を行えば、①危険状態が発生する頻度は
滅多にないので「1」、②ケガをする可能性がある「2」、③災害の重篤度は軽傷「3」です。

■**リスクレベル**（P10参照）
　リスクポイントは「1＋2＋3＝6」なので、リスクレベルは「Ⅱ」となります。

　墜落災害防止の決め手は、「人が落ちない適正な設備と用具の使用」である。ハーネス型
安全帯を着用していれば、落ちても安全ブロックで直ぐ阻止できるので、災害にならない。

# 11 屋外灯の電球交換での墜落2事例

　ここでは、屋上の人感ライトの電球交換と、建物外周の屋外灯の電球交換時における災害
2事例をテーマとする。

### 建物屋上の人感ライトと建物外周の屋外灯の状態

　当事業場は海に近い埋立地の工業団地の中にあり、建物も付帯設備も40年前の創業当初の
まま。特に薄鋼板の諸設備は塩害で腐食が著しい。

〔災害1〕

　工場兼事務所の3階建ての屋上の高さは13mで、屋上に変電設備・空調設備・無線設備
などが多数ある。周囲は高さ55cmのパラペット（手すり壁）があり、壁面に長さ5.5mの
角パイプ（15cm角）を2枚の止板でボルト固定し、角パイプの上部に100Wの人感ライト
（ビーム電球）を設置している。角パイプは薄鉄板なので腐食が著しい状態だった。

〔災害2〕

　敷地境界には、トラック走路の誘導灯・防犯灯を兼ねた「高さ5mの水銀球の屋外灯」が
20基あり、大多数は低木の緑地帯の中にある。屋外灯の脚部は、鋼管は剥き出し状態で土と
雑草に覆われ、塩害と散水で腐食が著しく、半断面以上欠損していた。これらの電球交換に
ついては、経費節減のため定期的に事業場の保全担当の社員が行っている。

## ● 下部の止板が破損して路上に

〔災害1〕

　屋上の人感ライトの電球交換のため、保全担当者Aは「全長4.2mの伸縮はしご」を角
パイプに立て掛けた。Aは伸縮はしごの踏桟上で、ビーム電球を外していたとき下部の止板が
破損し、Aは高さ3mの踏桟上でバランスを崩してパラペットを乗り越え16m下の路上に
墜落した（イラストA）。

**不安全な状態**：（a）角パイプ固定の止板は塩害で著しく錆びていた。

　　　　　　　　（b）伸縮はしごの踏桟を角パイプに直接掛けた。

　　　　　　　　（c）安全帯を安全に掛ける設備がなかった。

**不安全な行動**：（d）Aは保護帽・安全帯を着用していなかった。

**不安全な管理**：（e）角パイプの脚部は、定期点検の対象外だった。

　　　　　　　　（f）Aの上司Cは、屋上の人感ライトの球交換は危険な高所作業との認識が
　　　　　　　　　　なく、当事業場には屋外灯の電球交換の作業手順書はなく、RAも行って
　　　　　　　　　　いなかった。

■**リスク基準**（P 9〜10 参照）

　①危険状態が発生する頻度は滅多にないので「1」、②ケガをする可能性がある「2」、③災害の重篤度は致命傷「10」です。

■**リスクレベル**（P10 参照）

　リスクポイントは「1 + 2 + 10 = 13」なので、リスクレベルは「Ⅳ」となります。

〔災害2〕

　保全担当者Bは、屋外灯の水銀球交換のため、全長 4.6 m の 2 連はしごを屋外灯の鋼管に直接立て掛け、高さ 3.6 m の踏桟上で水銀球の交換を行っていたとき、鋼管が折れたのでAはバランスを崩してトラック走路に墜落し、走行中のトラックに轢かれた（イラストA）。

**不安全な状態**：(g) 鋼管の脚部は土と草木で覆われ、塩害と散水で断面の半分以上欠損していた、(h) 2 連はしごの踏桟を屋外灯の鋼管に直接掛けた、(i) 安全帯を安全に掛ける設備等がなかった。

**不安全な行動**：(j) Aは保護帽・安全帯は着用していなかった。

**不安全な管理**：(k) 屋外灯の鋼管脚部は、定期点検の対象外で全く点検していなかった、(l) 災害1の(f)と同様だった、(m) 他の屋外灯の半数以上は腐食が著しかった。

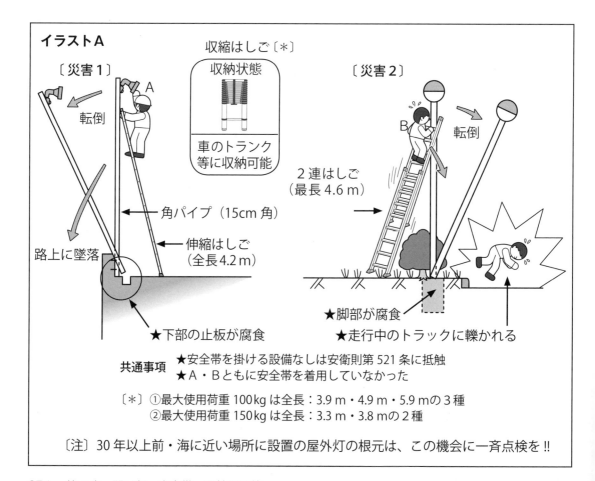

**イラストA**

収縮はしご〔＊〕

収納状態

車のトランク等に収納可能

〔災害1〕

転倒

A

路上に墜落

角パイプ（15cm 角）

伸縮はしご（全長 4.2 m）

★下部の止板が腐食

〔災害2〕

B

転倒

2 連はしご（最長 4.6 m）

★脚部が腐食

★走行中のトラックに轢かれる

**共通事項**　★安全帯を掛ける設備なしは安衛則第 521 条に抵触
　　　　　　★A・Bともに安全帯を着用していなかった

〔＊〕①最大使用荷重 100 kg は全長：3.9 m・4.9 m・5.9 m の 3 種
　　　②最大使用荷重 150 kg は全長：3.3 m・3.8 m の 2 種

〔注〕30 年以上前・海に近い場所に設置の屋外灯の根元は、この機会に一斉点検を!!

■**リスク基準**（P 9〜10 参照）

　①危険状態が発生する頻度は滅多にないので「1」、②ケガをする可能性がある「2」、③災害の重篤度は致命傷「10」です。

■**リスクレベル**（P10 参照）

　リスクポイントは「1＋2＋10＝13」なので、リスクレベルは「Ⅳ」となります。

## ● リスク低減措置

イラストBのような「安全な状態・行動・管理」が必要である。

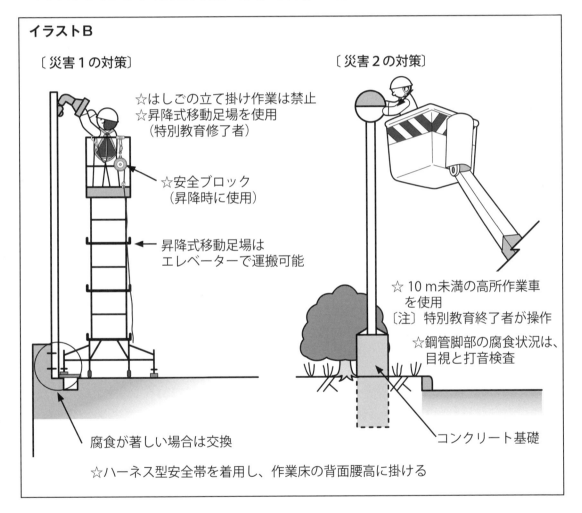

**イラストB**

〔災害1の対策〕

☆はしごの立て掛け作業は禁止
☆昇降式移動足場を使用
　（特別教育修了者）

☆安全ブロック
　（昇降時に使用）

昇降式移動足場は
エレベーターで運搬可能

腐食が著しい場合は交換

☆ハーネス型安全帯を着用し、作業床の背面腰高に掛ける

〔災害2の対策〕

☆10 m未満の高所作業車
　を使用
〔注〕特別教育終了者が操作

☆鋼管脚部の腐食状況は、
　目視と打音検査

コンクリート基礎

〔災害1〕

**安全な状態**：（a）作業開始前に目視と打音検査で確認し、腐食が著しい場合は止板の交換と
　　　　　　　　門型支柱などで補強。

　　　　　　　（b）「移動はしごの立て掛け作業」は禁止とし、昇降式移動足場（以下、**移動足場**）
　　　　　　　　を使用。

　　　　　　　(c) 安全帯のフックは、移動足場の手すりに掛ける。

**安全な行動**：(d) 保護帽・安全帯を着用し、移動足場の昇降、作業床内では安全帯を常時使用〔予め手すりに安全ブロックを設置〕。なお、移動足場の組立・解体は足場なので「特別教育修了者」が行う。

**安全な管理**：(e) 人感ライトの角パイプ等の腐食状況も半年ごとの点検対象とする。

　　　　　　　(f) 人感ライトの電球交換なども作業手順書を作成し、ＲＡも行う。

〔**注　意**〕昇降式移動足場は、足場なので「特別教育修了者」が組立てを行う。

〔**災害2**〕

**安全な状態**：(g) 外灯の鋼管は亜鉛メッキしたものとし、また、緑地帯の中はコンクリート基礎とし、基礎にボルト止めを行う。

　　　　　　　(h) 高所作業車を使用して、適正な作業方法（アウトリガは全幅張出し、旋回面は水平に設置）で行う。

　　　　　　　(i) 作業床の背面に安全帯のフック掛けを確保。

**安全な行動**：(j) 作業床内の作業では、保護帽を着用、安全帯は必ず着用し使用する。

**安全な管理**：(k) 鋼管脚部の腐食状況も半年ごとの点検（目視と打音検査）の対象とする。

　　　　　　　(l) 屋外灯の電球交換も作業手順書を作成し、リスクアセスメントも行う。

　　　　　　　(m) 屋外灯の根元は、コンクリート基礎上にボルト止を推奨。

〔**注　意**〕作業床の高さ10m未満の高所作業車の操作は、特別教育修了者、または技能講習修了者が行う。

■**リスク基準**（P9～10参照）

　両災害は（a）～（m）などの対策を実施して作業を行えば、①危険状態が発生する頻度は滅多にない「1」、②ケガをする可能性がある「2」、③災害の重篤度は軽傷「3」です。

■**リスクレベル**（P10参照）

　リスクポイントは「1＋2＋3＝6」なので、リスクレベルは「Ⅱ」となります。

「はしごは3点支持の動作で昇降する用具」である。「踏桟上で両手を使う作業」は禁止、両手を使う作業は、移動足場・高所作業車などの安定した作業床のある機械の使用と、ハーネス型安全帯を使用。

# 第8章
## 階段・移動はしご・作業台等

# 1 L型階段からの転落災害

ここでは、公私共に身近な「L型階段からの転落」をテーマとする。

## 階段の定義等

階段は「段になった昇降用の設備（上下階への移動手段）」で、最も一般的な「階段のこう配は30度～35度」。なお、「転落とは、こう配40度未満の斜面上を落ちる」ことで、転落の主な原因は「滑って・自分の動作の反動で・踏み外して・つまずいて」の不安全行動である。

〔階段の寸法等〕階段の名称と寸法は、建築基準法施行令第23条に示されている。図1は「昇降しやすい階段」、図2は「段鼻につま先が掛からない急な階段」。階段を「降りるときは片足に体重の3倍、昇るときは体重の2倍」の衝撃が掛かると言われている。なお、昇降設備の定義と傾斜角範囲は、「P285：マメ知識」に記載。

## 建築物の階段の種類

主に「(a) 直階段、(b) L型階段、(c) U型階段、(d) 曲線階段、(e) らせん階段、(f) 特殊階段〔箱階段・移動する階段等〕、(g) 外部階段」がある。(a) **直階段**：2つのレベルをつなぐ、最も基本的で単純な直進形式の階段。階高の高いレベルをつなぐ直階段は、途中に踊り場を設け、墜落防止・恐怖感・疲労感などに対する配慮を行う。(b) **L型階段**：踊り場によって昇り口と降り口を、一般的に90度変形させる形式で、L型の外側を壁に沿わせ、内側を手すりとして吹き抜け面にする扱いが多い。但し、木造家屋の場合、内側も壁が多い。(c) **U型階段**：昇り始めの方向と反対向きに昇り切る形の階段で、途中に踊り場を設ける扱いが一般的。(d) **曲線階段**：中心部と外周部で平面的に半径が異なることから、踊り場・段床・段裏・手すりなどを含めて、立体的な形態と構造的な扱いに、特に配慮する必要がある。(e) **らせん階段**：支柱を中心としてそのまわりを回る形式のものと、円形の吹き抜けを中心として、円弧を描いて回る形式のものとがある。

前者の形式〔＊1〕は、階段自体の占める面積が比較的小さくてすむため、住宅規模の建物に用いられることが多い。後者の形式〔＊2〕は、比較的大きな規模の階段に用いられ円弧が大きくなる場合が多い。従ってこう配も緩やかになり、安全でゆったりとした昇降が可能。(f) **特殊階段**：箱階段は階段を収納家具化した装置として、階段下のスペースを有効に生かす方法。移動する階段は通常の幅を左右二分し、それぞれに踏面を確保して、階段の面積を少なくする形式。

〔＊1〕らせん階段は溶接が多いので、製缶工場で完成品まで製造（中低床トレーラーで運搬可能な幅2.49m・長さ9m）が多い。らせん階段は屋外の避難階段が多いが、令和元年6月の「**京アニ放火殺人事件**」の建物は、「屋内に吹き抜けのらせん階段（隣接してU型階段）」を設置していたので、「両階段が煙突となり火炎が一気に3階まで拡大」した。らせん階段の「転落事故で懲りた事業場」と、「高速道路の避難階段」は、屋外設置が多い。

〔＊2〕大規模な美術館・ホテル・ショッピングセンターなどに多い。

## イラストA

【5悪の状態のL型階段】
①L型部の「外側と内側の踏面の奥行きの幅」が違う ②踏面が暗い
③段鼻に滑り止めなし ④手すりなし ⑤踏面に鉢物を置いている

★潤いのある職場環境?
（階段の踏面に鉢物を置く）

サボテン

鉢植え

鉢物

パレット荷は
シュリンク巻き

激突

★段ボール箱を抱え、L型階段の内側を降りている
（足元が見えず、つま先が段鼻に掛からない）

1.25 t のリーチフォーク
（全幅99cm・全長199cm）

★作業者の転落を目撃し、
急ブレーキで停車

### 図1　昇降しやすい階段

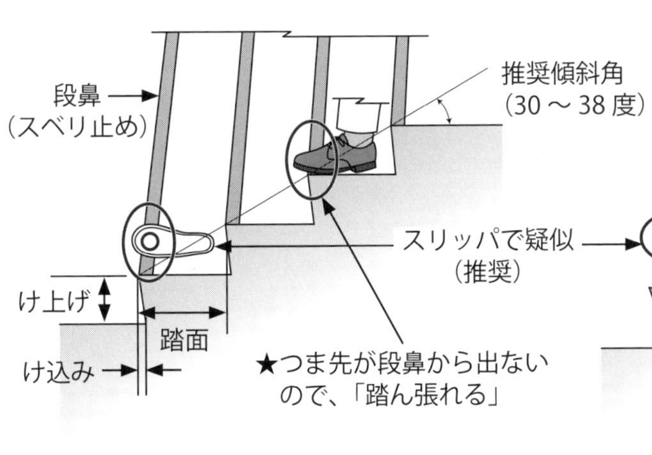

段鼻
（スベリ止め）

推奨傾斜角
（30〜38度）

スリッパで疑似
（推奨）

け上げ

踏面

け込み

★つま先が段鼻から出ない
ので、「踏ん張れる」

### 図2　段鼻につま先が掛からない急な階段

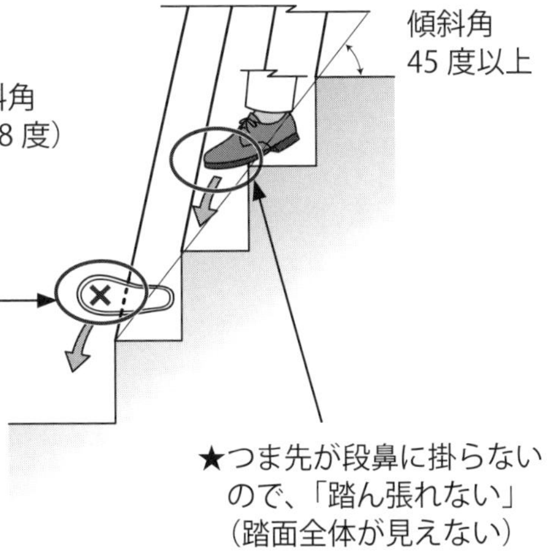

傾斜角
45度以上

★つま先が段鼻に掛からない
ので、「踏ん張れない」
（踏面全体が見えない）

279

## ●L型階段で紙箱を抱えながら転落し、リーチフォークリフトの側面に激突

〔略字〕リーチフォークリフトは「リーチ Fo」、ダンボール箱は「紙箱」と略。

〔L型階段周囲の状況〕築 30 年の工場は、1 階が製造工場・2 階が事務所・3 階は倉庫。

　　工場内の昇降設備は、エレベーターと L 型階段（傾斜角 30 度・幅 2 m）。階段の下は歩行者通路と小型リーチ Fo が走行。

〔災害発生〕新入社員 B は上司 A の命を受け、2 階の事務所から 1 階の工場の職長 C に、紙箱 2 つを渡すように言われた。B は両手に紙箱 2 つを抱えて、階段の内側を降りているとき、段鼻を踏み外して転落し、「鉢物と共に床面まで落ち」て急停車したリーチ Fo 側面に激突。（リーチ Fo の前方に転落したら、B が轢かれる危険性もあった）

**不安全な状態**：(a) 階段は緩傾斜なので、操業当初から「階段に手すり」はなかった〔＊3〕、(b) 階段の段鼻に識別しやすい「黄色のスベリ止め」はなかった、(c) L 型階段の踏面の照度は 50 ～ 75 lx と暗かった、(d) L 型階段下の「通路横に防護柵」がなかった。

　　〔＊3〕一昔前までの日本は、「階段に手すりなし」の文化だった。（★名城の天守閣への急な階段、神社の階段は手すりなしが多かった。現在は外国人観光客のため階段の両側に手すりを設置！）。

**不安全な行動**：(e) 新入社員 A は、「両手に紙箱 2 つを抱え」て階段を降りていた、(f) 新入社員 A は、近道行為で「L 型階段の内側」を降りようとした。

**不安全な管理**：(g) 新入社員 A の上司は、事務所から工場へ紙箱の運搬方法を、具体的に言わなかった、(h) 当事業場では、従業員に L 型階段の危険性など、基本作業の安全教育は行っていなかった（★「階段は注意して昇降」のみ！）。

---

**■リスク基準**（P 9 ～ 10 参照）

　①危険状態が発生する頻度は時々「2」、ケガをする可能性が高い「4」、③災害の重篤度は致命傷「6」です。

**■リスクレベル**（P10 参照）

　リスクポイントは「2＋4＋6＝12」なので、リスクレベルは「Ⅳ」となります。

---

## ● リスク低減措置

　イラスト B のような「安全な状態・行動・管理」が必要である。

**安全な状態**：(a)「階段の両側に手すりを設置」し、かつ、手すりの上部に、「おつかまりください」のシールを貼り周知、(b)「階段の段鼻に黄色〔＊4〕のスベリ止め」を貼る、(c) 階段の踏面照度は、150 ～ 200 lx を確保（人感式を推奨）、(d)「曲折部に防護柵」、かつ、L 型階段の下に「差し込み式防護柵」を設置。

　　〔＊4〕黄色は、人間が最も識別しやすい色で「注意を喚起」する色。

**安全な行動**：(e) 何人も「両手に紙箱を抱えて、階段を昇降は禁止」、(f) 何人も「L型階段の内側の昇降は禁止」（☆応急的に曲折部に防護柵を設置までは、危険場所を警告する「赤／黄」の安全 Ma を貼る）。

**安全な管理**：(g) 上司は事務所から工場への紙箱の運搬方法を、「台車上の荷は、荷締めベルトで固定して運搬」と具体的に説明（近年、外国人の就労者が多いので、「イラストに母国語で掲示」を推奨）、(h) 全従業員に「L型階段の危険性」など、安全教育も行う（☆「なぜ危険か」「そしてどうするか！」を教える）。

**■リスク基準**（P 9～10 参照）

　(a) ～ (h) などの対策を実施して作業を行えば、①危険状態が発生する頻度は滅多にない「1」、②ケガをする可能性がある「2」、③災害の重篤度は軽傷「3」です。

**■リスクレベル**（P10 参照）

　リスクポイントは「1＋2＋3＝6」なので、リスクレベルは「Ⅱ」となります。

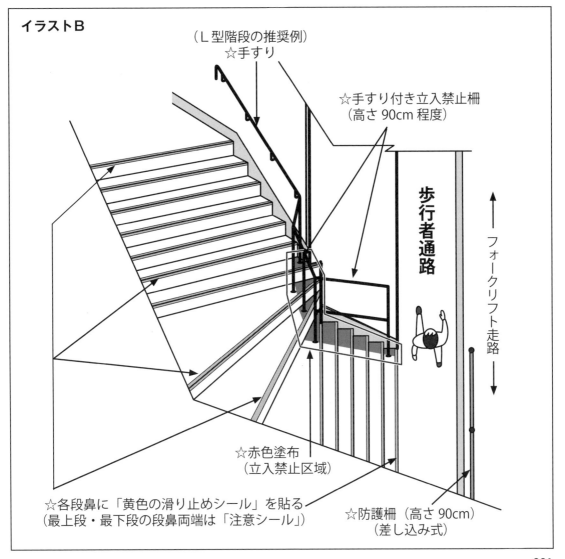

**イラストB**

（L型階段の推奨例）
☆手すり

☆手すり付き立入禁止柵
（高さ 90cm 程度）

歩行者通路

フォークリフト走路

☆赤色塗布
（立入禁止区域）

☆各段鼻に「黄色の滑り止めシール」を貼る
（最上段・最下段の段鼻両端は「注意シール」）

☆防護柵（高さ 90cm）
（差し込み式）

# 2 階段と階段周辺での災害5事例

ここでは、不安全な状態の階段と階段周辺での複数の災害をテーマとする。

## ● H鋼の角に頭部をぶつけ裂傷

### 階段等の設置状況

　イラストAに示すとおり、新設のこの階段は、製造棟内の2階会議室への鋼製の昇降設備で、内幅は150cm、傾斜角は45度、中間に踊り場がある。高さ90cmの柵を兼ねた手すりは、通路側のみ上下階段と踊り場にあるが、中桟1段のみで幅木はなく、中間の踊り場受けのH鋼は床面から高さ180cmで防護クッションはない。階段受けのコンクリート基礎は20cm程度通路側に突起し、階段横は頻繁にリーチフォークリフトが走行してるが、フォーク走路の床表示ラインはなかった。なお、照度は100 lx程度。このような状態で発生した災害を挙げる。

〔災害1〕身長185cmの安全担当者Aが職場巡視中、踊り場受けのH鋼の角に作業帽着用のAの頭が激突し、頭部に裂傷を負った。

〔災害2〕Bは2階会議室に行くため階段を昇り、扉を開けようとしたとき会議室の中から出る人が急に扉を開けたので、Bは踊り場の中桟下からすり抜けて床面に墜落。

〔災害3〕Cは2階会議室での打合せの後、両手にダンボールを抱えて降りているとき、足元が滑って床面まで墜落。（※安衛則第518条の解釈例規で、傾斜角が40度以上の斜面を転落することは墜落に含まれる。）

〔災害4〕積荷状態のリーチフォークが階段の近くを走行し、運転者Dは身を乗り出して操作していたので、上半身が階段下の梁（階段受材）に激突した。

〔災害5〕積荷状態のリーチフォークが階段の近くを走行したので、階段から急ぎ足で降りてきた従業員Eが、コンクリート基礎の所でフォークに激突。

**不安全な状態**：〔災害1〕（a）H鋼の角はクッションなどで防護していなかった。

　　　　　　　　　　（b）照度は100 lx程度で、歩行者通路の床表示がなかった。

　　　　　　〔災害2〕（c）出入口の踊り場の手すり下部に幅木がなかった。

　　　　　　　　　　（d）会議室の扉は狭い踊り場側への外開きの押し扉で、窓ガラスでなかった。

　　　　　　〔災害3〕（e）当工場では、従業員はいつも両手にダンボールを抱えて降りていた。

　　　　　　〔災害4〕（f）フォークリフトの積荷が目線より高く、また階段の横にフォーク走行の防護柵がなかった。

　　　　　　〔災害5〕（g）階段の横にフォーク走行の床表示ラインがなく、フォークの「近道行為」でいつも階段の真横を走行していた。

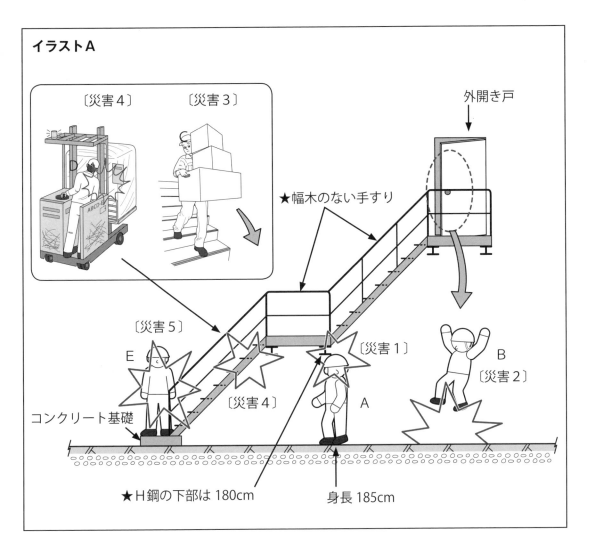

**イラストA**

〔災害4〕　〔災害3〕

外開き戸

★幅木のない手すり

〔災害5〕

〔災害1〕

E

B

〔災害2〕

A

〔災害4〕

コンクリート基礎

★H鋼の下部は180cm

身長185cm

**不安全な行動**：〔災害1〕（h）Aは職場巡視のとき、作業帽を着用していた。

　　　　　　　〔災害2〕（i）Bは踊り場の中央にいた。

　　　　　　　〔災害3〕（j）Cはいつも両手にダンボールを抱えて降りていた。

　　　　　　　〔災害4〕（k）操作が未熟のリーチフォークの運転者Dは走路のみを注視して
　　　　　　　　　　　　　走行。

　　　　　　　〔災害5〕（l）Eはフォーク走路の安全確認をしなかった。

**不安全な管理**：〔災害1〜災害5〕（m）リーチフォークの作業は協力会社任せで、当事業場の
　　　　　　　「フォークリフトの作業計画も作業手順書」もなかった。

■**リスク基準**（P9〜10参照）

　①危険状態が発生する頻度は時々「2」、②ケガをする可能性が高い「4」、
③災害の重篤度は致命傷「10」（災害1・災害3は重傷なので「6」）です。

■**リスクレベル**（P10参照）

　リスクポイントは「2＋4＋10＝16」なので、リスクレベルは「Ⅳ」となります。

## ● リスク低減措置

イラストBのような「安全な状態・行動・管理」が必要である。

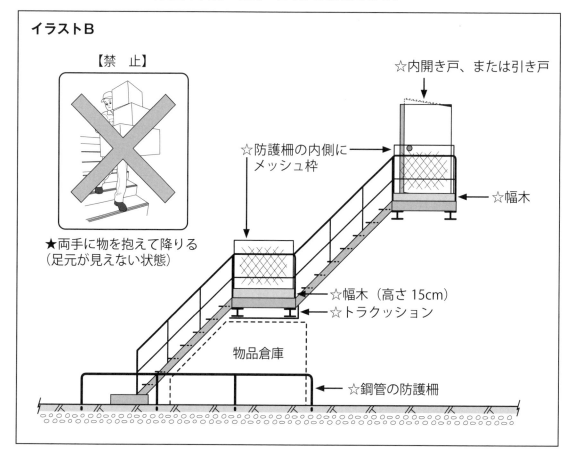

**イラストB**

【禁　止】

★両手に物を抱えて降りる
（足元が見えない状態）

☆内開き戸、または引き戸

☆防護柵の内側に
メッシュ枠

☆幅木

☆幅木（高さ 15cm）

☆トラクッション

物品倉庫

☆鋼管の防護柵

**安全な状態**：（a）Ｈ鋼の角に蛍光性のトラクッションで防護、（b）階段周辺の照度は 200 lx
程度とし、階段から1mの位置に高さ90cmの防護柵を設置、階段のコンクリート
基礎から中間の踊り場まで、（c）出入口と中間の踊り場の防護柵内側に、高さ
15cm 以上の幅木を設置、できれば、メッシュ枠で防護、（d）出入口の踊り場
は狭いので、引き戸と交換、（e）傾斜角 40 度以上の急な階段なので、壁側にも
手すりを設置し、「両手に物を抱えて降りるは禁止」、（f）防護柵の設置は、
リーチフォークには「肘受け（P78 参照）を設置」し、フォークの積荷は目線
以下で運搬の指導、（g）フォーク走行のラインは防護柵の真横に床表示。

**安全な行動**：〔災害１〕（h）保護帽着用を周知徹底、〔災害２〕（i）踊り場からの入場者は
ドアをノックしてから入場、〔災害３〕（j）階段の昇降時は「物を抱えては禁止」、
〔災害４〕（k）前方が見えない積荷状態ではバック走行、また身を乗り出しての
前進走行は禁止、〔災害５〕（l）階段下のコンクリート基礎上では「一旦停止し
左右の安全確認」を行う。

**安全な管理**：〔災害１〜災害５〕（m）①各作業のリスクアセスメント（以下、RA）を行い、
優先順位を付けて設備対策を行う（リスクの高いものは、まず応急措置を行い、

現場の意見を聴き、恒久対策を行う）、②各災害には複数の、不安全な行動が
あるので、教育で周知する（リスクの高い作業は、「イラストに貼付け文字」で
表示し教育）。

■**リスク基準**（P 9 〜 10 参照）

　（a）〜（m）などの対策を実施して作業を行えば、①危険状態が発生する頻度は滅多に
ない「1」、②ケガをする可能性がある「2」、③災害の重篤度は軽傷「3」です。

■**リスクレベル**（P10 参照）

　リスクポイントは「1＋2＋3＝6」なので、リスクレベルは「Ⅱ」となります。

🎓 マメ知識

　昇降設備の定義は、ＩＳＯに準拠したＪＩＳ規格によると、「階段の傾斜角は 20 度を
超え 45 度以下、**推奨値は 30 度を超え 38 度未満**」、それより急傾斜の段はしごは 45 度
を超え 75 度以下、はしごは 75 度を超え 90 度以下です。公共の建物・事務所棟の傾斜角は、
建築基準法の対象なので、階段の推奨値がほとんどですが、工場の階段は 40 度以上 45 度
未満が多く、設備機械の周辺の昇降設備は、45 度以上の急傾斜の段はしご（Stepladder）
と、はしご（Ladder）が多数で、昇降面の傾斜角がほぼ 60 度の作業台を昇降設備として
設置している場合も多々あります。なお、建築物の階段の種類は、P278 に記載。

### 図　種々の昇降設備の傾斜角範囲

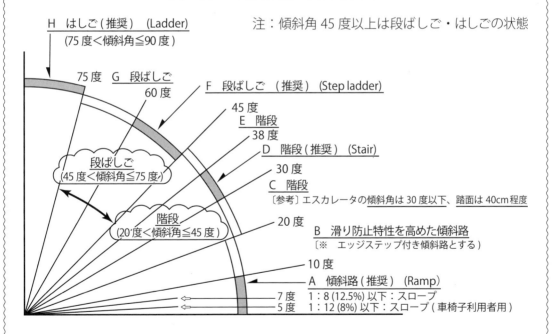

出展： JIS B9713 等を参考に作成

〔参考〕国際パラリンピック委員会（ＩＰＣ）のガイドラインでは、「スロープのこう配（高さ 30cm 以上）は、
　　　　現行基準 4.7 度」ですが、2.8 〜 4度に改正検討をしています。

# 3 階段で作業台使用による災害

階段やエスカレーター、急なスロープなどでは壁面の窓の清掃、壁面への掲示板の新設、壁面の照明器具の交換、階段天井部の蛍光管などの交換、壁面・天井の保守など多くの作業がある。傾斜した階段などは平らな床面とは違い、作業台などを無防護で使用すると、「作業台から墜落して、階段を転落」する危険性がある。

ここでは階段の壁面にある掲示物の張替えをテーマとする。

## ● 地震が発生しバランス崩す

階段の傾斜角は30度、形状が踏面29cm（け込み5cm）・け上げ17cmで、階段の両側に堅固な手すりがあり、上と下の踊り場の高低差は約3mである。食堂前の階段なので壁面を有効利用するために、壁面には複数の掲示物があった。

災害の当日は、壁面にある掲示物の張替えのため、階段用作業台を設置した。当作業台の仕様は作業床（長さ110cm・昇降面50cm・高さは上段主脚部62〜82cm・下段主脚部151〜191cm）、許容荷重1470N（150kgf）、質量18kg。

保全担当者2人は昼食時間前に一部の掲示物の張替えを命じられ、責任者Aが監視人となり、作業者Bは上段主脚側から作業台に乗り、Aから掲示物を受け取って下段主脚側で張替えを行っていた。

この時、偶然にも地震が起き作業台が揺れて、Bはバランスを崩して作業床から1.9m墜落し、さらに下の踊り場まで転げ落ちた。

この災害には、次のような要因が考えられる。

**不安全な状態**：（a）階段用作業台の安定性が悪かった。

（b）墜落制止用器具（以下、**安全帯**）を掛ける場所がなかった。

**不安全な行動**：（c）被災者Bは安全帯を着用していなかった。

**不安全な管理**：（d）監督者は、高所作業になるとの認識がなかった。

---

**■リスク基準**（P9〜10参照）

①危険状態が発生する頻度は時々「2」、②ケガをする可能性が高い「4」、③災害の重篤度は重傷「6」です。

**■リスクレベル**（P10参照）

リスクポイントは「2＋4＋6＝12」なので、リスクレベルは「Ⅳ」となります。

---

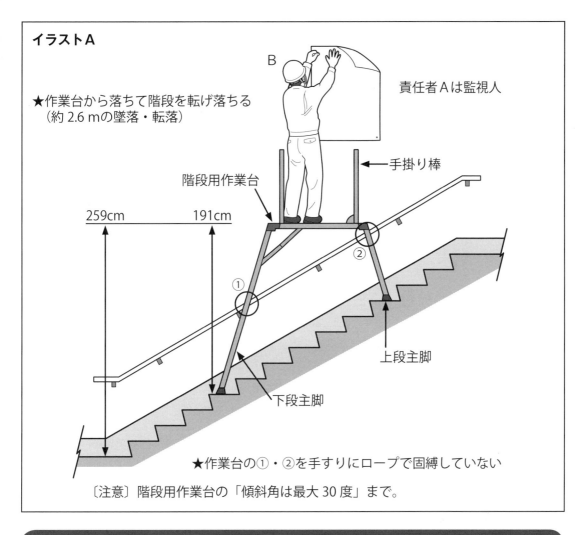

イラストA

★作業台から落ちて階段を転げ落ちる
　（約 2.6 mの墜落・転落）

B

責任者Aは監視人

手掛り棒

階段用作業台

259cm　　　191cm

①

②

上段主脚

下段主脚

★作業台の①・②を手すりにロープで固縛していない

〔注意〕階段用作業台の「傾斜角は最大 30 度」まで。

## ● リスク低減措置

　イラストBのような「安全な状態・行動・管理」が必要である。

**安全な状態**：（a）補助手すりを設置し、階段の手すりに上段・下段の主脚をロープで固縛、
　　　　　　　　（b）上段の壁面側の主脚に長さ 2.5 mの単管パイプをクランプで垂直に固定。

**安全な行動**：（c）作業者はハーネス型安全帯を着用し、単管パイプの単管用クランプに安全
　　　　　　　　帯を掛ける。

**安全な管理**：（d）関係者は高所作業に準ずるとの認識を持ち、作業手順書を作成し、ＲＡを行い、
　　　　　　　　作業開始前のＫＹ活動でフォローする。

### ■リスク基準（P 9〜10 参照）

　（a）〜（d）などの対策を実施して作業を行えば、①危険状態が発生する頻度は滅多に
ない「1」、②ケガをする可能性がある「2」、③災害の重篤度は軽傷「3」です。

### ■リスクレベル（P10 参照）

　リスクポイントは「1＋2＋3＝6」なので、リスクレベルは「Ⅱ」となります。

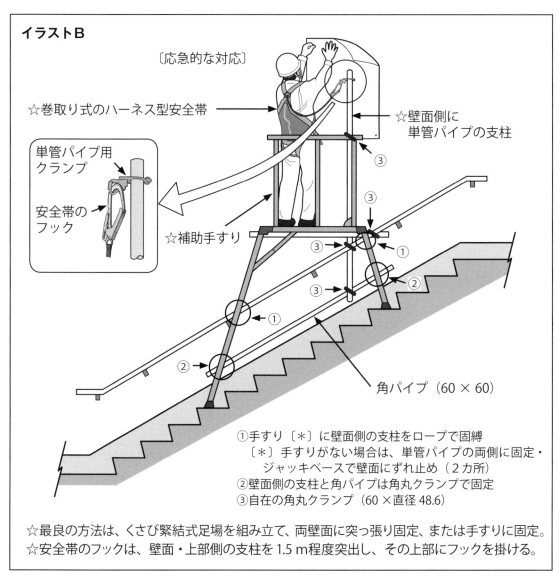

**イラストB**

〔応急的な対応〕

☆巻取り式のハーネス型安全帯

単管パイプ用クランプ

安全帯のフック

☆壁面側に単管パイプの支柱

③

③

③

③

☆補助手すり

①

②

①

②

角パイプ（60 × 60）

①手すり〔＊〕に壁面側の支柱をロープで固縛
〔＊〕手すりがない場合は、単管パイプの両側に固定・ジャッキベースで壁面にずれ止め（2 カ所）
②壁面側の支柱と角パイプは角丸クランプで固定
③自在の角丸クランプ（60 ×直径 48.6）

☆最良の方法は、くさび緊結式足場を組み立て、両壁面に突っ張り固定、または手すりに固定。
☆安全帯のフックは、壁面・上部側の支柱を 1.5 m 程度突出し、その上部にフックを掛ける。

　階段昇降の安全の基本は「手すりを持って」であり、最低片側だけでも設置し、「降りる時は必ず手すりを持つ」である。

🎓 マメ知識

　日本の建物の階段に「なぜ手すりがない場所」が多いか？日本の建物は昭和中期までは木造建築が主流〔＊〕で、それに比べ欧米の先進国は昔からコンクリートの建物が中心でした。木造建築物は階層が少ないので階段が少なく、「階段の昇降は注意」と促す程度でした。これに対してコンクリート建築物は、地下室のある複数階なので両側に手すりがあり「階段は手すりを持って」と具体的な内容を示しています。昭和の時代までの建築物には階段に手すりがない建物が多かったようです。ただし最近は「公共施設・駅・飛行場の階段の両側に手すり〔2 段（手すりは高さ 85cm・中桟は 65cm)〕」が多くなっています。
〔＊〕日本は山国で、樹木が育つ地質なので昔から植林を行い、寺・神社・城・住居は木造。

# 4 踊り場上での専用脚立使用の災害

　ここでは、階段の踊り場上に天板の高さ2.9mの専用（長尺）脚立を据え、照明器具の交換作業中に専用脚立から踊り場上に墜落、階段を転落した災害事例をテーマとする。

**踊り場と照明器具の状態**

　当製造棟は築40年の平屋建で天井の高さは10mである。20年前工場内に職場事務所として、高さ6.8mの構台上にユニットハウスを設置、下部は機械加工場に改築した。その折り、工場内の全体照明は水銀灯だったが、踊り場上は蛍光灯の照明器具を2列につりボルトで90cmつり下げた状態（保全作業は考慮せず）にした。今回、腐食した照明器具をLEDの照明器具（マメ知識参照）に交換することにした。

　踊り場の近くは大型機械が設置されており、トラック式高所作業車などは設置できない職場環境なので、仕方なく踊り場上に専用脚立を設置して作業を行った。

　階段は折り返し階段（傾斜角は35度、内幅100cm）で、高さ5mに5m²（2.5m×2m）の踊り場があり、踊り場の手すりは高さ90cm、階段の手すりは高さ85cmで両側にある。

## 🎓 マメ知識

　「発光ダイオード（LED〔＊1〕）は電気を流すと、電気信号を光信号に変え、光を発する半導体。「低電力で視認性が良好の発光が得られる・白熱灯や蛍光灯に比べて長寿命」という特徴があるので、LED照明器具が主力となりつつある〔＊2〕。ただし、直視すると光が強い場合は眩しい。

〔＊1〕Light（光る）Emitting（出す）Diode（ダイオード）の3つの頭文字
〔＊2〕照明器具・信号機・車載・植物育成・医療など様々な分野での展開が期待されている。

## ● 照明器具の交換中に墜落

　保全社員A・Bは、支柱長3.0m（天板の高さ2.87m・質量13kg・昇降面の設置幅84cm・奥行200cm）の専用脚立（以下、**脚立**）を踊り場の中央に設置（イラストA）。

　Bは監視人となり現場事務所前にいて、Aは脚立の天板（P52：マメ知識）から3段目の踏桟に乗り、幅1mの照明器具の交換を行っていた。Aは身を乗り出していたので脚立上部がずれて、Aはバランスを崩し踊り場上に墜落、そのまま階段を転落し、5m下のコンクリート床面に激突。〔2.3m墜落して5m転落。〕

**不安全な状態**：（a）踊り場に脚立を設置し、手すりに脚立の脚部と中間を固定しなかった、
　　　　　　　　（b）つりボルトに全ネジクランプ（安全帯取付け金具）を付けなかった。

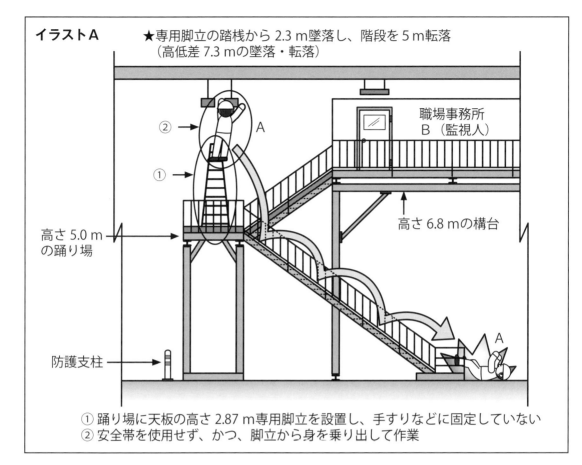

**イラストA** ★専用脚立の踏桟から 2.3 m墜落し、階段を 5 m転落
（高低差 7.3 mの墜落・転落）

職場事務所
B（監視人）

高さ 6.8 mの構台

高さ 5.0 m
の踊り場

防護支柱

① 踊り場に天板の高さ 2.87 m専用脚立を設置し、手すりなどに固定していない
② 安全帯を使用せず、かつ、脚立から身を乗り出して作業

**不安全な行動**：(c) Aは保護帽は着用していたが、安全帯は着用せず、かつ、脚立から身を
乗り出して作業をしていた。

**不安全な管理**：(d) 保全作業担当の上司Cは、「踊り場上は危険な高所作業との認識がなく」、
安全帯の取付け方法も知らなかった、(e) 当事業場には、高所の保全作業の
作業手順書はなく、担当者任せだった、(f) 作業開始前のRA・KY活動も行って
いなかった。

**■リスク基準**（P 9～10 参照）
　①照明器具の交換は滅多にないので「1」、②ケガをする可能性が高い「4」、
③災害の重篤度は致命傷「10」です。

**■リスクレベル**（P10 参照）
　リスクポイントは「1＋4＋10＝15」なので、リスクレベルは「Ⅳ」となります。

● **リスク低減措置**

　イラストBのような「安全な状態・行動・管理」が必要である。

**安全な状態**：(a) 踊り場の両側にわく組足場を組み、昇降設備はアルミ階段を設置、足場間
に梁枠の作業床（鋼製布板、両端に単管パイプで手すり、鋼製足場板で幅木）を

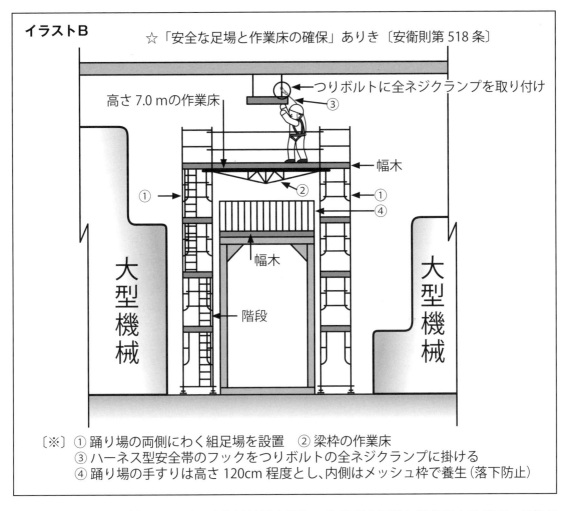

**イラストB**

☆「安全な足場と作業床の確保」ありき〔安衛則第518条〕

つりボルトに全ネジクランプを取り付け ③

高さ 7.0 mの作業床

幅木

① ④

② ①

幅木

階段

大型機械

大型機械

〔※〕① 踊り場の両側にわく組足場を設置　② 梁枠の作業床
　　　③ ハーネス型安全帯のフックをつりボルトの全ネジクランプに掛ける
　　　④ 踊り場の手すりは高さ120cm程度とし、内側はメッシュ枠で養生（落下防止）

設置（☆照明器具の交換は時間を要し、歩行者の通路も確保できるので、足場の設置は不可欠）、（b）つりボルトに全ネジクランプを付ける。

**安全な行動**：（c）ハーネス型安全帯を着用し、全ネジクランプに安全帯のフックを掛ける。

**安全な管理**：（d）事業者は、踊り場上は危険な高所作業との認識を持ち、**「長時間作業は足場の設置」**を行い、かつ、安全帯を常時使用の方法を教える、（e）保全担当者を交え、高所の保全作業の作業手順書を作成、（f）事前に保全作業のRAを行い、KY活動で残存リスクをフォロー。

**■リスク基準**（P 9～10 参照）

　（a）～（f）などの対策を実施して作業を行えば、①危険状態が発生する頻度は滅多にない「1」、②ケガをする可能性がある「2」、③災害の重篤度は軽傷「3」です。

**■リスクレベル**（P10 参照）

　リスクポイントは「1＋2＋3＝6」なので、リスクレベルは「Ⅱ」となります。

　製造業等で、大型機械の組立・保全作業においては、適正な足場の設置をお勧めする（「安全な足場があれば、安心して作業」ができるので作業能率も良い）。

# 5 らせん階段からの墜落・転落災害

　階段は上下階への移動手段として利用する設備で、標準的な「直進階段は踏面とけ上げの傾斜角（こう配）は一定で、ＩＳＯ／ＪＩＳの推奨値は 30 度〜 38 度」である。ここでは、け上げは一定だが、「**踏面の奥行きが一定でない螺旋（らせん）階段**」をテーマとする。

## らせん階段の特徴

**利点**：①鋼製で工場製作が多いので現場での組立てが早い、②外径は大型トラック運搬が可能な 2.3 ｍ程度で、狭い場所でクレーンの設置が容易、③屋外設置は「降りる専用の避難階段として極めて有効」、④踊り場を設置すれば、各階への出入りが容易。

**難点**：⑤工場製作は、公道運搬上の幅・高さに制限があるので、直径は最大 2.3 ｍ程度のものが多い、⑥踏面（段板）が放射状なので踏面の奥行きは一定でなく、上下の踏面の傾斜角は外側と内側では違う。⑦中央に直径 20 〜 30cm 程度の支柱があるので、階段の幅は狭く、最大 1.0 ｍ程度、⑧踊り場（待機する場所）がない階段は、昇降が多い場所には不適、⑨外周に手すりはあるが、通路が狭くなるので支柱側は手すりがないものが多い、⑩屋外設置の場合、降雨時の昇降は滑りやすい、⑪手すりのない支柱側を降りることは極めて危険、⑫外周でも手すりをつかみながら降りないと転落の危険性がある。

　らせん階段の路面の傾斜角は外側と内側では違い、外側は 27 度、中央は 40 〜 45 度、支柱側は 80 度程度の急傾斜角となる。また、踊り場のない階段で放射状の踏面の傾斜角も、らせん階段と同様に場所によって違う。

## 階段の専門用語

　イラストＡの囲み図（1）**け上げ**：階段一段の高さ、（2）**段鼻**：各踏面の端部でつま先が掛かる場所、（3）**け込み**：各踏面の段鼻と段鼻間より奥の寸法、（4）**手すり子**：手すりの縦桟。

## らせん階段の設置状況

　外径は 2.3 ｍ・支柱は直径 25cm。（1）避難階段を兼ねた階段で、昼食時間帯と夕方は頻繁に利用している、（2）通路幅は約 1.0 ｍ、（3）縞鋼板の踏面の奥行きは外周で 40cm・支柱側で 5cm、け上げは 20cm なので外周の傾斜角は約 27 度、外周に高さ 80cm の手摺と中桟を設置（幅木はないが、つま先止めはある）、（4）手すり子の間隔は踏板 1 枚に 1 本なので、40cm 程度と極めて広い。

## ● 濡れた踏面を滑って２人が

　夕方なので足元が薄暗い状態、かつ、降雨後なので踏面は濡れていた。

　作業者Ａが下から両手に物を持って昇ってきたので、作業者Ｂは支柱側に避けて降りていて足が滑って、Ａ・Ｂの二人は路面まで転び落ち全身を強打した（イラストＡ）。

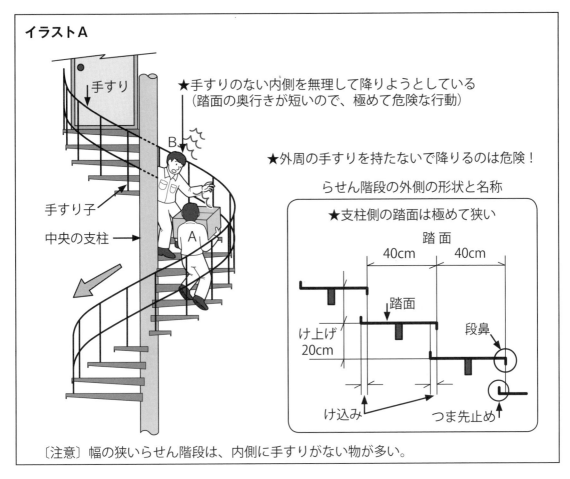

イラストA

手すり

★手すりのない内側を無理して降りようとしている
（踏面の奥行きが短いので、極めて危険な行動）

B

★外周の手すりを持たないで降りるのは危険！

らせん階段の外側の形状と名称

手すり子

中央の支柱

A

★支柱側の踏面は極めて狭い

踏 面

40cm　　40cm

踏面

け上げ
20cm

段鼻

け込み

つま先止め

〔注意〕幅の狭いらせん階段は、内側に手すりがない物が多い。

**不安全な状態**：（a）退避する踊り場がなかった、（b）支柱から 15cm 間に足乗せ禁止区域
　　　　　　　　の床表示はなかった、（c）踏面は黒色だったので、段鼻が識別不良だった、
　　　　　　　　（d）降雨後なので、踏面が濡れていた。

**不安全な行動**：（e）作業者Bは支柱側に身を寄せながら無理に降りていた。

**不安全な管理**：（f）らせん階段の昇降の具体的な事業場内基準はなかった。

■**リスク基準**（P 9～10 参照）
　①危険状態が発生する頻度は頻繁「4」、②ケガをする可能性が高い「4」、
③災害の重篤度は重傷「6」です。

■**リスクレベル**（P10 参照）
　リスクポイントは「4＋4＋6＝14」なので、リスクレベルは「Ⅳ」となります。

## ● リスク低減措置

イラストBのような「安全な状態・行動・管理」が必要である。

**安全な状態**：（a）「らせん階段は降り専用」とする、（b）各階の踊り場の端部（外周側 50cm）と、
　　　　　　　最下段の段鼻に黄色の滑り止めシールを貼る、また、支柱から 20cm 間は足乗せ

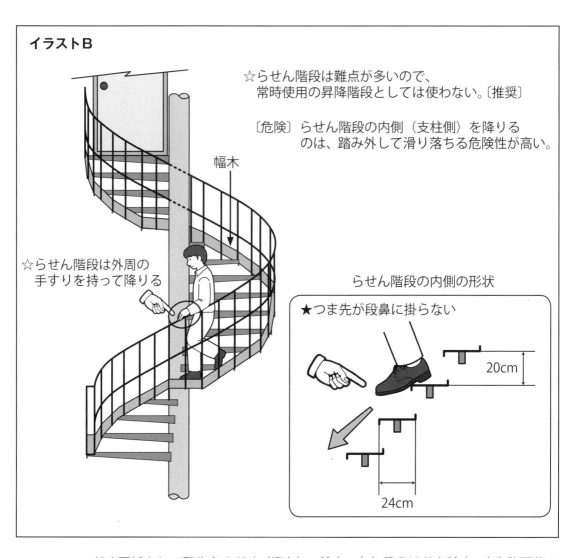

**イラストB**

☆らせん階段は難点が多いので、
常時使用の昇降階段としては使わない。〔推奨〕

〔危険〕らせん階段の内側（支柱側）を降りる
のは、踏み外して滑り落ちる危険性が高い。

幅木

☆らせん階段は外周の
手すりを持って降りる

らせん階段の内側の形状

★つま先が段鼻に掛らない

20cm

24cm

禁止区域として警告色の黄赤（橙色）で塗布、(c) 段鼻は黄色塗布、(d) 降雨後の
屋外らせん階段の使用は、原則禁止（表示と教育）。

**安全な行動**：(e)「降り優先」とし急用で昇ってくる人がいたら、支柱側の手すりにつかまって
待機。昇ってくる人は足音で分かるので各階の踊り場で待機。

**安全な管理**：(f) らせん階段がある職場は、らせん階段の昇降は墜落と転落の危険性があること
を認識し、設備改善を行う前にリスクアセスメントを実施。また、らせん階段の
昇降は、「手すりにつかまって！」の実技教育を行い周知。

**■リスク基準**（P 9～10 参照）

（a）～（f）などの対策を実施して作業を行えば、①危険状態が発生する頻度は滅多に
ない「1」、②ケガをする可能性がある「2」、③災害の重篤度は軽傷「3」です。

**■リスクレベル**（P10 参照）

リスクポイントは「1＋2＋3＝6」なので、リスクレベルは「Ⅱ」となります。

# 6 移動はしごからの墜落4事例

　はしごには、移動はしごと固定はしごの2種類があるが、ここでは移動はしごをテーマとする。移動はしごは脚立と同様に、私たちの家庭や職場に複数ある身近な用具だが、多くの危険が潜んでいるのにもかかわらず、不安全な作業方法で安易に使用していることが多い。

　はしごは昇降する用具だが、本来の用途以外の作業で、多数の災害が発生している。

## ● 中2階への昇降時、バランス崩し

　作業者Aは、中2階の高さ3.7mの端部に、はしごを掛けて昇っている時（イラストA）はしごの上部がずれた（転倒）ため、Aはバランスを崩して墜落、上半身を床面に激突させた。

**不安全な状態**：(a) 中2階は物品倉庫の屋上で、防護柵のない物置き場、(b) 屋上だが、照度は50 lx程度と暗い、(c) 移動はしごは、長さ4.1mのフックのない1連はしご、(d) 安全ブロックなどを取り付ける設備がない、(e) はしごの上部は、端部に20cm程度突き出して設置、(f) 安全ブロックは設置していなかった。

**不安全な行動**：(g) Aは保護帽・安全帯を着用せず、(h) Aは手に工具を持って昇っている。

**不安全な管理**：(i) 監督者は高さ2m以上が高所作業になることを認識していない、(j) 監督者は、物品倉庫の屋上が物置き場になっていることを黙認していた。

> **■リスク基準**（P9～10参照）
> 　①危険状態が発生する頻度は時々「2」、②ケガをする可能性が高い「4」、③災害の重篤度は重傷「6」です。
>
> **■リスクレベル**（P10参照）
> 　リスクポイントは「2＋4＋6＝12」なので、リスクレベルは「Ⅳ」となります。

　この事例のリスク低減措置を考える前に、複数の移動はしごの災害事例と対策を考える。

〔**災害1**〕はしごの上部がずれて、はしごから墜落。はしごの上部を固定しなかったのが原因。
　対策：75度程度の角度に設置し、上部は60cm以上突き出して固定する。

〔**災害2**〕手が滑ってはしごから墜落。手に工具を持って昇降したのが原因。
　対策：工具は工具ホルダーを付け工具ケースに入れ、「3点支持の動作」で昇降する。

〔**災害3**〕はしごから身を乗り出していて墜落。身を乗り出したことと、安全帯を使用しなかったのが主な原因。
　対策：〔設備〕はしごを掛ける場所の上部にフック掛けを設置し、はしご上部にフックを取り付ける。また、防護柵の手すりに安全ブロックを設置。

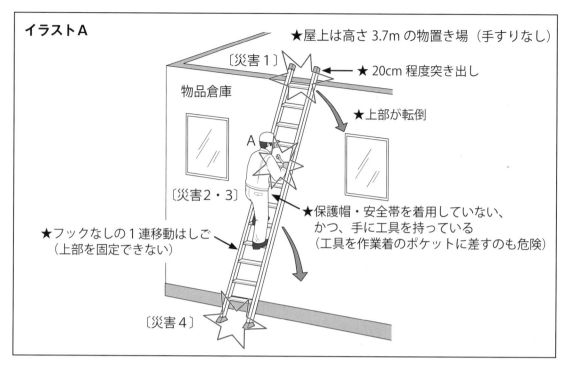

イラストA

★屋上は高さ 3.7m の物置き場（手すりなし）

〔災害1〕

物品倉庫

★20cm 程度突き出し

★上部が転倒

A

〔災害2・3〕

★保護帽・安全帯を着用していない、
かつ、手に工具を持っている
（工具を作業着のポケットに差すのも危険）

★フックなしの１連移動はしご
（上部を固定できない）

〔災害4〕

〔安全な行動〕ハーネス型安全帯を着用し、安全ブロックのフックに連結ベルトの
D 環を直接掛けて昇降する。

**〔災害４〕** はしごの脚部が沈んで、はしごから墜落。軟弱な地盤に設置したのが原因。

**対策**：ゴム板などで脚部の滑り止めを講じ、また、踏桟は水平に設置。

これらの事例には、リスク低減措置を行ううえで、共通の対策があるので、リスク低減措置を考えてみる。

## ● リスク低減措置

イラストBのような「安全な状態・行動・管理」が必要である。

**安全な状態**：（a）中２階の物置き場に高さ 110cm の防護柵を設置。

（b）屋上付近は 200 l x 程度の照明を行う。

（c）移動はしごはフック付き１連はしご、または２連はしごを使用。

（d）安全ブロックは堅固な防護柵に取り付ける。

（e）はしごのフックを掛ける鋼棒を設置、またははしごの上部を 60cm 以上
突き出して固定。

（f）フック付き安全ブロックは、堅固な防護柵に床面から操作棒で掛けることが
できる〔推奨〕。（☆複数の安全な状態の確保が大切！）

**安全な行動**：（g）作業者Aはヘッドランプ付き保護帽・ハーネス型安全帯を着用。

（h）工具には工具ホルダーを付け工具ケースに入れる。

**安全な管理**：（i）管理者は監督者に外部機関などが行う高所作業の研修会を受講させる。

（j）高所作業箇所を一斉点検し、ＲＡを行い、屋上作業の作業手順書を作成。

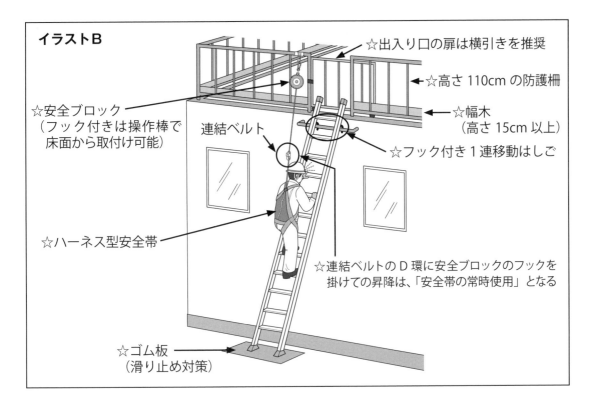

**イラストB**

☆出入り口の扉は横引きを推奨

☆高さ110cmの防護柵

☆幅木
（高さ15cm以上）

☆安全ブロック
（フック付きは操作棒で
床面から取付け可能）

連結ベルト

☆フック付き1連移動はしご

☆ハーネス型安全帯

☆連結ベルトのD環に安全ブロックのフックを
掛けての昇降は、「安全帯の常時使用」となる

☆ゴム板
（滑り止め対策）

---

■ **リスク基準**（P9〜10参照）

　（a）〜（j）などの対策を実施して作業を行えば、①危険状態が発生する頻度は滅多にない「1」、②ケガをする可能性がある「2」、③災害の重篤度は軽傷「3」です。

■ **リスクレベル**（P10参照）

　リスクポイントは「1＋2＋3＝6」なので、リスクレベルは「Ⅱ」となります。

---

## ● より安全な措置

　「移動はしごの使用は原則禁止！」とし、傾斜角45度以下の「手すり付きの階段・手すり付き作業台」の上部を固定して昇降。物の揚げ下ろしは、テルハ（モノレールホイスト）などを使い、防護柵の開閉扉は施錠。

### 🎓 マメ知識

　「**移動はしごの用途外使用**」として、次のようなものがあります。移動はしごを階段やスロープとして使うと、踏桟が水平でないので足元が安定しません。かつ、強度不足で破損してしまいます。「階段とは20度＜傾斜角≦45度（JIS規格）で踏面があるもの」をいいます。一般的な移動はしごは、設置する傾斜角は75度程に設計されています。

　移動はしごの踏桟上で両手を離して力を入れる作業を行うケースがありますが、移動はしごの踏桟は、安定した作業床や足場ではありません。はしごは「用具に向かって、3点支持の動作で昇降」するものです。（昇降設備の定義は「P285：マメ知識」）

# 7 階段はしごからの墜落災害

　はしご・段はしご・階段など「高低差のある２カ所間の固定された昇降設備」で、「P285：マメ知識」に示す通り、各用語の定義は、ISO14122-1 に準拠した JIS B9703-1：2004 に示している。

　ここでは、段はしご（通称：階段はしご）からの墜落災害などをテーマとする。

　「はしご（Ladder）の桟（さん）は 75 度＜傾斜角≦ 90 度」、「段はしご（Step ladder）の踏板は 45 度＜傾斜角≦ 75 度」、水平構成要素は踏み板で、「階段（Stair）は 20 度＜傾斜角≦ 45 度」、水平構成要素は踏み板である。また、「傾斜路（Ramp）は０度を超え 20 度までの傾斜角」をもつ連続した傾斜平面で、「10 度＜傾斜角≦ 20 度はエッジステップ付き傾斜路」とするとなっている。

## 「階段はしご」について

　「階段はしごの設置角度は 60 度～ 70 度」なので、ＪＩＳ規格では「階段はしごは段はしご」に該当するが、本書では「段はしご」を**「階段はしご」**に統一する。階段はしごは、傾斜角 45 度以上の急傾斜のはしごなので、はしごの昇降は、用具に向かって**「３点（両手両足のうち３点）支持！」**である。〔★階段はしごを背にして降りると、「らせん階段の内側の形状：P294 枠内参照」の通り、踏桟につま先が掛からないので、墜落する危険性が高い。〕

## ● 階段はしごの傾斜角は 60 度で手すりは構台側のみ

　工場内の空間を有効利用するために、高さ３ｍの作業床面の構台を仮組みし、その上にリーチフォークリフトで運搬した資材・機材を載せている。作業床面上での資材などの小運搬は、パレットトラックで移動（構台上はハンドパレットで移動）している。構台の外周には手すりを設け、昇降設備は長さ 3.7 ｍの段はしごを設置している。

**不安全な状態**：（a）階段はしごの傾斜角は 60 度で、手すりは構台側のみ設置。（イラストＡ）

　　　　　　　　（b）構台の手すりは高さ 90cm、中桟は高さ 50cm で幅木はない。

　　　　　　　　（c）荷受け場は２段のチェーンで扉の代用。

　　　　　　　　（d）構台の周囲はリーチフォークが頻繁に通行しているが防護支柱などはない。

**不安全な行動**：（e）運転者Ａは、階段はしごを降りる時はいつも階段はしごを背にして、片手に小荷物を持っている。

　　　　　　　　（f）Ａは作業帽を着用、安全帯を着用せず。

**不安全な管理**：（g）リーチフォークの運転者Ａに単独で荷揚げと小運搬をさせている。

　　　　　　　　（h）監督者などは物流会社任せで、墜落災害等の危険性が複数あるとの認識はほとんどなかった。

　　　　　　　　（i）「フォークリフトの作業計画（P61：イラストＢ）」はなかった。

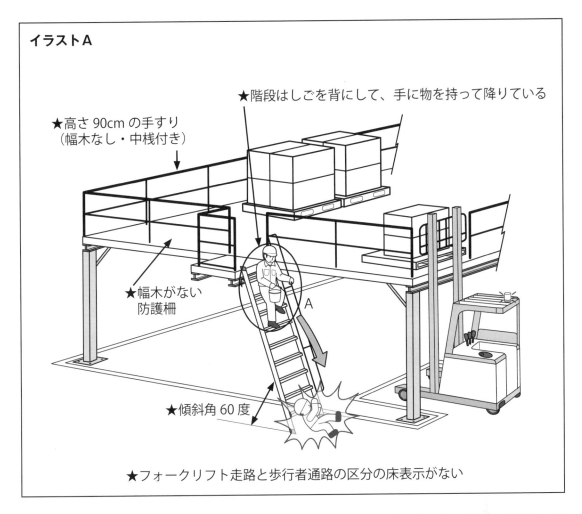

**イラストA**

★階段はしごを背にして、手に物を持って降りている

★高さ 90cm の手すり
（幅木なし・中桟付き）

★幅木がない防護柵

A

★傾斜角 60 度

★フォークリフト走路と歩行者通路の区分の床表示がない

　不安全な状態から想定すると、(b) 中桟の下から墜落、(c) 荷受け場からの墜落、(d) リーチフォークと運転者などとの激突災害などの危険性があるが、今回のリスク評価点は (a) の「段はしごからの墜落災害の危険性に限定」する。

■**リスク基準**（P 9〜10 参照）
　①危険状態が発生する頻度は頻繁「4」、②ケガをする可能性がある「2」、③災害の重篤度は重傷「6」。★リーチフォークが走行しているとき、段はしごから墜落するとひかれる危険性もあります。

■**リスクレベル**（P10 参照）
　リスクポイントは「4＋2＋6＝12」なので、リスクレベルは「Ⅳ」となります。

## ● リスク低減措置

　イラストBのような「安全な状態・行動・管理」が必要である。

**安全な状態**：(a) 段はしごの手すりは両側に設置。

　　　　　　　(b) 構台の手すり下部に幅木を設置。

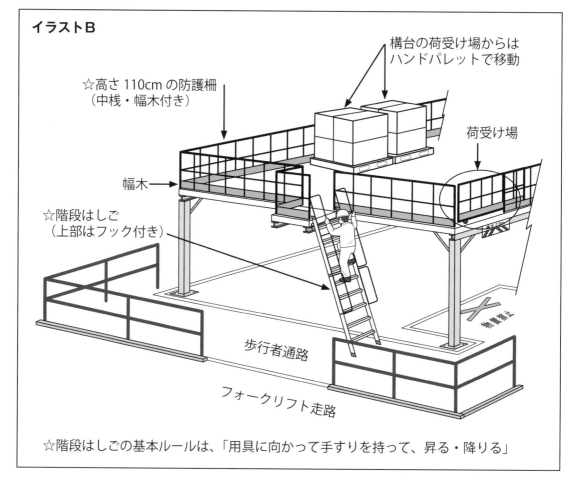

**イラストB**

構台の荷受け場からは
ハンドパレットで移動

☆高さ110cmの防護柵
（中桟・幅木付き）

荷受け場

幅木

☆階段はしご
（上部はフック付き）

物置禁止

歩行者通路

フォークリフト走路

☆階段はしごの基本ルールは、「用具に向かって手すりを持って、昇る・降りる」

（c）荷受け場はスライド式の扉を設置し、「開口部の端部は危険表示の黄・赤色
の安全マーキングを塗布」。

（d）構台の周囲にはリーチフォークと通行者、リーチフォークの構台激突防止
を兼ねて、防護柵を設置（構台側は通行者通路）。

**安全な行動**：（e）段はしごは両手を使い「用具に向かって３点支持で昇降」。

（f）運転者も保護帽と安全帯を着用し、荷受け場の開口部作業は安全帯を使用。

**安全な管理**：（g）リーチフォークの運転者と荷受け場の作業者の２人作業。

（h）監督者は、物流会社と現場で危険性がどの場所にあるかを聴き取り、防護
措置を優先。

（i）事業社はリーチフォークの具体的な「作業計画を作成」。

---

**■リスク基準**（P9〜10参照）

　（a）〜（i）などの対策を実施して作業を行えば、①危険状態が発生する頻度は時々「2」、
②ケガをする可能性がある「2」、③災害の重篤度は軽傷「3」です。

**■リスクレベル**（P10参照）

　リスクポイントは「2＋2＋3＝7」なので、リスクレベルは「Ⅱ」となります。

# 8 蛍光灯交換時の墜落災害

　仮設の用具使用による災害は、事故の型別起因物別の分類でみると、墜落・転落災害のなかで高い比率を占めている。用具のなかで特に「脚立、架台、踏み台」に起因する被災が目立つ。

　ここでは、天井の高さ 3.8 m にある「蛍光灯の交換」による危険性をテーマとする。蛍光灯の交換などは職場だけではなく、家庭でも必要な作業である。筆者が執筆している図書の中で、「目線より上の高さ 1.5 m 以上の作業床など（踏桟、天場を含む）での作業は、高所作業に準じた対応（保護帽の着用と安全帯の使用）」をお勧めする。

## ● 脚立の天場でつま先立ち作業

**作業環境**：「天井の高さは 3.8 m 程度・蛍光灯の長さは 1.5 m・床面は水平で堅固」
**作業方法など**：「天場の高さ 1.8 m の上わく付き専用脚立」を使用、作業者Aは身長 1.7 m の成人男子だが、つま先立ちしないと蛍光灯に届かない。

　こうした状況のなかで作業者が脚立の天場でつま先立ちで蛍光灯を外していたとき、Aはバランスを崩したが、支える物がないので墜落し床面に頭を強打した（イラストA）。

　この災害の主たる原因は、次のことが考えられる。

**不安全な状態**：（a）天井の照度は 50 lx 程度と薄暗かった。
　　　　　　　　（b）天場の高さが低い専用脚立を使用した。
**不安全な行動**：（c）高さ2m以下なので、Aは保護帽も安全帯も着用していない。
**不安全な管理**：（d）蛍光灯の交換作業の作業手順書はない。
　　　　　　　　（e）蛍光灯の交換などの作業は、協力会社任せ。
　　　　　　　　（f）作業開始前のKY活動は行っていない。

> **■リスク基準**（P 9〜10 参照）
> 　①危険状態が発生する頻度は時々「2」、②ケガをする可能性が高い「4」、
> ③災害の重篤度は重傷「6」です（より高いと致命傷「10」になる場合もある）。
>
> **■リスクレベル**（P10 参照）
> 　リスクポイントは「2＋4＋6＝12」なので、リスクレベルは「Ⅳ」となります。

## ● リスク低減措置

　イラストBのような「安全な状態・行動・管理」が必要である。

**安全な状態**：（a）三脚の投光器で照明を行う、（b）作業床の高さが 1.9 m になる昇降式移動足場（3.6 mまで昇降可能）を使用、手すりに安全ブロックを取り付け。

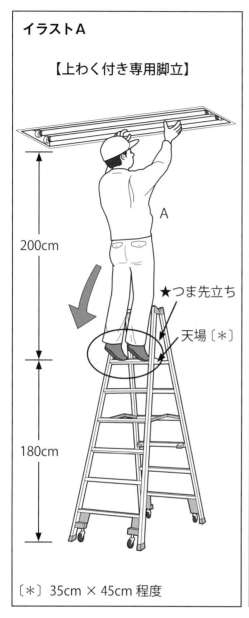

## イラストA

### 【上わく付き専用脚立】

200cm

180cm

★つま先立ち

天場〔＊〕

A

〔＊〕35cm × 45cm 程度

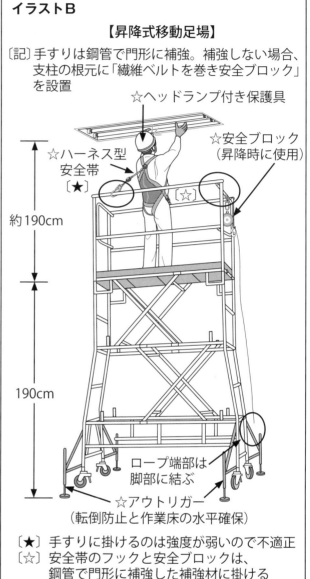

## イラストB

### 【昇降式移動足場】

〔記〕手すりは鋼管で門形に補強。補強しない場合、
支柱の根元に「繊維ベルトを巻き安全ブロック」
を設置

☆ヘッドランプ付き保護具

☆安全ブロック
（昇降時に使用）

☆ハーネス型
安全帯
〔★〕

約190cm

190cm

ロープ端部は
脚部に結ぶ

☆アウトリガー
（転倒防止と作業床の水平確保）

〔★〕手すりに掛けるのは強度が弱いので不適正
〔☆〕安全帯のフックと安全ブロックは、
鋼管で門形に補強した補強材に掛ける

**安全な行動**：（c）高さ 1.5 m以上はヘッドランプ付き保護帽・保護眼鏡を着用、ハーネス型
安全帯を着用し使用。

**安全な管理**：（d）脚立作業の作業手順書を作成、（e）協力会社に外注する場合、「どの用具を
使い、どのような作業方法で行うか」を確認。

### ■リスク基準（P 9～10 参照）

（a）～（e）などの対策を実施して作業を行えば、①危険状態が発生する頻度は滅多に
ない「1」、②ケガをする可能性がある「2」、③災害の重篤度は軽傷「3」です。

### ■リスクレベル（P10 参照）

リスクポイントは「1＋2＋3＝6」なので、リスクレベルは「Ⅱ」となります。

## 昇降式移動足場について

〔記〕作業状況図は、「P302：イラストB」を参照。

　昇降式移動足場は、動力を必要とせずに2人で簡単に組み立てられ〔＊1〕、**収納状態にするとエレベーターで別のフロアに簡単に運搬可能**なので、建物の天井や壁などの比較的低い高さの内装・設備・保全・補修工事等で多く使われています。当足場は、移動式足場（ローリングタワー）の危険性〔＊2〕を改善させるために開発された足場で、日本では仮設工業会認定製品として、2社〔＊3〕で製造されており、**リース会社でも多数所有**しているので、急速に普及しつつあります。**構造上の難点は、足場の内部に階段が設置できない**ので、外側に墜落防止装置を設置〔＊4〕して昇降する必要があります。

〔＊1〕足場の組立て等に従事する人は、特別教育の受講（安衛則第36条）が必要です。

〔＊2〕建物内の同一フロアで天井部等が同一の場所での連続作業に適していましたが、天井部が傾斜している場所・梁等の突起物がある場所では、都度作業床の手すりを外して移動、再度手すりを組み立てる必要があり、従来は手すりを設置しないでの災害が多発していました。また、別のフロアへの移動は、解体してエレベーターで運べる形状にする必要がありました。

〔＊3〕N社とT社で両社ともに作業床寸法は幅59cm・長さ150cm、収納高さは150cm程度、昇降装置は手動式（バネバランス式）、許容荷重（作業床含む）は約135kg。

　【N社】(a) 商品名：「アップスター42／36／25」、(b) 最高作業床の高さ（自重）と段階：4.2m（192kg）と3.6m（192kg）は5段階、2.6m（143kg）は4段階。

　【T社】(a) 商品名：「のび〜る4.3／3.6」、(b) 最高作業床の高さ（自重）と段階：4.3m（260kg）は4段階、3.6m（240kg）は3段階。

〔＊4〕作業床の短辺部に鋼管で門形に補強〔＊5〕し、「安全ブロックを設置」。

〔＊5〕または、作業床の角に「フック掛け支柱（長さ3.5m程度で上部に取元クランプ）」を設置。

## 取元クランプ使用の「遵守・禁止事項」（メーカーの説明書を要約！）

　※本品は建地の単管パイプ（以下、単管）にワンタッチで着脱が可能で、墜落時に本体が垂直方向に傾くことで、チップが単管を把持（はじ）する構造です。

①単管を向かい合った2カ所で把持する機構（★水平方向に引っ張る動作は禁止）

②「正面から左右45度を超える範囲」。

　（★左右45度を超えると把持機構が有効に作用しない）

③「水平距離が1mを超える範囲」での使用は禁止。

　（☆水平距離：1m以内で使用）

④本品は「胸より高い位置」に取り付ける。

　（★胸より低い位置は、落下距離が長くなる）

取元クランプの取付状況

# 9 窓拭き作業時の墜落災害

　ここでは、定期的な清掃作業で行う窓拭きをテーマとする。高さ80cm以下の踏台は軽いアルミ製が多く、安価に入手できるので、家庭にも職場にも身近にある。

　この高さの踏台は報道関係者が写真撮影などでも多く使用し、「天板上でのつま先立ち」をテレビ映像で時々見かけるが、危険性を認識せず安易に使用していると考えられる。

## ● 踏台からバランスを崩して…

**設備と環境**：「採光用の窓ガラスの上部の高さは3.8m、下部は2.0m程度」「窓の幅は3.0m程度で、複数同じ高さ」「上わくのない踏台を多数所有」

**作業方法など**：「天板の高さ80cm程度の踏台で天板作業」「ワイパーの柄の長さ80cm程度」「作業者は身長1.7m成人男子だが、つま先立ちしないと窓ガラス上部まで届かない」

　作業者Aは踏台の天板でつま先立ちをして、窓ガラスの清掃をしていた時、バランスを崩して墜落し、床面に頭を強打（イラストA）。この災害の主たる原因は、次のことが推測される。

**不安全な状態**：（a）天板の高さが低い踏台を使用。

**不安全な行動**：（b）Aは狭い天板上でつま先立ちで作業。

**不安全な管理**：（c）作業前のKY活動はしていない、（d）2m未満の用具使用のRAは取り組んでいない。

┌─────────────────────────────────────────┐

**■リスク基準**（P9〜10参照）

　①危険状態が発生する頻度は時々「4」、②ケガをする可能性がある「2」、③災害の重篤度は軽傷「3」です（重篤度は、重傷「6」になる場合もあります）。

**■リスクレベル**（P10参照）

　リスクポイントは「4＋2＋3＝9」なので、リスクレベルは「Ⅲ」となります。

└─────────────────────────────────────────┘

## ● リスク低減措置

　イラストBのような「安全な状態・行動・管理」が必要である。

**安全な状態**：（a）傾斜した床面でも作業床の水平と高さを調整できる可搬式作業台を使用。

**安全な行動**：（b）可搬式作業台の作業床の高さは100cm程度とし、つま先立ちをしなくても良い高さとする。また、「作業床等の上でのつま先立ち」は禁止。

**安全な管理**：（c）作業前のKY活動は必ず行う、（d）2m未満の用具のRAも行う（安全性の高い用具でも、不適正な作業方法は危険！）。

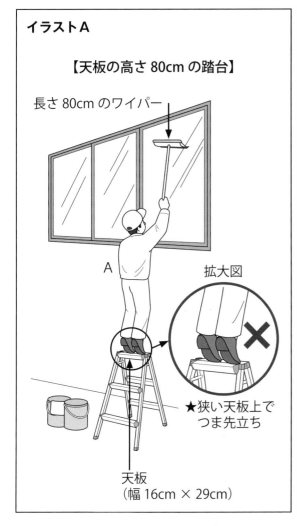

**イラストA**

【天板の高さ 80cm の踏台】

長さ 80cm のワイパー

A

拡大図

★狭い天板上で
つま先立ち

天板
（幅 16cm × 29cm）

**イラストB**

【作業床の高さ 73cm 〜 107cm
の可搬式作業台】

☆手掛り棒付き
可搬式作業台

作業床
（奥行き 50cm ×長さ 156cm）

☆伸縮ワイパーを使用すれば、
床面上で作業が可能

　なお、天板の高さ 110cm の上わく付き踏台があるが、清掃作業では左右の支柱から身を乗り出して作業を行う可能性があるので、不適正である。

## 天板・天場・作業床の違いについて

　本書では「P52：マメ知識」に示す通り、天板とは奥行き・幅 30cm × 30cm 未満、天場とは幅 30cm × 30cm 程度、作業床は 40cm × 40cm 以上と定義。

---

**■リスク基準**（P 9〜10 参照）

　（a）〜（d）などの対策を実施して作業を行えば、①危険状態が発生する頻度は滅多にない「1」、②ケガをする可能性がある「2」、③災害の重篤度は軽傷「3」です。

**■リスクレベル**（P10 参照）

　リスクポイントは「1＋2＋3＝6」となりますので、リスクレベルは「Ⅱ」です。
〔※〕「ワイパーの柄が伸縮式で長さ 1.4 ｍまで伸びる物」を使用すれば、横長の天場の高さ 40cm 程度の作業台（奥行き 30cm・長さ 52cm）で、清掃ができるので墜落の危険性は少なくなり、かつ、作業効率もアップし、リスクレベルは「Ⅰ」となります。

---

# 10 作業台からの近道行為による災害

　ＲＡは、「自主的に職場の潜在的な危険性や有害性を見つけ出し、それらを評価し、事前に的確な安全衛生対策」を講じることである。人間はヒューマンエラーをするので、エラーをしても重篤な災害にならないように、「人依存（注意して行動）ではなく、設備と作業方法の改善」を行うことが必要で、これに応えたのが「Ｐ９：リスクアセスメント」である。この考え方を再認識してもらうため、ここでは身近な作業台からの近道行為による災害をテーマとする。

### 🎓 マメ知識

　階段（Stair）の推奨値は 30 度＜傾斜角 ≦ 38 度で、45 度以上は段ばしご（Step ladder）です。45 度以上の急傾斜の昇降設備には手すりを設置し、「おつかまりください」の表示を行い周知。「使用頻度の多い昇降設備は傾斜角 38 度以下」にしましょう！

## ● 端部から飛び降り

　イラストＡのような高い作業台で不揃い・固定せずの急傾斜な昇降設備を時折見かける。

　高さ 70cm の作業台兼用の通路は幅 100cm で両側に高さ 90cm の手すりを設置、手前の作業台は奥行き 50cm で、機械側に高さ 90cm の防護柵が設置してある。作業台の端部に手すりはない。また、作業台の手前に高さ 30cm、奥行き 40cm の踏台を固定しないで昇降用として２つ置いている。

　このような状態では、主に３つの災害になる危険性がある。

　①作業台の端部から若い社員Ａが飛び降りる、②昇降面の高低差が違うので踏み外して落ちる、③踏台を固定していないので、降りるときぐらつきバランスを崩して落ちる。

　これらの危険性は、次のような複数の要因が考えられる。

**不安全な状態**：（a）作業台と踏台の端部に手すりなどがない、（b）踏台の高さは 30cm で踏台の踏面と作業台の踏面との高低差がある、また踏台を固定していない。

**不安全な行動**：（c）①の場合、若い社員Ａは、作業台の端部から飛び降りている。

**不安全な管理**：（d）②・③は、昇降設備の認識がなく、等間隔、かつ、傾斜角を考慮しなかった、（e）上司はＡが飛び下りたり、通路を走る行動を見て見ぬ振りをしていた。

> **■リスク基準**（Ｐ９〜10 参照）
> 　①危険状態が発生する頻度は頻繁「４」、②ケガをする可能性が高い「４」、③災害の重篤度は重傷「６」です。
>
> **■リスクレベル**（P10 参照）
> 　リスクポイントは「４＋４＋６＝14」なので、リスクレベルは「Ⅳ」となります。

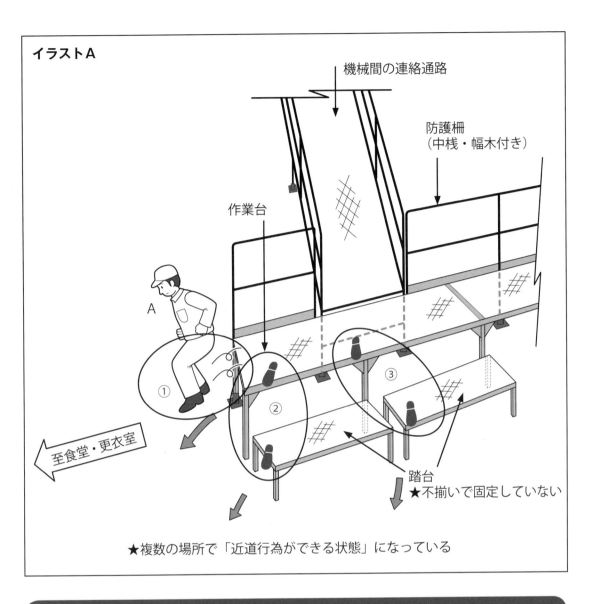

**イラストA**

機械間の連絡通路

防護柵
（中桟・幅木付き）

作業台

A

① ② ③

至食堂・更衣室

踏台
★不揃いで固定していない

★複数の場所で「近道行為ができる状態」になっている

## ● リスク低減措置

　イラストBのような「安全な状態・行動・管理」が必要である。

**安全な状態**：（a）作業台と踏台の端部に防護柵と手すりを設置、（b）踏台は高さ35cmとし
　　　　　　床面などにボルトで固定。

**安全な行動**：（c）作業台などからの「飛び降り、通路を走る」は禁止し周知。

**安全な管理**：（d）昇降設備の高低差と踏面の奥行きは等間隔とし、かつ、急傾斜角の設備は
　　　　　　防護柵用の手すりを設置、（e）職場内で「高い場所から**飛び降りる・職場内の
　　　　　　小走り**」はなぜ危険かの教育を行い、周知する。

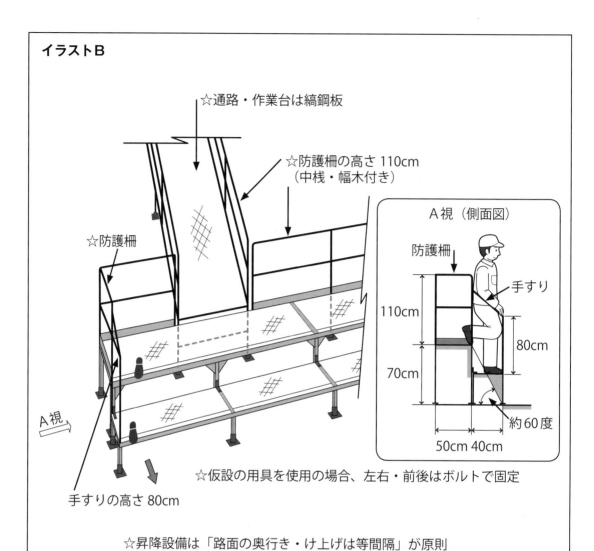

**イラストB**

☆通路・作業台は縞鋼板

☆防護柵の高さ110cm
（中桟・幅木付き）

☆防護柵

A視（側面図）

防護柵

手すり

110cm

80cm

70cm

約60度

50cm 40cm

A視➡

手すりの高さ80cm

☆仮設の用具を使用の場合、左右・前後はボルトで固定

☆昇降設備は「路面の奥行き・け上げは等間隔」が原則

■**リスク基準**（P 9～10 参照）

（a）～（e）などの対策を実施して作業を行えば、①危険状態が発生する頻度は滅多にない「1」、②ケガをする可能性がある「2」、③災害の重篤度は軽傷「3」です。

■**リスクレベル**（P10 参照）

リスクポイントは「1＋2＋3＝6」なので、リスクレベルは「Ⅱ」となります。

# 11 階段形状の昇降設備での災害

ここでは、機械設備などの周辺にある「階段形状の昇降設備」をテーマとする。

**階段形状の昇降設備と階段**

階段形状の昇降設備とは、外観は階段の形をしているが、「階段の定義からかけ離れた不安全な状態（a）～（g）」のものをいう。

（a）各段の踏面の奥行きは一定でなく、かつ、極めて狭い、（b）踏面が傾斜（左右・前後）している、（c）け上げの高さが一定でない、（d）昇降面の傾斜角は 45 度以上で、手すりがない、（e）踏面が滑りやすい、（f）踏面が損傷し、堅固でない、（g）踏面寸法が 30cm 以下。

階段は、利用者の数・年齢・肉体的状態に応じて使用上・保安上の配慮が必要である。昇降しやすい階段の寸法は建築基準法施行令に、施設の種類別に「け上げ（R）・踏面（T）・踊り場の幅など」が示されている。階段（Stair）の傾斜角は、ＩＳＯに準拠したＪＩＳ規格では、「20 度を超え 45 度以下」であるが、30 ～ 38 度を推奨している。

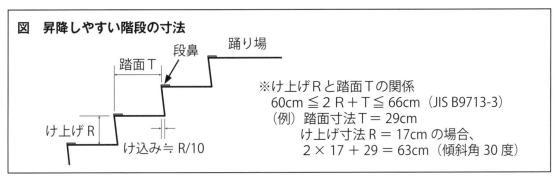

図　昇降しやすい階段の寸法

踏面T　段鼻　踊り場

け上げ R　け込み ≒ R/10

※け上げRと踏面Tの関係
60cm ≦ 2 R ＋ T ≦ 66cm（JIS B9713-3）
（例）踏面寸法T＝29cm
　　け上げ寸法 R＝17cm の場合、
　　2×17＋29＝63cm（傾斜角 30 度）

## ● 通路の端で足を滑らせ墜落

設置状況は、機械設備間にある通路（高さ 105cm・幅 120cm）に昇降するためのものである。この昇降設備は、一段目が欠損した高さ 90cm の作業台の手前に高さ 30cm の踏台を置きともに固定せず、手すり・手掛かり棒もなく、階段形状に設置。なお、作業床と踏面は 3％傾斜し、作業台は構台に固定していなかった。

〔災害１〕作業台の両側は手すりがなかったので、通路から降りようとした時、通路の端部で右足が滑って、105cm 下の床面に墜落した。

〔災害２〕作業台の作業床（最上段）から２段目に降りようとした時、踏面が狭い（奥行き 20cm）ので、右足のかかとが滑って、60cm 下の床面に墜落した（イラストA）。

**不安全な状態**：（a）両作業台を機械設備の構台に固定しなかった、（b）昇降設備の踏面の奥行きは一定でなかった、（c）昇降面は急傾斜（約 55 度）にも関わらず、手掛かり棒・手すりがなかった、（d）足元の照度は 30 lx 程度と暗かった。

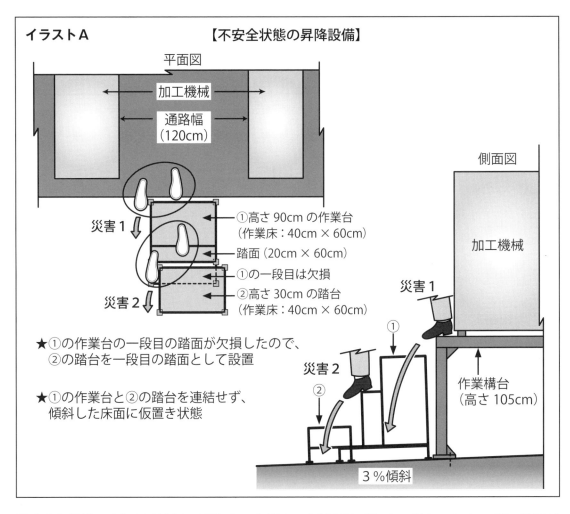

**イラストＡ** 　　　　　　　　　**【不安全状態の昇降設備】**

平面図

加工機械

通路幅
（120cm）

災害1

①高さ 90cm の作業台
（作業床：40cm × 60cm）

踏面（20cm × 60cm）

①の一段目は欠損

災害2

②高さ 30cm の踏台
（作業床：40cm × 60cm）

側面図

加工機械

災害1

①

作業構台
（高さ 105cm）

災害2

②

3％傾斜

★①の作業台の一段目の踏面が欠損したので、
　②の踏台を一段目の踏面として設置

★①の作業台と②の踏台を連結せず、
　傾斜した床面に仮置き状態

**不安全な行動**：（e）被災者は日頃から、作業台の昇降面を背にして降りていた、（f）体重が
80kg にも関わらず、踏面に衝撃〔＊〕を与えながら降りていた。

**不安全な管理**：（g）最大使用質量 150kg の作業台を昇降設備として使用した、（h）傾斜角
45 度以上は、昇降面に向かって降りる教育をしていなかった、（i）昇降階段
の施工図（モデル図）はなく、ＲＡもKY活動も行っていなかった。

〔＊〕人が階段を降りるときの衝撃は「**体重の３倍が踏面**」にかかると言われている。

**■リスク基準**（P 9～10 参照）
　①作業台の昇降は頻繁に行うので「４」、②墜落の可能性がある「２」、
③災害の重篤度は重傷「６」です。

**■リスクレベル**（P10 参照）
　リスクポイントは「４＋２＋６＝ 12」なので、リスクレベルは「Ⅳ」となります。

## ● リスク低減措置

イラストＢのような「安全な状態・行動・管理」が必要である。

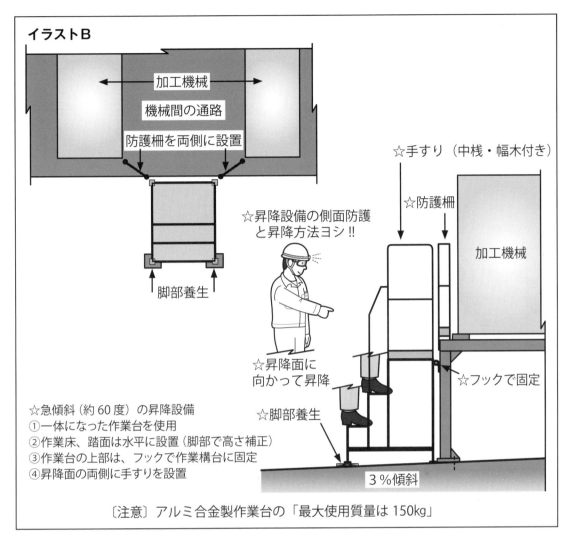

イラストB

加工機械

機械間の通路

防護柵を両側に設置

脚部養生

☆手すり（中桟・幅木付き）

☆防護柵

加工機械

☆昇降設備の側面防護
と昇降方法ヨシ!!

☆フックで固定

☆昇降面に
向かって昇降

☆脚部養生

☆急傾斜（約60度）の昇降設備
①一体になった作業台を使用
②作業床、踏面は水平に設置（脚部で高さ補正）
③作業台の上部は、フックで作業構台に固定
④昇降面の両側に手すりを設置

3％傾斜

〔注意〕アルミ合金製作業台の「最大使用質量は150kg」

**安全な状態**：（a）～（c）両側手すり（高さ110cm）付き高さ90cmの作業台を設置する、
また、通路上（作業台の両端）に高さ110cmの防護柵を設置、（d）熱感知
ライトを設置し、足元の照度は最低100lx程度を確保。

**安全な行動**：（e）昇降面の傾斜角が約45度以上は、昇降面に向かい手すりを持って降りる、
（f）作業台は踏面に衝撃を与えないように静かに降りる。

**安全な管理**：（g）メーカーに相談し補強を行い、「最大使用質量200kg程度」とする、
（h）昇降設備の使用方法の安全教育を行う、（i）昇降設備の図面（正面・上面・側面）・
作業手順書を作成し、RAと作業開始前のKY活動も行う。

**■リスク基準**（P9～10参照）

　（a）～（i）などの対策を実施して作業を行えば、①危険状態が発生する頻度は滅多に
ない「1」、②ケガをする可能性がある「2」、③災害の重篤度は軽傷「3」です。

**■リスクレベル**（P10参照）

　リスクポイントは「1＋2＋3＝6」なので、リスクレベルは「Ⅱ」となります。

## 風邪をひく原因

　冬期は空気が乾燥するので、暖房器具だけに依存すると乾燥状態（湿度40%以下）の環境となり、風邪ウィルスの飛散量が増加し、風邪をひきやすく〔＊1〕なります。

　〔＊1〕風邪をひくと「1回の**咳**で10万個・**くしゃみ**で100万個の飛沫」が空気中にばらまかれる。

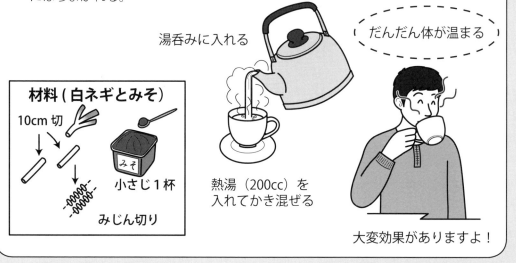

湯呑みに入れる

だんだん体が温まる

**材料 ( 白ネギとみそ )**

10cm 切

小さじ1杯

みじん切り

熱湯（200cc）を入れてかき混ぜる

大変効果がありますよ！

## 日本の風邪予防

（A）健康管理は、①**手を良く洗う**（外から帰ったら・食事の前）、②うがいをする。

（B）室内の湿度は、**加湿器**などで50%程度〔＊2〕を目安にする。

　　　（☆冬場の寝室は、**寝る前に加湿器で加湿**をお勧め！）

（C）「風邪をひきそうに感じたら・風邪をひいたら」

　　　**薬以外の対策**：①ミカンのホイール焼き、②梅干しの黒焼に番茶（梅も食べる）、
　　　　　　　　　　　③スルメの黒砂糖煮、④ハチミツ入り生姜湯、⑤長ねぎ（みじん切
　　　　　　　　　　　り・千切り）にみそ湯〔＊3〕、⑥生姜入りもやしスープ。

　〔＊2〕ウイルスは湿度が高いと、地上に落ちる。

　〔＊3〕みそは「豆みそ・麦みそ・米みそ」などの種類があり、**日本の食文化では昔から
　必需品。**

　〔記〕「①〜⑥」の2つを行い、体を温め「**マスクをして寝る**」。〔筆者は冬場実行！〕

## 外国の風邪予防

（a）インド：**生姜**をすり下ろして紅茶を入れる。

（b）フィンランド：**玉ねぎ**をスライスして牛乳を入れる。

（c）韓国：**唐辛子**入りもやしスープ。

（d）ギリシャ：**レモン**入りコーヒー。

「災害時は電気なしで7日間」を乗り切る！

（1）新型コロナは、複数回変異しながら長期間になることが想定され、至る所にウイルスが飛び交う可能性が高まった。

「見えない危険に目を凝らし、聞こえない音に耳を澄ます」心掛けが必要（マスクは必需品）になり、「今まで経験したことのない社会環境」の事態になった。

〔☆人間は「憂い〔＊1〕がないと備えない」〕

〔＊1〕心配事や不安な思い、また、憂鬱（ゆううつ）な思い。「身も心も憂いに沈む」。

（2）日本は「災害列島」です。近年の大地震は「阪神・淡路大震災（1995. 1）、東日本大震災（2011. 3）、熊本地震（2016. 4）、北海道胆振東部地震（2018. 8）」。昭和の三大台風は「室戸台風（1934. 9）、枕崎台風（1945. 9）、伊勢湾台風（1959. 9）」。「自然災はいつでも、どこでも起こり得る」。

（3）災害の時は「自助・共助・公助」と言われるが、今年、日本で大災害が発生すると、公助はかなり限定される。〔①避難所〔＊2〕はダンボール等で「3密を避ける」必要があり、収容人員は今までの3分の1以下 ②周辺の自治体の応援は限定 ③病院・医師もかなり限定 ④停電は昨年まで以上に復旧が遅れる〕

〔＊2〕避難には「在宅避難と立ち退き避難」がある。立ち退き避難では、家族数の「寝袋・マット・雨具（通称：ゴアテックス）・傘・軍手」と日用品（持病薬含む）などをリュックに入れ持参。

（4）《停電して困ること（①〜⑭）》★電気・水道が止まり、テレビの情報も限定される。

A：戸建住宅の場合、「電気製品は全て使用不可」となる。

①電気冷蔵庫（一番困る）・冷凍庫 ②情報機器〔スマホの充電〔＊3〕・テレビ・電話・多機能ラジオ・パソコンなど〕 ③電化製品の調理用器具（電磁調理器・電気炊飯器・電気ポット・電子レンジ・他） ④トイレの温水洗浄便座 ⑤電子マネー ⑥暖房設備（電気ストーブ含む）・空調 ⑦照明器具 ⑧電気利用の風呂 ⑨ガソリン給油所での給油 ⑬自動販売機など。

B：マンションの場合、戸建住宅と違い下記の⑪〜⑭が使用不可となる。

⑪エレベータ（特に、高層建築は昇降が難儀）・エスカレーター ⑫給水設備（貯水タンクに給水不能）⑬立体駐車場 ⑭足元灯・避難口（一定時間後に消灯）・常夜灯等の照明器具など。

（5）《具体的な対策案〔(a) 〜 (o)〕》☆ポイント：「飲料水の確保・加熱器・スマホ〔＊3〕」の確保

(a) カートリッジ式ガスこんろと圧力鍋〔図1〕・カセットボンベ予備 (b) 車用の携帯用湯沸器（推奨）〔図2〕 (C) 水タンク（20ℓ）〔＊4〕 (d) 食器セット〔コツフェル〕 (e) ナイフセット (f) 保存食〔＊5〕 (g) LEDヘッドランプ・懐中電燈・ランタン〔＊6〕と電池〔単3他〕 (h) 電池式石油ストーブとヤカン〔図3〕・灯油 (i) ローソクとライター (j) 日用品（衣類・下着他） (k) トイレセット〔ビニール袋と除菌消臭剤〕 (l) 魔法瓶（大） (m) 現金と電子マネー (n) タオル・洗面具・スリッパ (o) 体温計・マスク（新型コロナ対策）など。

〔＊3〕東日本大震災以降、スマホが急速に普及し、自家用車・新幹線などでも充電可能となった。。

〔＊4〕雨水・風呂水を「セイシェル携帯用浄水器」〔図4〕で浄水し煮沸。〔推奨〕

〔＊5〕〕保存食には、真空パックの餅・いかめし・包装米飯、乾パン、羊羹、チョコレート、カップ麺、フリーズドライ食品、非常用保存水、缶詰各種などがあり、保冷バックに収納。

〔＊6〕LEDヘッドランプで、2ℓペットボトル(スポーツドリンク入)を下から照らすとランタンになる。

〔記〕食料は最低3日分の備蓄。小型の発電機があれば「冷蔵庫等の電源」になる。

カートリッジ式ガスこんろと圧力鍋〔図1〕

車用の携帯用湯沸器〔図2〕

電池式石油ストーブ〔図3〕（冬季は必需品）

セイシェル携帯用浄水器〔図4〕

# むすび

　筆者はゼネコン在職中（1965年〜1999年）に、建設業で多数の悲惨な死亡・重篤な災害を見聞きし、中災防の安全管理士（1999年〜2012年）の安全指導〔＊1〕では、製造業・陸上貨物運送事業・第三次産業などでも死亡災害などが多発していることを踏まえ、安全指導に於いて「人災が多い労働災害は防げる」の信念（belief）を基に、多数の具体的な改善提案を行ってきました。

　2010年末に「今やるしかない、社会的な使命（mission）」との思いとなり、労働新聞社に「安全スタッフへの連載」を提案したところ即採用となり、2011年4月から2020年3月まで、「イラスト〔＊2〕で学ぶリスクアセスメント」の大見出しで、9年間連載（212回）を継続し、2020年4月以降も趣を変えて連載を継続中（今年で12年目）です。これらは、安全衛生に関する諸先輩の御指導、多くの安全の図書、過去の重大災害の事例、「公共の安全を脅かした（threatem）」新聞報道等に教えられることが多大でした。また、中災防の安全管理士の時代に、安全指導で知り合えた事業場の安全スタッフの方々の協力があったからです。

　「2020年12月の改訂版〔＊3〕、増刷の出版にあたり、労働新聞社の編集局の方々に、連載中の「イラストで学ぶリスクアセスメント」を含め、御指導と貴重なアドバイスを多数頂き、お世話になりました。ここに記して御礼申し上げます。本書が労働災害防止活動に携わる方々にとって、「より自分事として意識（consciousness）できる」ことを期待し、**参考書（study-aid）**になることを期待します。

〔＊1〕全国の公共機関、公益性のある企業・大学（研究室含む）、多数の民間の事業
　　　場の安全診断、安全講話、安全衛生教育などで、多くの経験を重ね「安全衛生の
　　　**知識（knowledge）を学び知力（mental-power）**」を得ることができました。
〔＊2〕図書中のイラスト元図は小生が描き、専属の挿絵画家に仕上げて頂いている。
〔＊3〕「足場・クレーン関係・電気設備等」を追加し、ページ数も大幅に増加しました。


2022年6月吉日


中野　洋一

私たちは、働くルールに関する情報を発信し、経済社会の発展と豊かな職業生活の実現に貢献します。

## 労働新聞社の定期刊行物・書籍の御案内

# 人事・労務・経営、安全衛生の情報発信で時代をリードする

安全・衛生・教育・保険の総合実務誌

# 安全スタッフ

※B5判・58ページ
※月2回（毎月1日・15日発行）
※年間購読料　42,000円＋税

- 法律・規則の改正、行政の指導方針、研究活動、業界団体の動きなどを
ニュースとしていち早く報道
- 毎号の特集では、他誌では得られない企業の活動事例を編集部取材で掲載するほか、
災害防止のノウハウ、法律解説、各種指針・研究報告など実務に欠かせない情報を提供
- 「実務相談室」では読者から寄せられた質問（安全・衛生、人事・労務全般、社会・
労働保険、交通事故等に関するお問い合わせ）に担当者が直接お答え
- デジタル版で、過去の記事を項目別に検索可能・データベースとしての機能を搭載

「産業界で何が起こっているか？」労働に関する知識取得にベストの参考資料が収載されています。

# 週刊　労働新聞

※タブロイド判・16ページ
※月4回発行
※年間購読料　42,000円＋税

- 安全衛生関係も含む労働行政・労使の最新の動向を迅速に報道
- 労働諸法規の実務解説を掲載
- 個別企業の労務諸制度や改善事例を紹介
- 職場に役立つ最新労働判例を掲載
- 読者から直接寄せられる法律相談のページを設定

# イラストで学ぶ
# 高所作業の知識とべからず83事例

墜落等の災害は「高所で人間行動により生じる現象です」。本書では「イラストと文章をリンク」させた大変わかりやすく、理解しやすい高所作業に関わる「べからず・するべし（そしてどうする）」を83事例取り上げています。
本書の83事例は「高所作業の知恵・知力を働かす力」として、「高所作業の災害予防」に必ず役立つ内容となっています。

【書籍】
※A5判・178ページ
※本体価格　1700円＋税

**上記の定期刊行物のほか、「出版物」も多数**
労働新聞社　公式Webサイト　https://www.rodo.co.jp/

# 労働新聞社

〒173-0022 東京都板橋区仲町29-9 TEL 03-3956-3151 FAX 03-3956-1611

315

# ● 索　引〔用語の定義、機械等の種類、マメ知識、column〕

《著者略歴》

中 野 洋 一 （なかのよういち）

　1965 年 4 月、準大手ゼネコンに入社し、1992 年まで同社で全国各地の大型土木工事の現場に勤務。その後、支店・本店の安全環境部に勤務しながら、社外協力として、建設業界の各種委員を歴任。この間に「**労働安全コンサルタント**」を取得。

　1999 年 5 月〜 2012 年 6 月は、中央労働災害防止協会（中災防）の安全管理士として勤務し、全国多業種事業所の安全指導（安全診断・安全教育・安全講話）を行いながら、複数の図書の執筆・監修指導を行う。2012 年 7 月に労働安全コンサルタントとして独立。現在も複数社の図書の執筆・監修指導・月刊誌の連載を行い、中災防在職中と同様の安全指導を行っている。2016 年 10 月に「**緑十字賞 ( 中災防 )**」を受賞。

〔主な執筆図書と監修指導した図書・小冊子〕
A：執筆図書
　（1）『なくそう！墜落・転落・転倒（第 7 版）』：中災防刊
　（2）『安全確認ポケットブック 6 冊：中災防刊
　　（a）「墜落・転落災害の防止（第 3 版）」
　　（b）「酸欠等の防止」
　　（c）「玉掛け・クレーン等の災害の防止」
　　（d）「フォークリフト災害の防止」
　　（e）「はしご・脚立等の災害の防止（第 2 版）」
　　（f）「工作・加工機械の災害の防止」
　（3）「高所作業のべからず 65（絶版）」ジェイマック刊
　（4）「イラストで学ぶ高所作業のべからず 83 事例」労働新聞社刊
B：監修指導図書と主な連載会社
　（5）「墜落・転落・転倒（災害ゼロに向けて）」地方公務員安全衛生推進協会刊
　（6）「安全就業のためのチェックポイント」全国シルバー人材センター事業協会刊
　（7）主な連載会社は「中災防・日本クレーン協会・労働新聞社」

# イラストで学ぶリスクアセスメント：改訂版

2016 年 11 月 18 日　初版発行
2022 年 6 月 27 日　改訂第 1 版 2 刷

著　　者　　中野 洋一
発 行 所　　株式会社労働新聞社
　　　　　　〒 173-0022　東京都板橋区仲町 29-9
　　　　　　TEL：03-5926-6888（出版事業局）　03-3956-3151（代表）
　　　　　　FAX：03-5926-3180（出版事業局）　03-3956-1611（代表）
　　　　　　https://www.rodo.co.jp/　　　　　pub@rodo.co.jp
イラスト　　高橋 晴美
表　　紙　　尾﨑 篤史
印　　刷　　モリモト印刷株式会社